国家级一流本科课程"数据结构"配套教材
面向新工科普通高等教育系列教材

数据结构案例教程
（C/C++版）
第2版

陈 波 于 泠 编著

机 械 工 业 出 版 社

本书共9章，围绕线性表、栈和队列、字符串、矩阵和广义表、树和二叉树、图等典型数据结构，介绍了基本概念、逻辑结构、存储结构、操作运算及算法实现、算法分析、案例应用，以及查找和排序这两种最基本操作的多种算法实现方法及性能分析。书中使用 C 语言定义各种数据结构，使用 C/C++代码描述算法。

本书的每章以若干典型的导学案例为主线，由"知识学习""能力培养"和"能力提高"等部分组成。围绕导学案例，引导学习者思考问题、对实际问题进行抽象建模、实现模型和应用模型。每章均附有小结、思考与练习、应用实战和学习目标检验。附录给出了考研考试大纲（数据结构部分）、Visual Studio 2022 集成开发环境的安装与使用。同时，配套提供了课程期中考试和期末考试样卷（共3套）、课程设计题、实验及课程设计报告模板、学习资源链接，以及思考与练习参考解答等资源。

本书可作为高等院校计算机科学与技术、软件工程等相关专业"数据结构"课程的教材，以及研究生入学考试辅助用书，也可供计算机软件开发人员或编程爱好者参考和使用。

本书配有授课电子课件、算法源程序、试卷等资源，需要的教师可登录 www.cmpedu.com 免费注册，审核通过后下载，或联系编辑索取（微信：13146070618，电话：010-88379739）。

图书在版编目（CIP）数据

数据结构案例教程：C/C++版／陈波，于泠编著 . —2 版 . —北京：机械工业出版社，2024.6

面向新工科普通高等教育系列教材

ISBN 978-7-111-75865-5

Ⅰ. ①数… Ⅱ. ①陈… ②于… Ⅲ. ①数据结构-高等学校-教材 ②C 语言-高等学校-教材 Ⅳ. ①TP311.12 ②TP312.8

中国国家版本馆 CIP 数据核字（2024）第 100845 号

机械工业出版社（北京市百万庄大街 22 号　邮政编码 100037）
策划编辑：郝建伟　　　　　　　　　责任编辑：郝建伟　侯　颖
责任校对：高凯月　王小童　景　飞　责任印制：李　昂
北京新华印刷有限公司印刷
2024 年 9 月第 2 版第 1 次印刷
184mm×260mm・20.25 印张・515 千字
标准书号：ISBN 978-7-111-75865-5
定价：79.90 元

电话服务　　　　　　　　　　网络服务
客服电话：010-88361066　　　机　工　官　网：www.cmpbook.com
　　　　　010-88379833　　　机　工　官　博：weibo.com/cmp1952
　　　　　010-68326294　　　金　书　网：www.golden-book.com
封底无防伪标均为盗版　　　　机工教育服务网：www.cmpedu.com

前言

"数据结构"是高等院校计算机科学与技术、软件工程等相关专业的核心课程之一,是计算机科学与技术、软件工程等专业研究生考试的必考科目之一,也是 IT 公司面试和笔试考核的主要内容。数据结构主要分析计算机中数据组织的方式和相关操作算法,涉及数据的存储结构和算法的基本概念与技术,包括线性表、栈和队列、字符串、矩阵和广义表、树和二叉树、图等常用数据结构及相关算法,以及排序和查找等算法技术。本课程既是对前导的程序设计类课程、离散数学等课程的深入和拓展,也为深入学习数据库、操作系统、计算机网络等后续专业课程奠定了必要的理论与实践基础。

本书第 1 版出版迄今已逾 8 年,受到了广大读者的欢迎,被百余所高校选为教材。这几年随着我们主讲的国家级一流本科课程"数据结构"的建设,本书从内容组织、体例编排和配套资源三大方面进行了修订与完善。

(1) 更新全书内容,引导创新思维

"数据结构"是一门直接面向实际应用、解决实际问题的课程,它的教学目标是让学习者学会从复杂工程问题入手,分析研究计算机加工的数据结构的特性,以便能为实际问题所涉及的数据选择适当的逻辑结构、存储结构及其相应的操作算法,并掌握时间和空间复杂度分析技术。

编者从事"数据结构"课程的教学近 30 年,深切了解学习者对于学习"数据结构"课程的普遍体会:概念难理解、算法难设计、编程难实现、知识难应用。如何帮助学习者实现两个跨越——从实际应用问题到数据结构抽象的跨越和从数据结构概念到程序实现的跨越,是我们一直努力的目标。

本书第 1 版采用了"问题导学"模式,这是一种以导学案例创设学习情境,以问题解决为主线,以学生学习为主体,帮助学生在解决问题的过程中掌握知识、培养能力、发展思维的教学模式。本次修订在此基础上对内容又做了更新和完善,主要体现在以下 5 个方面。

1) 更新了部分导学案例。面向新工科建设和发展需求,紧密跟踪人工智能、大数据等 IT 新技术及应用,对部分案例做了更新。例如,第 4 章字符串中网络不良信息过滤案例,第 5 章矩阵的个性化推荐系统中的用户评分表案例,第 9 章排序的网络购物中的商品排序案例等。

2) 重新组织了教学内容。每章以若干典型的导学案例为主线,由"知识学习""能力培养"和"能力提高"等部分组成。浅入深出、循序渐进,引导学习者分析案例问题中的已知信息,提炼数据及数据之间的关系(数据的逻辑结构),选择合适的存储方式(数据的存储结构）将待处理的数据保存到计算机中，然后在存储结构之上按照自顶向下逐步细化的方法设计算法，给出程序实现，并进行测试和调试分析。

3）有机融入了思政元素。本书在注重算法能力培养的同时也注重价值引领，充分挖掘问题解决和算法设计与实现中的思政元素，将之有机地融入学习任务中，使学习者在潜移默化中受到教育，培养其社会责任感、政治认同感，塑造其价值观和人生观，提升其文化素养、法制意识和道德修养，启迪他们关注国家、社会发展中的现实问题，善于进行问题抽象、设计及实现，激发问题发现、不懈探究等意识，培养其工匠精神和创新精神。每章最后增加了从知识、能力、素养、思政4个方面给出的学习目标检验表。

4）紧扣考研大纲。本书服务升学求职的实际需求，根据《全国硕士研究生招生考试计算机科学与技术学科联考计算机学科专业基础综合考试大纲》的新要求，增加了红黑树、外部排序、并查集等内容，课后思考与练习增加了近几年的联考真题、IT面试真题、蓝桥杯软件设计大赛试题等，既适合参加全国联考的考生及参加院校自主命题的考生进行学习和考试准备，也适用于备战IT行业求职面试、计算机程序设计与算法竞赛。全书设置了选择题、填空题、简答题、算法设计题、应用实战题等多种类型的题目，约400道。同时给出了3套期中和期末考试样卷供学生自测和教师选用，以及计算机程序设计能力测试及学习资源链接，还有思考与练习题较详细的解答，有助于学习者自主学习和提高。

5）强化了数据结构要素。数据的逻辑结构、存储结构和操作算法是数据结构的3个要素。本书在内容组织和介绍的过程中强化了这3个要素，学习者能更加深刻地理解数据结构的概念并熟练应用于解决实际问题。有关逻辑结构在基于数组（顺序存储）和链表（链式存储）这两种存储方式下所设计形成的多种存储结构见下表，有关经典算法设计策略介绍的安排见下面的知识图谱。

章节	数据结构要素	关系特点	逻辑结构	基本存储结构	实际常见存储结构
2	数据元素关系线性的结构	线性	线性表	数组（顺序存储）链表（链式存储）	顺序表或链表
3		操作受限	栈		顺序栈或链栈
3		操作受限	队列		顺序队列或链队列
4		元素特殊	字符串		字符数组
5		元素扩展	矩阵		二维数组、三元组和十字链表
5		元素扩展	广义表		扩展链表
6	数据元素关系分层的非线性结构	分层	树		双亲表示法、多叉链表、孩子链表、孩子兄弟、并查集
6		分层	二叉树		一维数组、二叉链表、堆
7	数据元素关系任意的非线性结构	任意	图		邻接矩阵、邻接表、逆邻接表
8	数据元素处理	—	查找		顺序表、索引表、哈希表
9	数据元素处理	—	排序		顺序表、堆、败者树

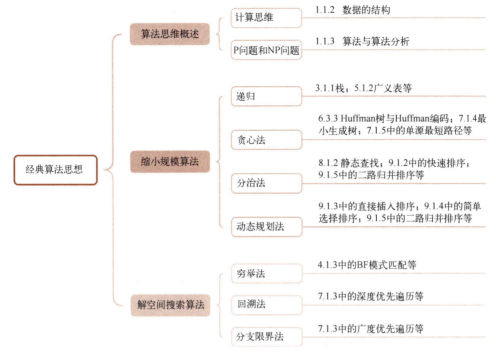

（2）创新编写体例，激发理性思维

本书注重对学习者理性思维的引导。按照建构主义的学习理论，学习者作为学习的主体在与客观环境（这里指本书的书网一体化资源）的交互过程中构建自己的知识结构。为此，本书在每章的内容组织上进行了创新设计以适配翻转课堂教学，如下图所示。

每章课前引导学生阅读"导学案例"，分析案例问题的应用情景，抽象出案例问题中的模型及实现模型需要解决的问题，以提高学习者的分析能力和抽象能力。

课中通过课堂教学，帮助学习者通过"知识学习"理解实现模型的基础知识，并进一步通过实现模型进行"能力培养"，通过拓展应用实现"能力提高"。在课堂教学中，通过适当的留白填空等形式，让课堂真正以学习者为中心，全面调动其听、说、写，使其主动参与课堂教学。

课后配有思考与练习题、应用实战题，并配套提供3套期中和期末考试样卷，帮助学习者举一反三，进一步巩固所学知识，并拓展应用能力。还给出了思考与练习题较详细的解答，非常有助于学习者自主学习和能力提升。同时，面向新工科建设及工程认证的需求，在每章最后从知识、能力、素养、思政4个方面给出学习目标检验表，在其中鼓励学习者加强交流与分享，重视使用生成式人工智能工具，提升数字化素养。

通过封底给出的方式，可以下载获得以下配套资源：

- 数据结构试题（3套）。
- 数据结构课程设计题。
- 实验报告、课程设计报告模板。
- 能力测试及学习资源链接。

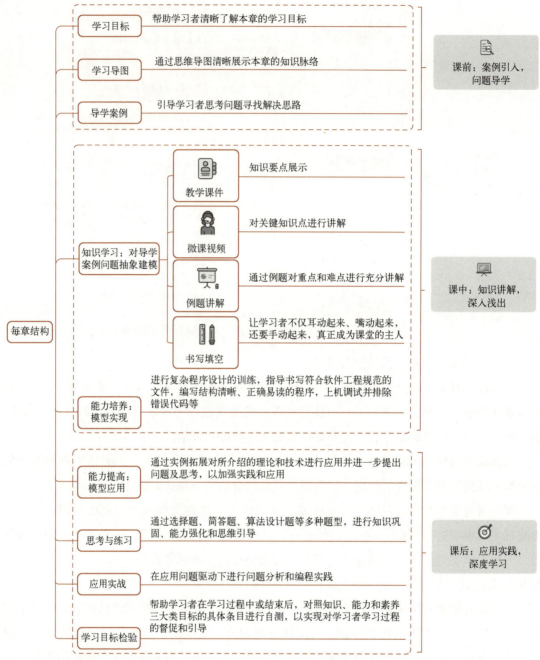

- 思考与练习参考解答。

本书内容组织和设计上的创新：一方面，可以帮助学习者把学习的新知识形成网、织成块、应用提高、反思自我、达标检测和查漏补缺；另一方面，这样的知识编排为教师有效地组织课堂教学提供了便利，教师可以根据教学资源，对学习者进行问题引导、疑难精讲、质疑点拨和检测评估。

本书以学习者为主体，重视对学习者进行复杂程序设计的训练，指导其书写符合软件工程规范的文件，编写结构清晰、正确易读的程序，上机调试并排除错误代码等。全书采用 C

语言作为数据结构和算法的基本描述工具，同时采用了 C++弥补 C 的非面向对象的不足。例如，输入/输出采用了 cin、cout 运算符，函数参数传递采用了引用，动态分配和释放存储结构采用了 new 和 delete 运算符等。这些措施使得数据类型的定义和数据结构相关操作算法的描述更加简明清晰，可读性好，易于学习掌握。学习者将类型定义和操作算法稍加处理，就能很容易将其封装成类，并进一步转化成面向对象的程序。全书算法和导学案例问题的源程序使用免费的 Visual Studio 2022 社区版集成环境实现，并全部提供下载，附录 B 给出了该环境的安装和使用指导。

（3）书网一体融合，促进深度学习

本书编者主讲的"数据结构"获批国家级一流本科课程，已经建成书网一体化的在线开放课程资源，包括微课教学视频、电子课件、思考与练习解答、算法源程序、拓展资料、实验指导、学习资源链接等。读者可登录 www.cmpedu.com 注册、审核通过后免费下载本书的配套资源。

本书为各章教学重点和难点录制了 43 个微课视频，读者可以使用移动设备的相关软件（如微信），扫描书中提供的二维码，与在线开放课程资源无缝衔接，免费观看微课视频。

丰富的配套资源使得教材的内容得到动态扩展和及时更新，有效支撑教师开展翻转课堂和学生深度学习。

本书由陈波和于泠执笔完成，并实现了书中全部算法的源程序。

本书可作为高等院校计算机科学与技术、软件工程等相关专业"数据结构"课程的教材及研究生入学考试辅助用书，也可供计算机软件开发人员或编程爱好者参考和使用。

由于编者水平有限，书中难免有疏漏之处，恳请广大读者批评指正。读者在阅读本书的过程中若有疑问，也欢迎与作者联系，电子邮箱是 SecLab@163.com。

编　者

目录

前言
第1章 绪论 ································ 1
导学案例1：数据在计算机中如何
组织 ································ 1
导学案例2：程序的效率如何改进 ······ 3
1.1 知识学习 ································ 4
1.1.1 数据结构课程的研究内容 ······ 4
1.1.2 数据的结构 ························ 5
1.1.3 算法与算法分析 ·················· 9
1.2 能力培养 ································ 13
1.2.1 导学案例问题1-4、1-5和1-6
的数据结构 ························ 13
1.2.2 导学案例2的时间复杂度 ······ 14
1.3 能力提高 ································ 15
1.3.1 算法时间复杂度分析 ············ 15
1.3.2 算法执行时间测试 ·············· 17
本章小结 ·· 18
思考与练习 ···································· 18
应用实战 ·· 21
学习目标检验 ································ 21

第2章 数据元素关系线性的结构：
线性表 ································ 23
导学案例1：实现一个简易的学生信息
管理系统 ···················· 23
导学案例2：实现一个简易的物资信息
管理系统 ···················· 24
2.1 知识学习 ································ 25
2.1.1 线性表的概念 ······················ 25
2.1.2 线性表的顺序存储及基本
操作 ···································· 25
2.1.3 线性表的链式存储及基本
操作 ···································· 32
2.2 能力培养 ································ 38
2.2.1 导学案例1的顺序表实现 ······ 38
2.2.2 导学案例1的单链表实现 ······ 43

2.3 能力提高 ································ 48
2.3.1 顺序表的其他操作 ·············· 48
2.3.2 单链表的其他操作 ·············· 49
2.3.3 顺序表和单链表的综合比较 ··· 53
本章小结 ·· 53
思考与练习 ···································· 54
应用实战 ·· 57
学习目标检验 ································ 58

第3章 操作受限的线性表：
栈和队列 ······························ 59
导学案例1：数制转换 ···················· 59
导学案例2：排队叫号系统 ·············· 60
3.1 知识学习 ································ 60
3.1.1 栈 ······································ 60
3.1.2 队列 ·································· 65
3.2 能力培养 ································ 70
3.2.1 导学案例1的实现 ················ 70
3.2.2 导学案例2的实现 ················ 70
3.3 能力提高 ································ 72
3.3.1 栈的其他应用 ······················ 72
3.3.2 队列的其他应用 ·················· 77
本章小结 ·· 79
思考与练习 ···································· 79
应用实战 ·· 82
学习目标检验 ································ 83

第4章 数据元素特殊的线性表：
字符串 ································ 85
导学案例：网络不良信息过滤 ········ 85
4.1 知识学习 ································ 86
4.1.1 字符串的概念 ······················ 86
4.1.2 字符串的存储结构 ·············· 87
4.1.3 字符串的操作算法 ·············· 88
4.2 能力培养：导学案例的实现 ······ 91
4.3 能力提高：KMP模式匹配
算法 ·· 91

本章小结 ·············· 95
思考与练习 ············ 95
应用实战 ············· 97
学习目标检验 ··········· 97

第5章　数据元素扩展的线性表：矩阵和广义表 ········ 99
导学案例1：个性化推荐系统中的用户评分表 ········· 99
导学案例2：本科生创新实践项目中的人员关系 ······ 100
5.1　知识学习 ··········· 101
　　5.1.1　矩阵 ··········· 101
　　5.1.2　广义表 ········· 106
5.2　能力培养 ··········· 108
　　5.2.1　导学案例1的矩阵实现 ··· 108
　　5.2.2　导学案例2的广义表实现 ··· 109
5.3　能力提高 ··········· 110
　　5.3.1　稀疏矩阵的转置操作 ···· 110
　　5.3.2　广义表的其他操作 ····· 113
本章小结 ············· 114
思考与练习 ············ 115
应用实战 ············· 116
学习目标检验 ··········· 116

第6章　数据元素关系分层的非线性结构：树和二叉树 ····· 118
导学案例1：查找U盘中文件的存储路径 ········· 119
导学案例2：对表达式树表示的算术表达式求值 ······· 119
导学案例3：压缩编码 ······· 119
6.1　知识学习 ··········· 120
　　6.1.1　树 ············ 120
　　6.1.2　二叉树 ········· 126
　　6.1.3　树、森林与二叉树的转换 ··· 133
6.2　能力培养 ··········· 136
　　6.2.1　导学案例1的实现 ····· 136
　　6.2.2　导学案例2的实现 ····· 137
6.3　能力提高 ··········· 138
　　6.3.1　二叉树的其他操作 ····· 138
　　6.3.2　线索二叉树 ········ 142

　　6.3.3　Huffman树与Huffman编码 ··· 146
　　6.3.4　等价类与并查集 ······ 152
本章小结 ············· 155
思考与练习 ············ 155
应用实战 ············· 162
学习目标检验 ··········· 162

第7章　数据元素关系任意的非线性结构：图 ········· 164
导学案例1：构建最小造价通信网 ············ 165
导学案例2：设计简单的旅游交通费用查询软件 ······ 165
7.1　知识学习 ··········· 165
　　7.1.1　图的基本概念 ······ 166
　　7.1.2　图的存储结构 ······ 169
　　7.1.3　图的遍历 ········· 174
　　7.1.4　最小生成树 ········ 178
　　7.1.5　最短路径 ········· 184
7.2　能力培养 ··········· 190
　　7.2.1　导学案例1的实现 ····· 190
　　7.2.2　导学案例2的实现 ····· 193
7.3　能力提高 ··········· 194
　　7.3.1　AOV网与拓扑排序 ····· 195
　　7.3.2　AOE网与关键路径 ····· 198
本章小结 ············· 201
思考与练习 ············ 201
应用实战 ············· 209
学习目标检验 ··········· 209

第8章　数据元素处理1：查找 ··· 211
导学案例：简单通讯录查询 ···· 212
8.1　知识学习 ··········· 212
　　8.1.1　查找的基本概念 ······ 212
　　8.1.2　静态查找 ········· 213
　　8.1.3　动态查找 ········· 219
8.2　能力培养：导学案例的实现 ··· 235
8.3　能力提高 ··········· 240
　　8.3.1　索引的概念 ········ 240
　　8.3.2　索引结构的查找 ······ 240
本章小结 ············· 254
思考与练习 ············ 254

应用实战·················· 259
学习目标检验··············· 260

第9章 数据元素处理2：排序············ 261
导学案例：网络购物中的商品
　　　　　排序·············· 261
9.1　知识学习················ 262
　　9.1.1　排序的基本概念········· 262
　　9.1.2　交换类排序············ 263
　　9.1.3　插入类排序············ 268
　　9.1.4　选择类排序············ 272
　　9.1.5　归并类排序············ 278
　　9.1.6　分配类排序············ 282
9.2　能力培养：导学案例的实现··· 285
9.3　能力提高················ 288
　　9.3.1　冒泡排序的改进········· 288
　　9.3.2　外部排序············· 291
　　9.3.3　排序算法总结··········· 297
本章小结····················· 299
思考与练习··················· 299
应用实战····················· 304
学习目标检验················· 304

附录························· 305
附录A　计算机学科专业基础考试
　　　　大纲（数据结构部分）··· 305
附录B　Visual Studio 2022 集成开发
　　　　环境的安装与使用········ 307

参考文献······················ 314

第1章 绪论

学习目标

1) 理解数据结构课程的研究内容及学习意义。
2) 掌握数据结构的基本概念及相关名词术语。
3) 了解抽象数据类型的概念,并能够运用抽象数据类型描述数据结构。
4) 掌握算法的概念、特性、评价标准,以及时间复杂度和空间复杂度的分析方法。
5) 能够对算法的时间复杂度进行分析估算和程序执行时间的测算。

学习导图

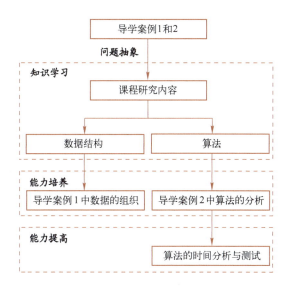

导学案例1:数据在计算机中如何组织

【案例1问题描述】

(1-1) 计算某学生高等数学、英语及计算机导论3门课程的总分。

(1-2) 已知一个班级40名学生的高等数学成绩,求全班该门课程的平均分。

(1-3) 已知一个班级40名学生的高等数学、英语及计算机导论课程的成绩,计算每名学生的总分及全班3门课程各自的平均分。

(1-4) 在问题1-3的基础上,列出全班成绩的排名(包括学号、姓名、各科分数及排名),见表1-1。

表 1-1 学生成绩表

学 号	姓 名	高等数学成绩	英语成绩	计算机导论成绩	排 名
220101	鲍国强	87	81	92	5
220102	陈 平	90	82	90	3
220103	李小虎	72	78	87	18
220104	朱 蕾	77	80	88	10
…	…	…	…	…	…

（1-5）假设一个 U 盘中有 3 个文件夹，每个文件夹中又有若干个文件，如图 1-1 所示。请设计一种文件信息的存储方法，当输入某个文件的名称后，显示该文件在 U 盘中的存储路径；若 U 盘中无该文件，则显示"文件未找到"。

（1-6）某城市中 5 个地标建筑间有多条道路相通，每条道路长度不同，如图 1-2 所示。设计一个道路查询系统，游客可查询从任意一个地标建筑到另一个地标建筑之间的最短路径。

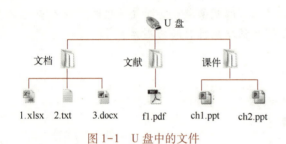

图 1-1 U 盘中的文件　　　　图 1-2 城市中地标建筑道路图

【案例 1 问题分析】

用计算机解决实际问题时，首先要了解实际问题中需要处理的数据有哪些，计算机中如何表达并存储这些数据，以及在这些存储结构上如何对其进行所需的操作。

问题 1-1 中，需要处理的数据是 3 个数值型成绩，因此可定义 3 个普通整型变量用于存储它们（考虑到考试成绩均为整数），然后对这 3 个变量求和即可。

✏️写一写：

请在下面空白框中尝试用 C 语言写出解决问题 1-1 的变量定义和求和操作的相关语句。

问题 1-2 中，需要处理的数据是 40 个数值型成绩，此时可用 C 语言中的一维数组来存储这些数据，对数组元素求和后再计算平均成绩。

✏️写一写：

请在下面空白框中尝试用 C 语言写出解决问题 1-2 的一维数组定义和主要操作语句。

问题 1-3 中，需要处理的数据是 40 名学生 3 门课程共 120 个数值型成绩，可将这些数据表示成 40 行 3 列的形式，其中每行是各学生的成绩，每列是各门课程的成绩。因此，可用 C 语言中的二维数组来存储这些数据，然后按行求和得到每名学生的总分，按列求和后计算各门课程的平均分。

✏️ **写一写：**
请在下面空白框中尝试用 C 语言写出问题 1-3 的二维数组定义和主要操作语句。

问题 1-4 尽管是在问题 1-3 的基础上提出的，但需要处理的数据不再仅是单纯的数值型成绩，还有学号、姓名这样的字符型数据。对于表 1-1 的操作不仅是简单的数值求和计算，而是需要进行非数值运算——排序等操作。

考虑到每名学生的信息中包含不同的数据类型，C 语言提供了结构体数组或链表等线性的形式来存储并处理这些数据。

✏️ **写一写：**
请在下面空白框中尝试用 C 语言写出问题 1-4 的结构体数组定义语句。

✉️ **说明**：书写上述语句如有困难，请查看网盘中的参考语句。

问题 1-5 和 1-6 是更加复杂的问题，主要体现在：

1) 计算机的处理对象由数值发展到字符串、图形、图像等非数值型数据，而且处理的数据量也越来越大。在进行程序设计时面对这样的数据，需要解决如何表示这些数据间的结构关系、如何在计算机中存储这些数据等问题。

2) 计算机的处理不只是加减乘除等数值计算，而是排序、信息可视化、求最短路径等较为复杂的非数值计算。在进行程序设计时，需要解决如何在问题数据上进行非数值计算等操作的问题。

以上这些问题正是数据结构这门课程研究的内容。本章 1.1 节将介绍数据结构课程的研究内容、数据结构的概念；1.2 节将介绍导学案例问题中涉及的数据结构。

导学案例 2：程序的效率如何改进

【案例 2 问题描述】
编程实现对输入的整数 n 计算 $sum = 1! + 2! + 3! + 4! + \cdots + n!$。

```
double sum(int n)
{
    double s = 0;
    int i, j;
    double p;
    for (i = 1; i <= n; i++)
```

```
        {
            p = 1;
            for (j = 1; j <= i; j++)
                p *= j;
            s += p;
        }
        return s;
    }
```

【案例 2 问题分析】

如何提高对数据操作的效率是数据结构课程研究的另一个重要问题。

案例 2 问题的提出正是基于这样的考虑。给出的程序主要时间花费在循环体的执行上。可考虑将双重循环进一步简化为单重循环。

```
double sum2(int n)
{
    double s = 0;
    int i;
    double p = 1;
    for (i = 1; i <= n; i++)
    {
        p *= i;
        s += p;
    }
    return s;
}
```

为什么在案例 2 问题中用单重循环实现比用双重循环实现更有效？如何计算程序的执行时间？本章 1.1 节中将介绍算法与算法分析的概念；1.2 节完成对案例 2 问题中算法时间复杂度的分析，1.3 节对算法执行时间的估算和测试进行拓展讨论。

1.1 知识学习

本节介绍数据结构课程的研究内容、数据结构的基本概念，以及算法的概念、特性及评价方法。

1.1.1 数据结构课程的研究内容

看一看：微课视频 1-1
数据结构课程的研究内容

数据结构（Data Structure）源于程序设计。计算机在处理问题时，一般要经过几个步骤：首先要将实际问题抽象出数学模型，然后针对数学模型设计出求解算法，最后编写程序并上机调试，直到求出最终结果。数值计算问题的数学模型一般可用数学方程或数学公式来描述。例如：可以用常微分方程描述人口增长情况；用偏微分方程描述光和声音在空气中的传播现象。对这些数学方程求解的方法是计算数学研究的范畴。

随着计算机科学技术的发展，计算机不再局限于数值计算领域，而是更多地应用于信息处理、智能控制、办公自动化等非数值计算领域。

对于非数值计算问题，例如导学案例问题中涉及的学生信息管理、文件树形列表显示、道路最短路径求解等问题，它们的数学模型无法用数学方程或数学公式来描述，而是要用抽象出的数据模型来描述，并且要对这些模型设计相应的算法来求解。**数据结构就是研究非数值计算问题中的数据及它们之间的关系和操作算法的学科**，主要包含 3 个方面的内容，即数据的逻辑结构、数据的存储结构（物理结构）和数据的操作算法，如图1-3所示。

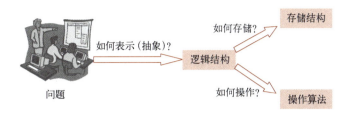

图1-3　数据结构研究的3个主要内容

20世纪60—80年代，计算机开始广泛应用于非数值计算领域，数据组织成为程序设计的重要问题。数据结构概念的引入，对程序设计的规范化起到了重要作用。图灵奖获得者、瑞士计算机科学家尼古劳斯·沃斯（Niklaus Wirth）教授曾提出"程序=数据结构+算法"。由此可以看出，数据结构和算法是构成程序的两个重要组成部分。

📖 **科学人物和科学精神：算法大师唐纳德·克努特（Donald E. Knuth）**

1938年出生的斯坦福大学教授唐纳德·克努特开创了数据结构的最初体系。他从31岁起，开始撰写历史性经典巨著《计算机程序设计艺术》，1968年出版的第一卷《基本算法》较系统地阐述了数据的逻辑结构、存储结构及操作算法，之后他又相继出版了第二卷《半数字化算法》、第三卷《排序与搜索》，以及第四卷《组合算法》，如图1-4所示。1974年，年仅36岁的克努特获得了计算机科学界的最高荣誉——图灵奖。

图1-4　Knuth与他的著作

1.1.2　数据的结构

1. 基本术语

（1）数据

数据（Data）是信息的载体，是指所有能输入计算机中并能被计算机程序识别和处理的符号集合。数据可以分为两大类：一类是整数、实数等数值型数据；另一类是图形、图像、声音、文字等非数值型数据。

（2）数据元素

数据元素（Data Element）是组成数据的基本单位，在计算机程序中通常作为一个整体进行考虑和处理。数据元素具有广泛的含义，一般来说，能独立、完整地描述问题世界的一切实体都是数据元素。数据元素又称为元素、结点、顶点或记录。构成数据元素的不可分割的最小单位称为**数据项**（Data Item）。数据元素是讨论数据时涉及的最小数据单位，而其中的数据项一般不予考虑。

例如：问题1-4中涉及的学生成绩表1-1中，一条学生记录就是一个数据元素或称为一个结点，其中的学号、姓名等就是数据项；问题1-5涉及的树形文件目录结构中，一个

5

文件或文件夹称为一个数据元素或一个结点；问题 1-6 涉及的城市地标建筑道路图中，一个地标建筑就是一个数据元素或称为一个结点。

（3）数据对象

数据对象（Data Object）是具有相同性质的数据元素的集合，是数据的子集。在实际应用中处理的数据元素通常具有相同性质，例如，学生成绩表中每个数据元素具有相同数目和类型的数据项，所有数据元素的集合就构成了一个数据对象。

2. 数据结构的三要素

数据结构有 3 个要素，分别是数据的逻辑结构、存储结构和操作算法，如图 1-5 所示。

（1）数据的逻辑结构

数据的**逻辑结构**（Logical Structure）是指数据元素之间的逻辑关系。所谓逻辑关系，是指数据元素之间的关联方式或邻接关系。数据的逻辑结构常用逻辑结构图来描述，其描述方法是：将每一个数据元素看作一个结点，用圆圈表示，元素之间的逻辑关系用结点之间的连线表示，如果强调关系的方向性，则用带箭头的连线表示关系。

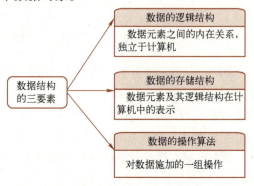

图 1-5　数据结构的三要素

如图 1-6 所示，数据的逻辑结构分为 4 类。树形结构和图形结构也称非线性结构。例如，问题 1-4 抽象成的逻辑结构为线性结构；问题 1-5 抽象成的逻辑结构为树形结构；问题 1-6 抽象成的逻辑结构为图形结构。

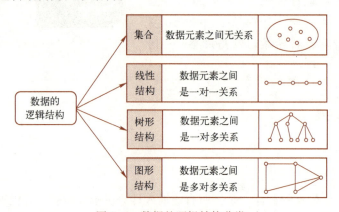

图 1-6　数据的逻辑结构分类

为了更确切地描述一种数据结构，通常采用如下的二元组形式化定义数据结构。

$$Data\_Structure = (D, R)$$

其中，D 是数据元素的有限集合；R 是 D 上关系的有限集合。

例如，有一种数据结构 $T = (D, R)$，其中，

$D = \{a, b, c, d, e, f, g, h, i, j\}$

$R = \{(a,b), (a,c), (a,d), (b,e), (c,f), (c,g), (d,h), (d,i), (d,j)\}$

显然，数据结构 T 是一种树形结构。

（2）数据的存储结构

数据的**存储结构**（Storage Structure）又称为**物理结构**，是数据元素及其逻辑结构在计算

机中的表示。换言之，存储结构除存储数据元素之外，必须隐式或显式地存储数据元素之间的逻辑关系。主要有两种基本的存储结构，即顺序存储结构和链式存储结构，如图 1-7 所示。

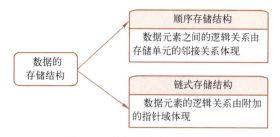

图 1-7　数据的存储结构分类

顺序存储结构是指用一组连续的存储单元存储数据元素，数据元素之间的逻辑关系是用元素的存储位置来表示的。例如，线性表(a,b,c)的顺序存储示意如图 1-8 所示。

链式存储结构是指用一组任意的存储单元存储数据元素，数据元素之间的逻辑关系是用指针来表示的。例如，线性表(a,b,c)的链式存储示意如图 1-9 所示。

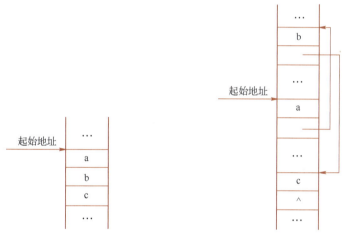

图 1-8　线性表的顺序存储示意　　图 1-9　线性表的链式存储示意

✉ **说明**：除顺序存储和链式存储这两种基本的存储结构外，后续还会介绍哈希存储、索引存储等特殊的存储方式。本书前言中给出了全书的逻辑结构和存储结构列表。

数据的逻辑结构和存储结构是密切相关的两个方面，一般来说，一种数据的逻辑结构可以用多种存储结构来存储，而采用不同的存储结构，其数据处理的效率往往是不同的。

（3）数据的操作算法

对数据的操作有两个方面的含义，即操作的定义和操作的实现，如图 1-10 所示。操作的定义取决于数据的逻辑结构，知道了问题中的数据及数据间的联系，就可以设计相应的数据操作方法了。

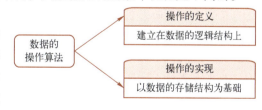

图 1-10　数据的操作

对数据的操作通常可以分为数值型操作和非数值型操作。

数值型操作是指对数值型数据（如整数、浮点数等）进行的计算，例如加减乘除等数学运算，求积、平均值、最大值、最小值等数值分析等。

常见的非数值型操作如下。
- 初始化：对存储结构设定初值或申请存储空间。
- 插入：增加数据元素。
- 取值：获取指定数据元素的值。
- 置值：修改（更新）指定数据元素的值。
- 删除：删除数据元素。
- 输出：输出所有数据元素的各数据项内容。

以上这些基本的非数值型操作，以及其他如排序、求最短路径等非数值型操作的实现与数据元素的存储形式密切相关，即数据操作算法的实现是基于数据的存储结构的。后续章节中将详细介绍各类问题操作算法的实现。

这里介绍两个重要概念：数据类型和抽象数据类型。

1) **数据类型**（Data Type）：是指一组值的集合，以及定义于这个集合上的一组操作的总称。例如，C/C++中的整型变量可以取的值是机器所能表示的最小负整数和最大正整数之间的任何一个整数，允许的操作有+、-、*、/、%、<、<=、>、>=、==、!=等。

2) **抽象数据类型**（Abstract Data Type，ADT）：是指一个数据结构及定义在该结构上的一组操作的总称。

数据类型和 ADT 的区别在于：数据类型指的是高级程序设计语言支持的基本数据类型，而 ADT 指的是自定义的数据类型。例如，后面要学习的表、栈、队列、树、图等结构就是一些不同的 ADT。

⚛ 算法思想：计算思维（Computational Thinking）

2006 年 3 月，美国卡内基·梅隆大学计算机科学系主任周以真（Jeannette M. Wing）教授（见图 1-11）在美国计算机权威期刊 Communications of the ACM 上提出了**计算思维**的概念。

计算思维是涉及确切表达问题及其解决方案的思维过程，使解决方案能以一种信息处理代理（人或机器）可以有效执行的形式来表示。

概括地说，计算思维是解决问题的思维过程。通常认为计算思维包含以下 5 个思维活动——问题抽象、问题分解、算法设计、模式识别与泛化、方法评估。

图 1-11　周以真教授

1) 问题抽象。抽象是指提取事物的本质特征，去除非本质特征的过程。问题抽象是指抓住问题的重要方面来创建正在处理问题的模型或简化表示，而不必一次处理所有的细节。例如，1.2.1 小节中对导学案例中问题 1-4、1-5 和 1-6 的抽象。

2) 问题分解。问题分解是指将大问题分解为更易于理解和分析的相对小的问题，对每个小问题各个击破，这是解决复杂问题的有效手段。

3) 算法设计。算法是指用于解决某个问题的一系列定义清晰的指令。人们通过设计算法来指挥机器完成相应的工作。

4) 模式识别与泛化。模式识别是指在遇到新问题时能够识别出这个新问题与某个已有的抽象模型相匹配，利用已有的解决方案快速解决问题。这种识别能力需要建立在对问题和算法模型的充分理解之上。通过模式识别可以将已有问题的解决方案（或解决方案的一部分）进行普适化，使其可以应用于解决其他类似的问题和任务。

5）方法评估。解决问题有诸多方案，需要判断哪种最好以及如何改进它们。可以通过多种不同的方式来评估算法方案。例如，在计算机上可以通过理论来计算一个算法可能需要的执行步数，或是编程实现并运行算法程序来测试执行效率。

"数据结构"课程的学习过程就是一个很好的计算思维训练的过程。

1.1.3 算法与算法分析

1. 算法

（1）算法的概念

算法（Algorithm）是计算机求解特定问题的方法和步骤，是指令的有限序列。通常一个问题可以有多种算法。一个给定算法解决一个特定的问题。

算法具有以下5个重要特性。

1）输入。一个算法有零个或多个输入（即算法可以无输入），这些输入通常取自于某个特定的对象集合。

2）输出。一个算法有一个或多个输出（即算法必须要有输出），通常输出与输入之间有着某种特定的关系。

3）有穷性。一个算法必须（对任何合法的输入）在执行有穷步之后结束，且每一步都在有穷时间内完成。

4）确定性。算法中的每一条指令必须有确切的含义，不存在二义性。并且在任何条件下，对于相同的输入只能得到相同的输出。

5）可行性。算法描述的操作可以通过已经实现的基本操作执行有限次来实现。

算法与程序不同。**程序**（Program）是对一个算法使用某种程序设计语言的具体实现，原则上，任一算法可以用任意一种程序设计语言实现。算法的有穷性意味着不是所有的计算机程序都是算法。例如，操作系统是一个在无限循环中执行的程序，而不是一个算法，可以把操作系统的各个任务看成一个单独的问题，每一个问题由操作系统中的一个子程序通过特定的算法来实现，得到输出结果后便终止。

（2）算法的评价

数据结构与算法之间存在着本质联系。本课程的学习目的就是要在某一种数据结构的基础上学习算法设计方法，不但要设计正确的算法，而且要设计"好"的算法。什么样的算法是"好"的算法呢？通常一个"好"的算法具有下列5个基本特性。

1）正确性。算法能满足具体问题的需求，即对于任何合法的输入，算法都会给出正确的结果。

2）健壮性（鲁棒性）。算法有对非法输入的抵抗能力，即对于错误的输入，算法应能识别并做出处理，而不是产生错误动作或陷入瘫痪。

3）可读性。算法应该便于人们理解和交流。可读性好的算法有助于人们对算法的理解，反之，难懂的算法易于隐藏错误且难于调试和修改。

4）高效率。算法的效率通常是指算法的执行时间。对于同一个问题，如果有多个算法可以解决，一个"好"的算法应该执行时间短，也就是高效率。

5）低存储空间。算法需要的存储空间是指算法在执行过程中所需要的最大存储空间，它与问题规模有关。一个"好"的算法应该占用较少的辅助空间。

（3）算法的描述方法

设计了一个算法之后，必须清楚准确地将所设计的求解步骤表达出来，即描述算法。算法的描述方法通常有自然语言、流程图、伪代码和程序设计语言等。下面以欧几里得算法（用辗转相除法求两个自然数 m 和 n 的最大公约数，并假设 $m \geq n$）为例进行介绍。

1）自然语言。用自然语言描述算法，最大的优点是容易理解，缺点是容易出现二义性，并且算法通常都很冗长。欧几里得算法用自然语言描述如下：

① 输入 m 和 n。
② 求 m 除以 n 的余数 r。
③ 若 $r=0$，则 n 为最大公约数，算法结束；否则，执行步骤④。
④ 将 n 的值放在 m 中，将 r 的值放在 n 中。
⑤ 返回执行步骤②。

2）流程图。用流程图描述算法的优点是直观易懂，缺点是严密性不如程序设计语言，灵活性不如自然语言。欧几里得算法用流程图描述如图 1-12 所示。

在早期的计算机应用中，主要用流程图描述算法，但实践证明，除了一些非常简单的算法外，这种描述方法使用起来非常不方便。

3）伪代码。伪代码是介于自然语言和程序设计语言之间的方法，对伪代码的书写形式没有严格的规定，它采用某一种程序设计语言的基本语法，操作指令可以结合自然语言来设计。算法中自然语言的成分有多少，取决于算法的抽象级别。抽象级别高的伪代码自然语言多一些，抽象级别低的伪代码程序设计语言的语句多一些。只要具有一定程序设计语言基础的人都能阅读伪代码。欧几里得算法用 C++ 伪代码的一种描述如下：

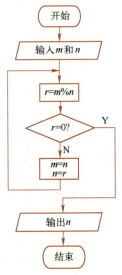

图 1-12 欧几里得算法用流程图描述

```
CommonFactor(m, n)
{
    r = m % n;
    while (r != 0)
    {
        m = n;
        n = r;
        r = m % n;
    }
    return n;
}
```

伪代码不是一种实际的编程语言，但在表达能力上类似于编程语言，同时极小化了描述算法的不必要的技术细节，是比较合适的描述算法的方法，被称为"算法语言"。

本书采用基于 C/C++语言的伪代码来描述算法，算法的描述简明清晰，既不拘泥于 C/C++语言的实现细节，又容易转换为 C/C++程序。

4）程序设计语言。用程序设计语言描述的算法能由计算机直接执行。其缺点是抽象性差，算法设计者拘泥于描述算法的具体细节，忽略了"好"的算法和正确逻辑的重要性；此外，还要求算法设计者掌握程序设计语言及其编程技巧。欧几里得算法用 C++语言书写的程序如下：

```cpp
#include <iostream>
using namespace std;
int CommonFactor( int m, int n)
{
    int r = m % n;
    while (r != 0)
    {
        m = n;
        n = r;
        r = m % n;
    }
    return n;
}
int main( )
{
    cout << CommonFactor( 63, 54) << endl;
    return 0;
}
```

2. 算法分析

一种数据结构的优劣是由实现其各种操作的算法决定的。对数据结构的分析实质上就是对实现各种操作的算法进行分析。除了要验证算法是否能正确解决问题，还需要对算法的效率进行评价。对于一个实际问题的解决，可以提出若干种算法，那么如何从这些可行的算法中找出最有效的算法呢？或者有了一个解决实际问题的算法，如何来分析它的性能呢？这些问题需要通过算法分析来确定。通常，算法分析主要分析算法的时间代价和空间代价这两个主要指标。

有人认为，随着计算机功能的日益强大，程序的运行效率变得越来越不那么重要了。但实际上，计算机功能越强大，人们就越想去尝试解决更复杂的问题，而更复杂的问题就需要更大的计算量。实际上，不仅需要算法，而且需要"好"的算法。以破解密码的算法为例，理论上，通过穷举法列出所有可能的输入字符的组合情况可以破解任何密码，但是，如果密码较长或组合情况太多，这个破解算法就需要很长时间，可能几年、十几年甚至更多，这样的算法显然没有实际意义。所以，在选择和设计算法时要有效率的观念，这一点比提高计算机本身的速度更为重要。

（1）度量算法效率的方法

一种方法是事前分析估算的方法——计算算法的**渐进复杂度**（Asymptotic Complexity），它是对算法所消耗资源的一种估算方法。

另一种方法是事后统计的方法，先将算法实现，然后输入适当的数据运行，测算其时间和空间开销。

事后测算的结果还依赖于计算机的软/硬件等环境因素，有时容易掩盖算法本身的优劣。因此，事前分析估算是常采用的方法。

（2）算法的时间复杂度

撇开与计算机软、硬件有关的因素，影响算法时间的最主要因素是问题规模。**问题规模**是指输入量的多少，一般来说，它可以从问题描述中得到。例如，对一个具有 n 个整数的数组进行排序，问题规模

看一看：微课视频 1-2
算法的时间复杂度

是 n；对一个 m 行 n 列的矩阵进行转置，则问题规模是 $m×n$。一个显而易见的事实是：几乎所有的算法，对于规模更大的输入都需要运行更长的时间。例如，需要更多时间来对更大的数组排序，更大的矩阵转置需要更长的时间。所以，运行算法所需要的时间是问题规模 n 的函数。

要精确地用函数表示算法的运行时间是很困难的，即使能够给出，也可能是个相当复杂的函数，函数的求解本身也是相当复杂的。算法时间分析度量的标准不是针对实际执行时间精确算出算法执行的具体时间，而是针对算法中基本语句的执行次数做出估计。

由此，引入时间复杂度（Time Complexity）概念。算法中基本语句的重复执行次数是问题规模 n 的某个函数 $f(n)$，算法的时间度量表示为 $O(f(n))$。这里的"O"是英文"Order"的缩写，但并不代表"顺序"的意思，而是"阶数"的概念。它表示随着问题规模 n 的增大，算法执行时间的增长率和 $f(n)$ 的增长率相同，称为**算法的渐进时间复杂度**，简称**时间复杂度**，记作 $T(n)=O(f(n))$。

例如 $f(n)=a_m n^m + a_{m-1} n^{m-1} + \cdots + a_1 n + a_0$，则 $T(n)=O(n^m)$。$f(n)$ 与 n^m 之比是一个不等于零的常数，即 $f(n)$ 与 n^m 的数量级相同。在计算算法时间复杂度时，可以忽略所有低次幂项和最高次幂项的系数。

【例 1-1】 求下列各程序段的时间复杂度。

1) `for (i = 1; i < 100; i++)   s++;`

该程序段的语句执行次数是常量，时间复杂度记为 $O(1)$，称为**常量阶**。

2) `for (i = 0; i < n; i++)   s += i;`

该程序段基本语句"s+=i;"的执行次数 $f(n)=n$，因此它的时间复杂度 $T(n)=O(f(n))=O(n)$，称为**线性阶**。

3) `for (i = 0; i < n; i++)`
      `for (j = 0; j < n; j++)`
           `s++;`

该程序段基本语句"s++;"的执行次数 $f(n)=n+n+\cdots+n=n^2$，时间复杂度 $T(n)=O(f(n))=O(n^2)$，称为**平方阶**。

4) `for (i = 0; i < n; i++)`
      `for (j = i; j < n; j++)`
           `s++;`

这是一个二重循环，基本语句"s++;"的执行次数 $f(n)=n+(n-1)+(n-2)+\cdots+2+1=n(n+1)/2$，是 n^2 数量级，因此时间复杂度 $T(n)=O(n^2)$。

5) `for (i = 1; i <= n; i = 2 * i)`
        `s++;`

设该程序段基本语句"s++;"的执行次数为 $f(n)$，则有 $2^{f(n)} \leq n$，即 $f(n) \leq \log_2 n$，因此该段程序的时间复杂度为 $O(\log_2 n)$，称为**对数阶**。

求解算法时间复杂度的具体步骤如下：

1) 找出算法中的基本语句。算法中执行次数最多的那条语句就是基本语句。通常是最内层循环的循环体。

2) 计算基本语句的执行次数的数量级。只需计算基本语句执行次数的数量级。这就意味着，只要保证基本语句执行次数的函数中的最高次幂正确即可，可以忽略所有低次幂项和最高次幂项的系数，这样能够简化算法分析，并且使注意力集中在最重要的一点上——增长率。

3）用大 O 记号表示算法的时间性能。将基本语句执行次数的数量级放入大 O 记号中。

数据结构中常见的时间复杂度及其大小关系如下：

$O(1)$ 常量阶 $<O(\log_2 n)$ 对数阶 $<O(n)$ 线性阶 $<O(n\log_2 n)$ 线性对数阶 $<O(n^2)$ 平方阶 $<O(n^3)$ 立方阶 $<O(2^n)$ 指数阶 $<O(n!)$ 阶乘阶。

📂 **知识拓展：P 问题和 NP 问题**

在常见的算法时间复杂度中，$O(\log_2 n)$、$O(n)$、$O(n\log_2 n)$、$O(n^2)$ 和 $O(n^3)$ 称为多项式时间，$O(2^n)$ 和 $O(n!)$ 称为指数时间。普遍认为前者（即多项式时间复杂度的算法）是有效算法，把这类问题称为 P（Polynomial，多项式）类问题，而把后者（即指数时间复杂度的算法）称为 NP（Non-Deterministic Polynomial，非确定多项式）问题。

（3）算法的空间复杂度

算法的存储空间需求类似于算法的时间复杂度，采用空间复杂度作为算法所需存储空间的量度，记作

$$S(n) = O(f(n))$$

其中，n 为问题的规模。

一般情况下，一个程序在机器上执行时，除了需要存储本身所用的指令、常数、变量和输入数据，还需要一些对数据进行操作的辅助存储空间。其中对于输入数据所占的具体存储量只取决于问题本身，与算法无关，因此只需要分析该算法在实现时所需要的辅助空间单元个数即可。若算法执行时所需要的辅助空间相对于输入数据量而言是个常数，则称这个算法为原地工作，辅助空间为 $O(1)$。

算法执行时间的耗费和所占存储空间的耗费两者是矛盾的，难以兼得。因此，算法执行时间上的节省往往以增加空间存储为代价，反之亦然。不过，就一般情况而言，常以算法执行时间作为算法优劣的主要衡量指标。

1.2 能力培养

本节运用 1.1 节所学知识来分析导学案例 1 问题中涉及的数据结构以及计算导学案例 2 问题的时间复杂度。

1.2.1 导学案例问题 1-4、1-5 和 1-6 的数据结构

对于导学案例问题 1-4、1-5 和 1-6 这几个比较复杂的问题，先对其抽象出数学模型。

如图 1-13 所示，学生成绩表中，每名学生的学号、姓名、某门课程的成绩称为数据项，每名学生包含这些数据项的记录称为数据元素。所有数据元素（这个班级的学生）的集合就构成了一个数据对象。

将每一个数据元素看作一个结点，用圆圈表示，元素之间的逻辑关系用结点之间的连线表示，则问题可以抽象成图 1-14 所示的一对一的线性逻辑结构。

问题 1-5 中，将 U 盘中的文件、文件夹称为数据元素，将每一个数据元素看作一个结点，用圆圈表示，元素之间的逻辑关系用结点之间的连线表示。那么，问题中的数据元素之

间的关系就可以抽象成图 1-15 所示的树形逻辑结构。本书将在第 6 章介绍“树”这种抽象结构的存储和操作实现。

数据项　　数据元素或结点

学　号	姓　名	高等数学成绩	英语成绩	计算机导论成绩	排名
220101	鲍国强	87	81	92	5
220102	陈　平	90	82	90	3
220103	李小虎	72	78	87	18
220104	朱　蕾	77	80	88	10
…	…	…	…	…	…

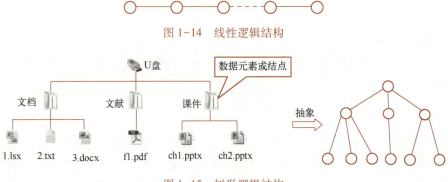

图 1-13　学生成绩表中的数据项、数据元素

图 1-14　线性逻辑结构

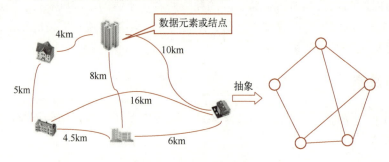

图 1-15　树形逻辑结构

问题 1-6 中，数据元素之间的关系可以抽象成图 1-16 所示的图形逻辑结构。本书将在第 7 章介绍“图”这种抽象结构的存储和操作实现。

图 1-16　图形逻辑结构

1.2.2　导学案例 2 的时间复杂度

由于循环语句的执行时间主要取决于循环体执行的次数，因此在分析循环语句的时间复杂度时，更多关注的是循环体中基本语句执行的次数。

导学案例 2 问题的初始程序是一个双重循环。其中，外循环体中的语句“p=1;”的执行次数为 n；外循环体中的语句“s+=p;”的执行次数为 n；内循环体中语句“p*=j;”的执行次数为 $1+2+3+\cdots+n=n(n+1)/2$。该程序的基本语句的执行次数是 n^2 数量级，因此，时间复杂度 $T(n)=O(n^2)$。

改进后的程序是一个单循环,循环体中的语句"p*=j;"和"s+=p;"分别执行了 n 次,该程序的基本语句的执行次数是 n 数量级,因此,时间复杂度 $T(n)=O(n)$。

显然,改进后的程序在时间复杂度上要比初始程序好。

1.3 能力提高

算法的时间复杂度是评估算法优劣的一个重要指标,同时,算法时间复杂度分析和执行时间的测试也是学习难点。本节将在 1.2 节的基础上拓展介绍相关分析和计算的技巧。

1.3.1 算法时间复杂度分析

算法时间复杂度分析的基本步骤如图 1-17 所示。

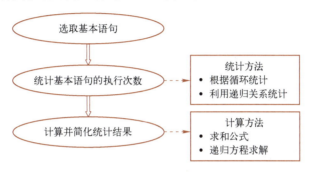

图 1-17 算法时间复杂度分析的基本步骤

根据循环统计基本语句的执行次数这种算法时间复杂度的分析方法已在 1.1.3 小节中介绍过了。对于一个递归算法,又该如何分析时间复杂度呢?

递归算法的分析方法比较多,常用的是迭代法。迭代法的基本步骤是先将递归算法简化为对应的递归方程,然后通过反复迭代,将递归方程的右端变换成一个级数,最后求级数的和,再估计和的渐进阶。

【例 1-2】 递归求 $n!$ 的算法如下,试分析该算法的时间复杂度。

```
double fact(int n)
{
    if (n == 0 || n == 1)
        return 1;
    else
        return n * fact(n - 1);
}
```

解:算法的递归方程:
$$T(n)=T(n-1)+O(1)$$

迭代展开:
$$\begin{aligned}T(n)&=T(n-1)+O(1)\\&=T(n-2)+O(1)+O(1)\\&=T(n-3)+O(1)+O(1)+O(1)\\&\cdots\\&=O(1)+\cdots+O(1)+O(1)+O(1)\end{aligned}$$

$$= n \times O(1)$$
$$= O(n)$$

因此，该递归算法的时间复杂度是线性的。

✉ **说明**：递归方程的算法时间复杂度计算除了可以采用迭代法，还可采用代换法、递归树法、主定理法等。感兴趣的读者可阅读《算法基础：打开算法之门》（托马斯 H. 科尔曼 著，王宏志，译，机械工业出版社，2015 年）等参考书籍进一步了解。

【例 1-3】计算下列程序段的时间复杂度。

```
int fun(int n)
{
    int i = 1, s = 1;
    while (s < n)
        s += ++i;
    return i;
}
```

解：循环语句

```
while(s < n)    s += ++ i;
```

等价于

```
while(s < n)    {i=i+1;s += i;}
```

显然 i 每次增加 1，循环体就执行一次，执行过程如下：

```
i=1:   s=1+(1+1);
i=2:   s=1+2+(2+1);
i=3:   s=1+2+3+(3+1);
i=4:   s=1+2+3+4+(4+1);
…
i=x:   s=1+2+3+4+…+(x+1);
```

因此，满足 $1+2+3+4+\cdots+(x+1) \geqslant n$ 的最小 x 值即为循环体执行的次数。显然，x 是 $O(\sqrt{n})$ 数量级的，因此时间复杂度是 $O(\sqrt{n})$。

【例 1-4】计算下列程序段的时间复杂度。

```
i = 1;
while (i <= n)
    i = i * 3;
```

解：i 的变化规律：$3^1, 3^2, 3^3, 3^4, \cdots$。

设循环体共执行 x 次，则 $3^x \leqslant n$，解得 $x \leqslant \log_3 n$。

说明 x 从 1 到 $\log_3 n$ 共执行了 $\log_3 n$ 次，因此该程序段的时间复杂度为 $O(\log_3 n)$。

【例 1-5】假设 n 是 3 的倍数，计算下列程序段的时间复杂度。

```
for (i = 1; i <= n; i++)
    if (3 * i <= n)
        for (j = 3 * i; j <= n; j++)
            y += i * j;
```

解：基本语句"y+=i*j;"的执行次数为 $\sum_{i=1}^{n/3}(n - 3 \times i + 1) = (n-2) + (n-5) + \cdots +$

$4+1=\dfrac{n(n-1)}{6}$。因此，这段代码的时间复杂度为 $O(n^2)$。

【例 1-6】 计算下列程序段的时间复杂度。

```
i = 1;
while (i <= n)
{
    for (j = 1; j <= n; j++)
        s = s + a[i][j];
    i = i * 2;
}
```

解：该程序段是双重循环，着重考虑双重循环内循环体基本语句"s=s+a[i][j];"的执行次数。

观察到外层循环变量 i 的变化规律为 $2^1,2^2,2^3,2^4,\cdots$，参照例1-4的方法，易知外层循环执行了 $\log_2 n$ 次；再观察到内层循环变量 j 的变化规律为 $1,2,3,4,\cdots$，共执行了 n 次。基本语句"s=s+a[i][j];"的执行次数=外层循环执行次数×内层循环执行次数=$n\log_2 n$。

因此，该程序段的时间复杂度为 $O(n\log_2 n)$。

1.3.2 算法执行时间测试

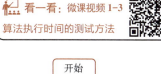

1.1.3 小节中介绍了利用渐进时间复杂度这种事前分析估算的方法来分析算法的效率。本小节将介绍利用事后测试法来分析算法的效率。

不同的算法用计算机程序实现后，其执行时间也不尽相同。算法执行时间的精确测试对算法执行效率的分析和评价也有着重要的意义。

测试算法执行时间的常规方法为：在待测试的算法代码片段前，创建一个变量来记录当前的系统时间；待算法代码片段执行完成后，用另一个变量记录新的时间；二者之差直观上即为算法代码片段的执行时间。算法执行时间的常规测试方法流程如图 1-18 所示。

实例代码如下：

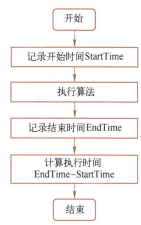

图 1-18 算法执行时间的常规测试方法流程

```
#include <iostream>
using namespace std;
int main()
{
    long double i;
    clock_t StartTime, EndTime;
    double time;
    StartTime = clock();                              //记录开始时间
    for (i = 0; i <= 100000000; i = i + 0.1)          //要测试执行时间的程序代码
    {
    }
    EndTime = clock();                                //记录结束时间
    time = (double)(EndTime - StartTime) / CLOCKS_PER_SEC;  //计算执行时间
    cout << "执行时间为:" << time << "秒\n";          //显示
```

```
        return 0;
    }
```

✉**说明**：CLOCKS_PER_SEC 是 time.h 头文件中宏定义的一个常数，用于将 clock() 函数的结果转化为以秒为单位的量。

目前的 PC 操作系统都是支持多任务的，操作系统分配时间片（Time Slice）给每个任务轮流使用 CPU。在多任务操作系统下，使用本小节介绍的常规时间测试方法检测算法代码片段执行时间所得的结果为算法在计算机上的运行时间，而不是算法在 CPU 的执行时间，测得的时间比算法实际的执行时间长，并不是精确的结果。不过，这种常规测试方法用于在同一计算机环境下对多个算法进行时间性能的比较还是可行的。

🏋**练一练**：

请尝试采用其他方法进行程序执行时间的测试，例如，在 Visual Studio 2022 中通过设置断点，然后用诊断工具查看程序运行到断点的时间。打开诊断工具的快捷键为 <Ctrl+Alt+F2>，设置断点的方法请参考附录 B。

本章小结

本章介绍了数据结构课程的研究内容。数据结构是研究非数值计算问题中的数据以及它们之间的关系和操作算法的学科，主要包含 3 个方面的内容：数据的逻辑结构、数据的存储结构（物理结构）和数据的操作算法。数据的逻辑结构分为线性结构和非线性结构两种，数据的存储结构分为顺序存储和链式存储两种。与数据结构相关的名词术语包括数据、数据元素、数据对象、数据类型、抽象数据类型等。

本章还介绍了算法的特性及算法的评价标准，给出了算法的时间复杂度和空间复杂度的分析方法，以及算法执行时间的测试方法。

思考与练习

一、单项选择题

1. 数据结构是研究非数值计算问题中的数据以及它们之间的（　　）和操作算法的学科。
   A. 结构　　　　B. 关系　　　　C. 运算　　　　D. 算法
2. 在数据结构中，与所使用的计算机无关的是数据的（　　）结构。
   A. 存储　　　　B. 物理　　　　C. 逻辑　　　　D. 物理和存储
3. 在以下数据结构中，（　　）是非线性数据结构。
   A. 队列　　　　B. 线性表　　　C. 字符串　　　D. 树
4. 计算机算法指的是（　　）。
   A. 计算方法　　　　　　　　　　B. 排序方法
   C. 计算机求解特定问题的方法和步骤　D. 调度方法
5. 算法分析的目的是（　　）。
   A. 找出数据结构的合理性
   B. 研究算法中的输入和输出的关系
   C. 分析算法的性能

D. 分析算法的易懂性和文档性

6. 某个算法的时间复杂度为 $O(n^2)$，表明该算法的（　　）。
   A. 问题规模是 n^2　　　　　　　B. 问题规模与 n^2 成正比
   C. 基本语句的执行次数是 n^2　　D. 基本语句执行次数与 n^2 成正比

7. 一维数组中有 n 个元素，读取其中第 i 个元素的平均时间复杂度是（　　）。
   A. $O(n\log_2 n)$　　B. $O(n)$　　C. $O(1)$　　D. $O(n^2)$

8. 设 n 是描述问题规模的非负整数，下列程序段的时间复杂度是（　　）。

```
x = 0;
while (n >= (x + 1) * (x + 1))
    x = x + 1;
```

   A. $O(\lg n)$　　B. $O(\sqrt{n})$　　C. $O(n)$　　D. $O(n^2)$

9. 下列程序段的功能是将一维数组 a 中的 n 个元素逆置存放到原数组中。其时间复杂度是（　　），空间复杂度是（　　）。

```
for (i = 0; i < n; i++)
    b[i] = a[n - i - 1];
for (i = 0; i < n; i++)
    a[i] = b[i];
```

   A. $O(\log_2 n)$　　B. $O(n)$　　C. $O(1)$　　D. $O(n^2)$

10. 下列程序段的功能是将一维数组 a 中的 n 个元素逆置存放到原数组中。其时间复杂度是（　　），空间复杂度是（　　）。

```
for (i = 0; i < n / 2; i++)
{
    temp = a[i];
    a[i] = a[n - i - 1];
    a[n - i - 1] = temp;
}
```

   A. $O(\log_2 n)$　　B. $O(n)$　　C. $O(1)$　　D. $O(n^2)$

二、填空题

1. 根据数据元素间存在的逻辑关系的不同，数据的逻辑结构分为_____、_____、_____和_____；在计算机内采用不同方式表示这些逻辑关系，因而存储结构有_____和_____两种。

2. 算法的 5 个重要特性是_____、_____、_____、输入、输出。

3. 算法健壮性是指_____。

4. 已知如下程序段

```
for (i = n; i >= 1; i--)
{
    x++;                    //语句1
    for (j = n; j >= i; j--)
        y++;                //语句2
}
```

其中，语句 1 的执行次数为_____，语句 2 的执行次数为_____。

三、简答题

1. 简述数据结构与数据类型的区别及联系。

2. 简述程序与算法的区别及联系。
3. 算法具有什么特性？评价算法好坏的指标有哪些？
4. 数据的逻辑结构和存储结构分别有哪几种？
5. 何谓抽象数据类型？请谈谈对它的理解。
6. 分析以下各程序段的时间复杂度。

（1）
```
i = 1; s = 0;
while (i < n)
{
    s = s + 10 * i;
    i++;
}
```

（2）
```
i = 1; j = 0;
while (i + j < n)
    if (i > j) j++;
    else   i++;
```

（3）
```
y = 1;
while (y * y <= n)   y = y + 1;
```

（4）
```
int i = 0, s = 0;
while (s < n)
{
    ++i;
    s = s + i;
}
```

（5）
```
x = 2;
while (x < n / 2)
    x = 2 * x;
```

（6）
```
count = 0;
for (k = 1; k <= n; k *= 2)
    for (j = 1; j <= n; j++)
        count++;
```

（7）
```
for(i = 1; i <= n; i++)
    for (j = 1; j <= n; j++)
        for (k = 1; k <= n; k++)
            s++;
```

（8）
```
for (i = 1; i <= n; i++)
```

```
        for (j = 1; j <= i; j++)
            s++;
```

（9）设 n 是偶数，试计算下面程序段中语句"m=m+1;"的执行次数，并给出该程序段的时间复杂度。

```
m = 0;
for (i = 1; i <= n; i++)
    for (j = 2 * i; j <= n; j++)
        m = m + 1;
```

（10）一个算法所需的执行时间由下述递归方程表示，式中 n 是问题的规模（设 n 是 2 的整数次幂）。

$$T(n) = \begin{cases} 1 & n=1 \\ 2T\left(\dfrac{n}{2}\right)+n & n>1 \end{cases}$$

7. 对下列用二元组表示的数据结构，试分别画出对应的逻辑结构图，并指出属于何种结构。

（1） $A=(D,R)$，其中 $D=\{x,y,z,p\}$，$R=\{\}$。

（2） $B=(D,R)$，其中 $D=\{a,b,c,d,e\}$，$R=\{(a,b),(b,e),(e,d),(d,c)\}$。

（3） $G=(D,R)$，其中 $D=\{a,b,c,d,e\}$，$R=\{(a,d),(c,e),(b,e),(a,b),(b,c),(d,e)\}$。

（4） $T=(D,R)$，其中 $D=\{1,2,3,4,5,6\}$，$R=\{(6,5),(6,2),(2,3),(2,4),(2,1)\}$。

应用实战

利用所学的 C/C++语言知识，对一个整型数组 a 编程实现一种排序算法，要求：

（1）利用随机函数生成 10000 个随机数，存放到数组中。

（2）分析算法的时间复杂度和空间复杂度。

（3）测试程序的执行时间。

学习目标检验

请对照表 1-2，自行检验实现情况。

表 1-2　第 1 章学习目标列表

	学习目标	达到情况
知识	了解数据结构课程的研究内容，以及与数据结构相关的概念	
	了解算法的定义	
	了解算法的 5 个特性	
	了解算法的评价指标，以及每个指标的含义	
	了解基本语句执行次数的计算方法	
	了解算法时间复杂度和空间复杂度的定义	
	了解常见的算法时间复杂度（常数阶 $O(1)$、对数阶 $O(\log_2 n)$、线性阶 $O(n)$、线性对数阶 $O(n\log_2 n)$、平方阶 $O(n^2)$、立方阶 $O(n^3)$、k 次方阶 $O(n^k)$、指数阶 $O(2^n)$、阶乘阶 $O(n!)$）对应的代码	

（续）

	学 习 目 标	达 到 情 况
能力	能够计算基本语句的执行次数	
	能够计算算法的时间复杂度和空间复杂度	
	能够编写代码计算程序基本语句的执行时间	
	能够认识和理解计算思维	
素养	完成相关资料的搜集、整理	
	实验文档书写整洁、规范，技术要点总结全面	
	学习中乐于与他人交流分享，善于使用生成式人工智能	
思政	数据结构将现实问题抽象成线性表、树、图等逻辑结构，反映了抽象与具体、特殊与一般的辩证关系	
	科学人物和科学精神：算法大师 Donald E. Knuth（唐纳德·克努特）	
	算法时间的事先估算及事后统计，注重从理论到实践的体验、分析比较，以及对问题的全面分析	
	围绕算法的健壮性、安全性等特性，强调作为一个算法设计人员必须承担的社会责任	

第 2 章 数据元素关系线性的结构：线性表

学习目标

1) 了解哪些问题可以抽象成线性表结构加以解决。
2) 掌握线性表的概念及特点。
3) 掌握线性表的顺序存储（顺序表）和链式存储（链表）结构。
4) 理解并能够实现顺序表和链表的基本操作算法。
5) 能够使用线性表设计算法解决简单的工程问题。

学习导图

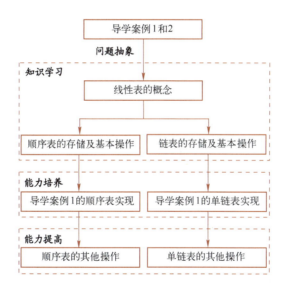

导学案例 1：实现一个简易的学生信息管理系统

【案例 1 问题描述】

随着信息技术渗透到社会、经济和人们生活的方方面面，信息管理系统在各类领域有着广泛应用。在学校中通常使用的有学生信息管理系统、图书管理系统、教务管理系统等。本例要求实现一个简易的学生信息管理系统，其中的学生信息包括学号、姓名、性别、年龄、专业等。要求系统能提供创建、查询、删除和增加学生信息等功能。

导学案例 2：实现一个简易的物资信息管理系统

【案例 2 问题描述】

本例要求实现一个简易的物资信息管理系统，其中的物资信息包括商品代码、品名、库存量、保管人等。要求系统能提供创建、查询、删除和增加物资信息等功能。

【案例 1 和 2 问题分析】

程序设计的实质是对实际问题选择一种合适的数据存储结构，并设计基于此结构上的一批高效的处理算法。因此，首先需要分析实际问题中需要处理的数据对象的特点。案例 1 中需要处理的数据是学生信息，一个实例见表 2-1。

表 2-1 学生信息表

学号	姓名	性别	年龄	专业	…
220101	鲍国强	男	20	计算机	…
220102	陈平	女	20	计算机	…
220103	李小虎	男	21	计算机	…
220104	朱蕾	女	20	计算机	…
…	…	…	…	…	…

案例 2 中需要处理的数据是物资信息，一个实例见表 2-2。

表 2-2 物资信息表

类别	代码	名称	库存量	保管人	…
防护	F001	医用口罩（只）	180	丁敏	…
防护	F002	医用手套（副）	40	丁敏	…
…	…	…	…	…	…
清洁	Q001	医用酒精（瓶）	50	方春梅	…
清洁	Q002	洗手液（瓶）	60	方春梅	…
…	…	…	…	…	…
医疗	Y001	额温枪（只）	20	徐丽娟	…
医疗	Y001	体温计（只）	50	徐丽娟	…

表 2-1 中每行列出了一名学生的信息，表 2-2 与之类似，每行列出了一个物资的信息。两个不同问题，两种不同表格，但是两个表格中的每一行都可以称为数据元素。如果将表中的每个数据元素抽象成一个结点，则两张表格中数据元素之间的关系都可抽象成图 2-1 所示的情形。

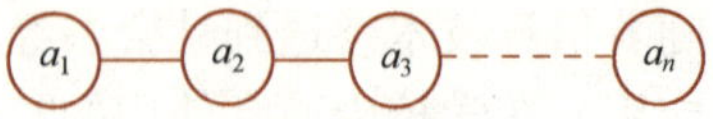

为了实现导学案例的需求，需要回答如下问题。

1) 数据元素之间存在什么关系？
2) 如何存储这些数据元素？
3) 如何按需求处理这些数据元素？

图 2-1 数据元素之间的关系

从图 2-1 中可以看出，各数据元素之间的重要特点是存在一对一的线性关系，具有这种关系的数据元素就构成了本章要研究的一类典型的数据结构——线性表。

基于C语言程序设计，存储这些数据元素的方法主要是两种：数组（顺序存储）和链表（链式存储）。案例需求中要完成的功能，主要是对数组或链表进行查找、删除、插入等基本操作。

本章2.1节将介绍线性表的抽象定义、存储方式，以及相应基本操作的实现；2.2节完成对导学案例1的实现；2.3节介绍顺序表和链表的合并、逆置等较复杂操作的实现。

2.1 知识学习

本节将介绍线性表的概念、顺序存储和链式存储，以及它们基本操作的实现。

2.1.1 线性表的概念

线性表是一种简单的、最基本的线性结构。线性表的特点是，数据元素之间仅具有单一前驱和后继关系，在一个线性表中数据元素的类型是相同的。

在实际应用中，线性表是一种常见的数据类型。例如字符串"Data structure"是一个线性表，表中数据元素的类型为字符型；又如，导学案例1中的学生信息表是一个线性表，表中数据元素的类型为由学号、姓名、性别、年龄、专业等组成的结构体类型。

从上面的例子可以看出，线性表是具有相同数据类型的 n（$n \geq 0$）个数据元素组成的有限序列，通常记为

$$L = (a_1, a_2, \cdots, a_{i-1}, a_i, a_{i+1}, \cdots, a_n)$$

式中，a_i 是序号为 i 的数据元素（$i=1,2,\cdots,n$）。a_1 称为表头元素，a_n 称为表尾元素。

线性表中所含数据元素的个数 n 称为线性表的长度，$n=0$ 时称该线性表为空表。

线性表中相邻元素之间存在着顺序关系，a_{i-1} 称为 a_i 的直接前驱（以下简称为前驱），a_{i+1} 称为 a_i 的直接后继（以下简称为后继）。

非空线性表的特点如下：

1）有且仅有一个表头结点 a_1，它没有前驱，仅有一个后继 a_2。
2）有且仅有一个表尾结点 a_n，它没有后继，仅有一个前驱 a_{n-1}。
3）其余的结点 a_i（$2 \leq i \leq n-1$）都有且仅有一个前驱 a_{i-1} 和一个后继 a_{i+1}。

线性表的长度可以根据需要加长或缩短，即对线性表的数据元素不仅可以访问，还可以进行插入和删除等操作。

线性表有两种存储结构：顺序存储和链式存储。下面分别讨论这两种存储结构及各自的基本操作。

2.1.2 线性表的顺序存储及基本操作

1. 顺序存储结构

线性表的顺序存储是指，在内存中用地址连续的一块存储空间顺序存放线性表的各数据元素。用这种存储形式存储的线性表又称为顺序表（Sequence List）。

因为内存中的地址空间是线性的，因此，用物理上的相邻关系来实现数据元素之间的逻

辑相邻关系既简单又自然。

在 C/C++ 程序设计语言中，一维数组在内存中占用的存储空间是一组连续的存储区域，因此，用一维数组来表示顺序表是一种简单且合适的方法。同时，考虑到顺序表的长度是可以变化的，因此通常将一维数组和顺序表的长度封装成一个结构体来描述顺序表。

考虑到对整数操作的简单性，下面给出数据元素为整型数据的顺序表类型描述。

```
const int MAXSIZE = 100;        //顺序表最大长度
typedef struct
{
    int data[MAXSIZE];          //存放数据元素的数组
    int length;                 //顺序表的当前长度
}SeqList;
```

其中，MAXSIZE 表示数组的最大容量。由于顺序表要进行插入、删除等操作，因此顺序表中实际元素的个数是可变的，可用一个变量 length 来记录当前顺序表中元素的个数，以方便控制对顺序表的操作。顺序表的存储结构如图 2-2 所示。

注意：C/C++语言中数组下标从 0 开始，因此顺序表中序号为 i 的元素，存储在数组中的下标为 $i-1$。

2. 顺序表基本操作的实现

针对图 2-2 所示的顺序表存储结构上的<u>整型</u>数据元素，顺序表的基本操作通常包括：初始化、遍历、查看实际长度、查找元素、插入元素、删除元素等。各操作算法函数名中包含了"_Seq"以表明是顺序表的相关操作。

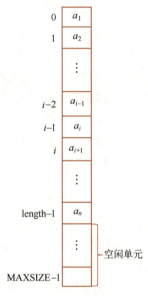

图 2-2 顺序表的存储结构

（1）初始化

这里为顺序表提供了两个用以初始化的函数：其中一个函数用于创建一个空表；另一个函数用于创建长度为 n、数据元素为数组 a 中元素的顺序表。下面分别给出这两个函数的具体描述，如算法 2-1 和算法 2-2 所示。

算法 2-1 创建空表

```
void InitList_Seq(SeqList & L)
{
    L.length = 0;           //顺序表中当前所含元素个数为 0
}
```

算法 2-2 创建长度为 n 的顺序表

```
void CreatList_Seq(SeqList & L, int a[], int n)    //创建长度为 n 的顺序表
{
    if (n > MAXSIZE) { cout<< "参数超出顺序表容量" <<endl; exit(1); }
    L.length = 0;
    for (int i = 0; i< n; i++)
        L.data[L.length++] = a[i];
}
```

（2）遍历顺序表

遍历操作只需依次输出数组 data 中的元素即可，如算法 2-3 所示。

算法 2-3　遍历顺序表
```
void Show_Seq(SeqList & L)
{
    for (int i = 0; i<L.length; i++)
        cout<<L.data[i] << " ";
    cout<<endl;
}
```

(3) 求顺序表的实际长度

由于在顺序表的类型定义中，成员变量 length 用于记录当前线性表中数据元素的个数，因此要求顺序表的实际长度，直接返回 length 即可，如算法 2-4 所示。

算法 2-4　求顺序表的长度
```
int ListLength_Seq(SeqList & L)
{
    return L.length;
}
```

(4) 查找元素

将待查找的整型值 e 与顺序表中的元素依次进行比较，如果查找到具有 e 值的元素时，则返回该元素的序号（下标值+1），否则返回值 0，表明查找失败，如算法 2-5 所示。

算法 2-5　顺序表的查找元素
```
int LocateElem_Seq(SeqList L, int e)
{
    for (int i = 0; i<L.length; i++)
        if (L.data[i] == e)
            return i + 1;
    return 0;
}
```

(5) 插入

顺序表的插入是指在表的第 i 个位置上插入一个值为 e 的新元素，插入后使原长度为 length 的顺序表变成长度为 length+1 的表，如图 2-3 所示。

注意：图 2-3 中插入前和插入后的表尾元素的下标虽然都为 length−1，但是插入后的 length 已经加 1 了。length 记录的是<u>当前</u>顺序表中元素的个数。

插入的步骤如下：

1) 检查顺序表的存储空间是否已达到最大值（被占满）。若是，则停止插入，并给出提示；否则，执行第 2) 步。

2) 检查插入位置 i 是否合法。若不合法，则停止插入，并给出提示；否则，执行第 3) 步。

3) 从最后一个元素（下标为 length−1）向前直至第 i 个元素（下标为 i−1），将每一个元素均后移一个存储单元，将第 i 个元素的存储位置空出来。

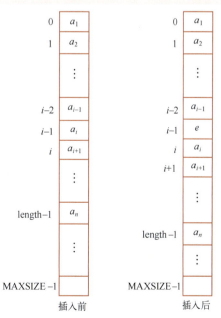

图 2-3　顺序表的插入

4) 将新元素 e 写入第 i 个元素处,即下标为 i-1 的位置。

5) 将顺序表的长度 length 加 1。

顺序表插入算法的具体实现如算法 2-6 所示。

算法 2-6 顺序表的插入

```
void ListInsert_Seq(SeqList & L, int i, int e)
{
    if (L. length>= MAXSIZE) { cout<< "线性表已满" <<endl; exit(1); }
    if (i< 1 || i>L. length + 1) { cout<< " i 值不合法" <<endl; exit(1); }
    for (int j = L. length - 1; j >= i-1; j--)
        L. data[j + 1] = L. data[j];
    L. data[i - 1] = e;
    L. length++;
}
```

从算法 2-6 可以看出,顺序表的插入运算的时间主要消耗在数据的移动上。对于一个长度为 n 的顺序表 $(a_1, a_2, \cdots, a_{i-1}, a_i, a_{i+1}, \cdots, a_n)$,在第 i 个位置上插入 e,需要将 a_i 到 a_n 都向后移动一个位置,共需要移动 n-i+1 个元素,而 i 的取值范围为 $1 \leqslant i \leqslant n+1$,即有 n+1 个位置可以插入。设在第 i 个位置上插入的概率为 P_i,则平均移动数据元素的次数

$$E_{in} = \sum_{i=1}^{n+1} P_i(n - i + 1)$$

设 $P_i = 1/(n+1)$,即为等概率情况,则

$$E_{in} = \sum_{i=1}^{n+1} P_i(n - i + 1) = \frac{1}{n + 1} \sum_{i=1}^{n+1} (n - i + 1) = \frac{n}{2}$$

这说明在顺序表上进行插入操作,需移动表中一半的数据元素。该算法的时间复杂度为 $O(n)$。

(6) 删除

顺序表的删除是指将表中第 i 个元素从线性表中去掉,删除后线性表的实际长度 length 减 1,如图 2-4 所示。

注意:图 2-4 中删除前和删除后的表尾元素的下标虽然都为 length-1,但是删除后的 length 已经减 1 了。length 记录的是<u>当前</u>顺序表中元素的个数。

删除的步骤如下:

1) 检查删除位置 i 是否合法。若不合法,则给出提示;合法,则执行第 2) 步。

2) 取出被删除元素。

3) 从第 i+1 个元素(下标为 i)直至最后一个元素,将每一个元素均前移一个存储位置。

4) 将顺序表的长度 length 减 1。

顺序表删除算法的具体实现如算法 2-7 所示。

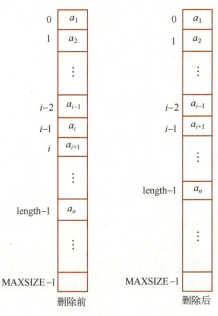

图 2-4 顺序表的删除

算法 2-7 顺序表的删除

```
void ListDelete_Seq(SeqList & L, int i, int & e)
{
    if ((i < 1) || (i > L.length)) { cout << "i值不合法" << endl; exit(1); }
    e = L.data[i - 1];
    for (int j = i; j <L.length; j++)
        L.data[j - 1] = L.data[j];
    L.length--;
}
```

与插入操作相同，顺序表的删除操作的时间主要消耗在移动表中的元素上。对于一个长度为 n 的顺序表 $(a_1, a_2, \cdots, a_{i-1}, a_i, a_{i+1}, \cdots, a_n)$，删除第 i 个元素时，其后面的元素 $a_{i+1} \sim a_n$ 都要向前移动一个位置，共移动了 $n-i$ 个元素，所以平均移动数据元素的次数

$$E_{del} = \sum_{i=1}^{n} P_i(n - i)$$

在等概率情况下，$P_i = 1/n$，则

$$E_{del} = \sum_{i=1}^{n} P_i(n - i) = \frac{1}{n} \sum_{i=1}^{n} (n - i) = \frac{n-1}{2}$$

这说明顺序表的删除操作大约需要移动表中一半的元素。该算法的时间复杂度为 $O(n)$。

注意：以上算法描述中，利用了 C++ 语言提供的引用来传递函数的结果，而没有采用 return 语句。

✏️**写一写**：

请尝试在下面的空白框中总结 C++ 中引用参数的优点。如有困难，请查看网盘中的介绍。

---

3. 顺序表基本操作的优化

上面已介绍完数据元素为整型数据的顺序表类型定义及基本操作。这样的顺序表在完成本章导读案例时存在什么缺陷呢？

看一看：微课视频 2-3
顺序表基本操作的进一步思考

首先，在不同的应用场景下，线性表的数据元素类型可能是任意的，上述实现是将数据元素限定为整型数据的，显然缺乏通用性，如本章导学案例形成的线性表的数据元素类型应是结构体类型；其次，如果面对不同数据规模的信息管理系统，在线性表定义时就固定了存储数据元素的 data 数组的大小，会由于应用场景的需求不同，造成数组空间浪费或不足，显然缺乏灵活性；再者，即使 data 数组的大小不是在定义时就固定的，但若没有扩展机制，则在应用场景需求增大时，依然会造成空间不足的情况，从而缺乏适应性。

为此，需要对前述顺序表基本操作的实现进行优化，具体方法见表 2-3。

表 2-3 顺序表的优化

操作	整型数据顺序表	增强通用性	增强灵活性	增强适应性

类型定义	const int MAXSIZE=100;
	typedef struct
	{
	　int data[MAXSIZE];
	　int length;
	}SeqList;
		const int MAXSIZE=100;
		//增加类型定义语句
		typedef int ElemType;
		typedef struct
		{
		//将数据元素定义为通用类型
		ElemType data[MAXSIZE];
		　int length;
		}SeqList;
			将存储数据元素的静态数组改为指针，同时将常量MAXSIZE改为类型定义中的一个值可变的属性
			typedef int ElemType;
			typedef struct
			{ **ElemType * data;**
			　int length;
			　int MAXSIZE;
			}SeqList;
				无须改变

初始化	void InitList_Seq(SeqList & L)
	{
	　L.length=0;
	}
	
	void CreatList_Seq(SeqList & L, int a[], int n)
	{
	　if(n>L.MAXSIZE)
	　{cout<<"参数超出顺序表容量"<<endl; exit(1);}
	　L.length=0;
	　for(int i=0;i<n;i++)
	　　L.data[L.length++]=a[i];
	}
		将相关的数据元素类型改为通用类型
		void CreatList_Seq(SeqList & L, **ElemType a[]**, int n)
			用new操作符动态分配数据元素的存储空间
			void InitList_Seq(SeqList & L, int size)
			{
			　L.data = new lemType[size];
			　L.MAXSIZE=size;
			　L.length=0;
			}
			void CreatList_Seq(SeqList & L, int size, ElemType a[], int n)
			{
			　L.data = new lemType[size];
			　L.MAXSIZE=size;
			　L.length=0;
			　for(int i=0;i<n;i++)
			　　L.data[L.length++]=a[i];
			}
				无须改变

遍历	void Show_Seq(SeqList & L)
	{
	　for(int i=0;i<L.length;i++)
	　　cout<<L.data[i]<<" ";
	　cout<<endl;
	}
		无须改变	无须改变	无须改变

求长度	int ListLength_Seq(SeqList & L)
	{
	　return L.length;
	}
		无须改变	无须改变	无须改变

查找	int LocateElem_Seq(SeqList L, int e)
	{
	　for(int i=0; i<L.length; i++)
	　　if(L.data[i]==e)
	　　　return i+1;
	　return 0;
	}
		将相关的数据元素类型改为通用类型
		int LocateElem_Seq(SeqList & L, **ElemType e**)
			无须改变	无须改变

（续）

操作	整型数据顺序表	增强通用性	增强灵活性	增强适应性

插入	void ListInsert_Seq(SeqList & L, int i, int e)
	{
	if (L.length>=MAXSIZE)
	{cout<<"线性表已满"<<endl; exit(1);}
	if (i<1 || i>L.length+1)
	{cout<<"i值不合法"<<endl; exit(1);}
	for (int j=L.length-1; j>=i-1; j--)
	　L.data[j+1]=L.data[j];
	L.data[i-1]=e;
	L.length++;
	}
		将相关的数据元素类型改为通用类型
		void ListInsert_Seq(SeqList & L, int i, **ElemType** e)
			由于 MAXSIZE 已成为顺序表结构定义中的一个属性，MAXSIZE 的引用改为 L.MAXSIZE 即可，其余无须改变
			if (L.length>=**L.MAXSIZE**)
				为了能够在空间不足的情况下进行扩展，增加一个空间扩展函数
				void increment(SeqList & L, int incrementsize)
				{
				ElemType *a;
				L.MAXSIZE += incrementsize;
				a = new ElemType[L.MAXSIZE];
				for(int i = 0; i<L.length; i++)
				　a[i] = L.data[i];
				delete [] L.data;
				L.data = a;
				a=NULL;
				}
				void ListInsert_Seq(SeqList & L, int i, ElemType e)
				{
				if(L.length>= L.MAXSIZE)
				　increment(L,10);
				if (i<1 || i>L.length+1){cout<<"i值不合法"<<endl; exit(1);}
				for (int j=L.length-1; j>=i-1; j--)
				　L.data[j+1]=L.data[j];
				L.data[i-1]=e;
				L.length++;
				}

删除	void ListDelete_Seq(SeqList & L, int i, int &e)
	{
	if ((i<1) || (i>L.length))
	{cout<<"i值不合法"<<endl; exit(1);}
	e=L.data[i-1];
	for(int j=i; j<L.length; j++)
	　L.data[j-1]=L.data[j];
	L.length--;
	}
		将相关的数据元素类型改为通用类型
		void ListDelete_Seq(SeqList & L, int i, **ElemType** & e)
			无须改变	无须改变

其他操作			由于在初始化时利用 new 动态分配的空间，必须用 delete 才能释放，因此增加函数用以释放空间
			void DestroyList_Seq(SeqList & L)
			{
			　delete[ ]L.data;
			　L.MAXSIZE = 0;
			　L.length = 0;
			}	

读者可根据表 2-3 给出的方法，完成本章应用实战中的第 1 题。

注意：以上优化算法描述中，利用了 C++语言中的 new 和 delete 来动态创建和释放数组。

✎ **写一写：**

请尝试总结 C++语言中 new/delete 与 C 语言中的 malloc/free 的区别。如有困难，请查看网盘中的介绍。

2.1.3 线性表的链式存储及基本操作

 看一看：微课视频 2-4
线性表的链式存储

1. 链式存储结构

具有链式存储结构的线性表又称为**链表**，它用一组物理上不一定相邻的存储单元来存储数据元素。

为了建立起数据元素之间的逻辑关系，对线性表中的每个数据元素 a_i，除了存放数据元素自身信息，还需要存储其后继元素所在的地址信息，这个地址信息称为**指针**。数据元素自身信息和指针这两部分组成了数据元素的存储映像，称为**结点**。一般来说，一个结点可以包含一个或多个指针。含有一个指针并使其指向后继的称为**单链表**，含有两个指针并分别指向前驱和后继的称为**双向链表**。

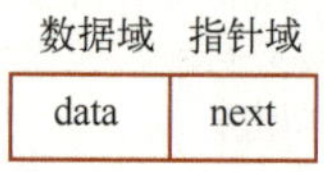

图 2-5 单链表结点结构

（1）单链表

在单链表中，每个数据元素由一个结点表示，该结点包含两部分信息：数据元素自身的信息和该元素后继的存储地址。存放数据元素自身信息的称为数据域（data），存放其后继地址的称为指针域（next），如图 2-5 所示。图 2-6 所示为线性表 $(a_1, a_2, a_3, a_4, a_5, a_6)$ 对应的单链表存储示意。

在单链表中，每个结点的存储地址存放在其前驱结点的 next 中。第一个结点是没有前驱结点的，它的地址就是整个链表的开始地址，因此必须将第一个结点的地址放到一个指针变量（如图 2-6 中的 head）中，该指针变量称为**头指针**。这样就可以从头指针开始，依次找到每个结点。通常用头指针来标识一个单链表。最后一个结点没有后继结点，其指针域必须置空（NULL），表明此单链表到此结束。

在单链表中，为了方便操作，有时在链表的第一个结点前加入一个"**头结点**"，头结点的类型与其他结点相同。链表的头指针中存放该头结点的地址，这样即使是空表，头指针也不为空了。头结点的加入使得单链表无论是否为空，头指针始终指向头结点，因此空表和非空表的处理可以用相同的语句实现。

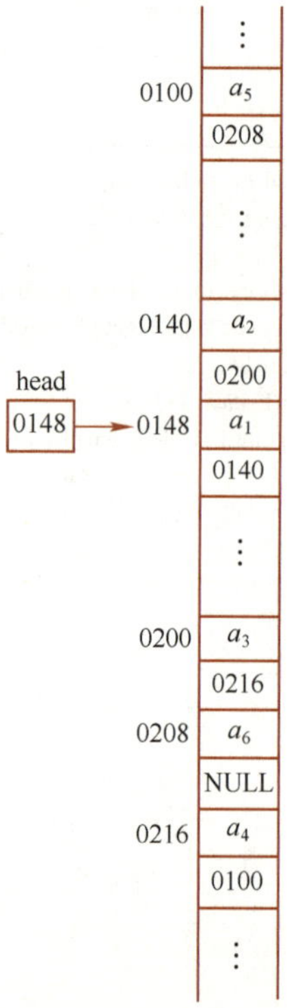

图 2-6 单链表存储示意

✎ **写一写：**

请在下页空白框中尝试用 C 语言写出无头结点单链表的插入和删除语句。如有困难，请查看网盘中的参考语句。

头结点的数据域可以不存放任何信息，也可以存放有关链表的整体信息，如表长；指针域中存放的是第一个数据元素的地址，空表时其中为空（NULL）。

图 2-7a 和图 2-7b 所示的分别是带头结点的单链表空表和非空表。

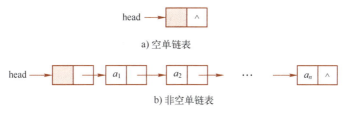

图 2-7 带头结点的单链表

数据元素为整型数据的单链表结点类型定义如下：

```
typedef int ElemType;
typedef struct Node
{
    ElemType data;
    struct Node * next;
}Node, * LinkList;
```

可以用 LinkList 定义一个表头结点的指针，该指针就代表了一个单链表：

```
LinkList    head;
```

（2）循环链表

如果将单链表最后一个结点的指针域指向头结点，就使得整个链表形成了一个环，这种链表称为**单循环链表**，简称**循环链表**，如图 2-8 所示。

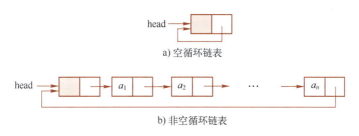

图 2-8 带头结点的单循环链表

循环链表的操作与单链表的相似，区别仅在于：判断单链表结束的条件是指针是否为空，而判断循环链表结束的条件是指针是否指向头结点。

在单链表中只能从头结点开始遍历（依次访问）整个链表，但在循环链表中则可以从任意结点开始遍历整个链表。此外，如果对链表常做的操作是在表尾进行的，那么可以改变一下链表的标识方法，不用头指针而用一个指向表尾结点的指针来标识链表，这有助于提高操作效率。

（3）双向链表

上述循环链表尽管可以从任意结点出发访问其他任意结点，但由于结点中只有一个指向其后继结点的指针域 next，因此如果已知某结点的指针为 p，其后继结点的指针则为 p->next，而要找其前驱结点则只能顺着各结点的 next 循环一圈。也就是说，找后继结点的时间复杂度是 $O(1)$，找前驱结点的时间复杂度是 $O(n)$。如果希望找前驱结点的时间复杂度也能达到 $O(1)$，则只能付出空间的代价，为每个结点再加一个指向前驱的指针域，此时结点的结构如图 2-9 所示。由这种结点组成的链表称为**双向链表**。

图 2-9 双向链表的结点结构

与单链表类似，双向链表通常也是用头指针标识，增加头结点同样可以简化双向链表的操作。图 2-10 所示是带头结点的双向链表。

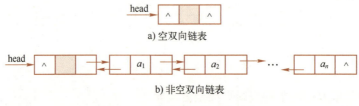

图 2-10 带头结点的双向链表

从图 2-10 可以看到，如果已知某结点的指针为 p，则其后继结点的指针是 p->next，其前驱结点的指针是 p->prior。

在实际应用中，还经常使用到带头结点的双向循环链表，即在双向链表的基础上，将头结点的前驱指针指向最后一个结点，同时将最后一个结点的后继指针指向头结点。读者可自行画出带头结点的双向循环链表的结构。

2. 单链表基本操作的实现

针对图 2-7 所示的带头结点的单链表存储结构，其基本操作通常包括初始化、遍历、求长度、查找、插入、删除及销毁等。各操作算法函数名中包含了"_L"以表明是链表（Link List）的相关操作。

（1）初始化

这里提供了两个单链表初始化操作：一个用于创建带头结点的空单链表；另一个用数组中含有的 n 个元素创建带头结点的单链表。下面分别给出这两个函数的具体描述，如算法 2-8 和算法 2-9 所示。

算法 2-8 创建带头结点的空单链表

```
void InitList_L( LinkList & L)
{
    L = new Node;
    L->next = NULL;
}
```

算法 2-9 用数组 a 中的 n 个元素创建单链表

```
void CreateList_L( LinkList & L, ElemType a[ ], int n)
{
    //已知一维数组 a[n]中存有线性表的数据元素，创建单链表 L
    LinkList s;
    L = new Node;
```

```
    L->next = NULL;                          //先建立一个空的单链表
    for (int i = n - 1; i >= 0; i--) {
        s = new Node;                        //生成新结点
        s->data = a[i];                      //赋元素值
        s->next = L->next;    L->next = s;   //在第一个结点之前插入
    }
}
```

算法 2-9 采用的是头部插入法，即每次新生成的结点均插入在头结点的后面。还可以采用尾部插入法来创建单链表，即每次生成的新结点均插入在链表的尾部。为了操作简单，可在链表中设计一个尾指针，让其一直指向当前单链表的最后一个结点。

练一练：请完成课后习题中算法设计题的第 6 题，编写程序实现用尾部插入法创建单链表。

（2）遍历单链表

设置一个指针，从单链表第一个数据结点开始向后扫描，直至单链表结束。每扫描到一个数据结点，就输出该结点的数据域，如算法 2-10 所示。

算法 2-10　遍历单链表

```
void Show_L(LinkList L)
{
    LinkList p = L->next;
    while (p)
    {
        cout << p->data << " ";    //输出结点的数据域
        p = p->next;
    }
    cout << endl;
}
```

（3）求单链表长度

可仿照上述遍历算法 2-10，求单链表的长度只需将"输出结点的数据域"语句改为"计数"语句即可，如算法 2-11 所示。

算法 2-11　求单链表长度

```
int ListLength_L(LinkList L)
{
    LinkList p = L->next;
    int k = 0;
    while (p)
    {
        k++;            //计数
        p = p->next;
    }
    return k;
}
```

（4）按值查找

将待查找的值 e 与单链表中的每个结点元素依次进行比较。如果查找到具有 e 值的元素，则返回该元素的序号；否则返回值 0，表明查找失败。具体实现如算法 2-12 所示。

算法 2-12　单链表的按值查找

```
int LocateElem_L(LinkList L, ElemType e)
{
    LinkList p = L->next;
    int index = 1;
    while (p && p->data != e)
    {
        p = p->next;
        index++;
    }
    if (p)
        return index;
    else
        return 0;
}
```

上述函数在使用时有一定的局限性，只能返回查找不成功，或查找成功时元素在链表中的序号，而无法获取元素在链表中的位置。可对上述函数略加修改，即返回指向查找到的元素的指针，就可以访问到该元素的位置了。

```
LinkList GetElem_L(LinkList L, ElemType e)
{
    LinkList p = L->next;
    while (p && p->data != e)
        p = p->next;
    return p;
}
```

（5）插入

插入操作是指将值为 e 的新结点插入到单链表第 i 个位置上。根据插入位置的不同，可以分为后插和前插两种。

1）后插法。如图 2-11 所示，设 p 指向单链表中的某个结点，s 指向待插入的值为 e 的新结点，将结点 s 插入到结点 p 的后面，即为后插法。

对应图 2-11 中的序号，后插法的操作步骤如下：

① s->next = p->next;

② p->next = s;

想一想：这两条语句能不能交换顺序？

2）前插法。如图 2-12 所示，设 p 指向链表中的某个结点，s 指向待插入的值为 e 的新结点，将结点 s 插入到结点 p 的前面，即为前插法。

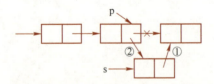
图 2-11　在结点 p 之后插入结点 s

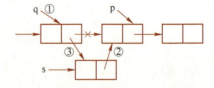
图 2-12　在结点 p 之前插入结点 s

与后插法不同的是，前插法首先要找到结点 p 的前驱结点 q，然后在结点 q 之后插入结点 s。设单链表头指针为 head，对应图 2-12 中的序号，操作步骤如下：

① q = head;

```
        while（q->next != p）      //找结点 p 的直接前驱
              q = q->next;
```
② s->next = q->next;

③ q->next = s;

从上述分析可以看出，后插法的效率比前插法的高，后插法的时间复杂度为 $O(1)$，前插法的时间复杂度为 $O(n)$。

因此，在设计将值为 e 的新结点插入到单链表第 i 个位置的算法时，可采用后插法，即将"插入在第 i 个位置"转化为"插入到第 $i-1$ 个位置的后面"。算法中首先需要找到第 $i-1$ 个结点的位置。算法步骤如下：

1）指针 p 初始化，累加器 j 清零。

2）查找第 $i-1$ 个结点，并将指针 p 指向该结点。

3）若 p 为空，即查找不成功，则抛出插入位置非法异常；否则，生成元素值为 e 的新结点 s，并按后插法将其插入到结点 p 的后面。

具体实现如算法 2-13 所示。

算法 2-13 单链表的插入

```
void ListInsert_L( LinkList L, int i, ElemType e )
{
    LinkList p = L, s;
    int j = 0;
    while（p && j < i - 1）          //找到第 i-1 个结点的位置
    {
        p = p->next;
        j++;
    }
    if（!p）{ cout << "插入位置非法"; exit(1); }
    else {
        s = new Node;                //生成元素值为 e 的新结点 s
        s->data = e;
        s->next = p->next;           //用后插法将 s 插入到结点 p 的后面
        p->next = s;
    }
}
```

（6）删除

设 q 指向单链表中的某个结点，删除结点 q 的操作如图 2-13 所示。

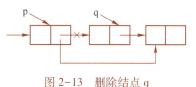

图 2-13 删除结点 q

由图 2-13 可知，要实现对结点 q 的删除，首先要找到结点 q 的前驱结点 p，然后完成指针的操作即可。指针的删除操作步骤如下：

```
p->next = q->next;
delete q;
```

下面给出删除第 i 个结点的算法。

从上述分析可以看出，要删除第 i 个结点，必须先找到第 $i-1$ 个结点。算法步骤如下：

1）指针 p 初始化，累加器 j 清零。

2）查找第 $i-1$ 个结点，并将指针 p 指向该结点。

3）若 p 为空或 p 不存在后继结点，则抛出删除位置非法异常；否则，删除结点 p 的后一个结点。

具体实现如算法 2-14 所示。

算法 2-14 单链表的删除

```
void ListDelete_L(LinkList L, int i)
{
    LinkList p = L, q;
    int j = 0;
    while (p && j < i - 1)          //查找第 i-1 个结点
    {
        p = p->next;
        j++;
    }
    if (!p || !p->next) { cout << "删除位置非法"; exit(1); }
    else
    {
        q = p->next;
        p->next = q->next;
        delete q;
    }
}
```

（7）销毁

单链表类中由 new 运算符生成的结点空间无法自动释放，因此需要有专门的函数将单链表的存储空间加以释放，具体实现如算法 2-15 所示。

算法 2-15 单链表的销毁

```
void DestroyList_L(LinkList & L)
{
    LinkList p = L, q;
    while (p)
    {
        q = p;
        p = p->next;
        delete q;
    }
    L = NULL;
}
```

想一想：

1）算法 2-15 中能不能不用指针变量 q？
2）算法 2-15 中的最后一条语句"L = NULL;"有什么作用？

2.2 能力培养

利用上节所学的线性表的两种存储结构及相应的基本操作方法，实现导学案例 1——简易的学生信息管理系统。

2.2.1 导学案例 1 的顺序表实现

导学案例 1 这类信息管理问题进行抽象后的数据结构是线性表，2.1.2 节介绍了线性表的顺序存储及基本操作的实现，这里将把抽象的顺序表的存储和实现运用到导学案例 1 这个具体的学生信息管理系统的实现中。

利用顺序表存储学生基本信息，此时该表中的数据元素是一个结构体类型，包括学号、姓名、性别、年龄、专业等数据项。要实现的创建、查询、删除和增加学生信息的功能均可利用顺序表基本操作来实现。注意：由于学生信息表中数据元素的结构体类型不能进行整体赋值、整体显示、整体比较等操作，因此需要对顺序表相关基本操作进行改写，如图 2-14 所示。

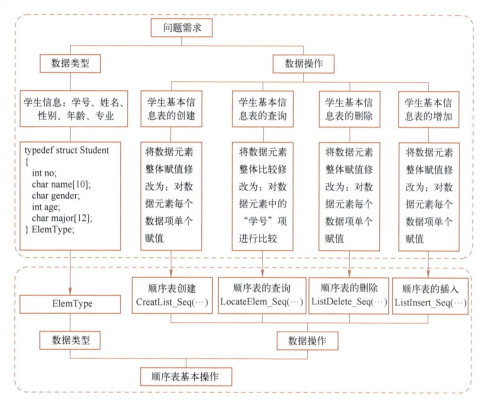

图 2-14　顺序表基本操作与导学案例 1 需求间的关系

下面为采用通用性增强的顺序表实现导学案例 1 的代码。

```
#include <iostream>
using namespace std;
const int MAXSIZE = 100;
struct Student
{
    int no;                    //学号
    char name[10];             //姓名
    char gender;               //性别
    int age;                   //年龄
    char major[12];            //专业
};
typedef struct Student ElemType;
typedef struct
{
    ElemType data[MAXSIZE];
```

```cpp
    int length;
}SeqList;
void InitList_Seq(SeqList & L)
{
    L.length = 0;
}
void CreatList_Seq(SeqList & L, ElemType a[], int n)
{
    L.length = 0;
    for (int i = 0; i < n; i++)
    {
        L.data[L.length].no = a[i].no;
        strcpy_s(L.data[L.length].name, a[i].name);
        L.data[L.length].gender = a[i].gender;
        L.data[L.length].age = a[i].age;
        strcpy_s(L.data[L.length].major, a[i].major);
        L.length++;
    }
}
void Show_Seq(SeqList & L)
{
    for (int i = 0; i < L.length; i++)
        cout << L.data[i].no << " " << L.data[i].name << " " << L.data[i].gender << " " <<
                L.data[i].age << " " << L.data[i].major << endl;
    cout << endl;
}
int ListLength_Seq(SeqList & L)
{
    return L.length;
}
int LocateElem_Seq(SeqList L, int e)        //按学号查询
{
    for (int i = 0; i < L.length; i++)
        if (L.data[i].no == e)
            return i + 1;
    return 0;
}
void ListInsert_Seq(SeqList & L, int i, ElemType e)   //在第i个元素前插入
{
    if (L.length >= MAXSIZE) { cout << "线性表已满" << endl; exit(1); }
    if (i < 1 || i > L.length + 1) { cout << "i值不合法" << endl; exit(1); }
    for (int j = L.length - 1; j >= i - 1; j--)
    {
        L.data[j + 1].no = L.data[j].no;
        strcpy_s(L.data[j + 1].name, L.data[j].name);
        L.data[j + 1].gender = L.data[j].gender;
        L.data[j + 1].age = L.data[j].age;
        strcpy_s(L.data[j + 1].major, L.data[j].major);
    }
    L.data[i - 1].no = e.no;
    strcpy_s(L.data[i - 1].name, e.name);
    L.data[i - 1].gender = e.gender;
    L.data[i - 1].age = e.age;
```

```cpp
        strcpy_s(L.data[i - 1].major, e.major);
        L.length++;
}
void ListDelete_Seq(SeqList & L, int i, ElemType & e)
{
        if ((i < 1) || (i > L.length)) { cout << "i值不合法" << endl; exit(1); }
        e.no = L.data[i - 1].no;
        strcpy_s(e.name, L.data[i - 1].name);
        e.gender = L.data[i - 1].gender;
        e.age = L.data[i - 1].age;
        strcpy_s(e.major, L.data[i - 1].major);
        for (int j = i; j < L.length; j++)
        {
                L.data[j - 1].no = L.data[j].no;
                strcpy_s(L.data[j - 1].name, L.data[j].name);
                L.data[j - 1].gender = L.data[j].gender;
                L.data[j - 1].age = L.data[j].age;
                strcpy_s(L.data[j - 1].major, L.data[j].major);
        }
        L.length--;
}
int main()
{
        SeqList List;
        struct Student st[100];
        int n;
        int choice = 0;
        do
        {
                cout << "***************学生信息管理***************\n";
                cout << "***************1----创建***************\n";
                cout << "***************2----查询***************\n";
                cout << "***************3----删除***************\n";
                cout << "***************4----增加***************\n";
                cout << "***************0----退出***************\n";
                cout << "*****************************************\n";
                cout << "请选择(0-4):";
                cin >> choice;
                switch (choice)
                {
                case 1:
                {
                        cout << "请输入学生人数:";
                        cin >> n;
                        cout << "请输入每位学生的信息(学号 姓名 性别 年龄 专业):";
                        for (int i = 0; i < n; i++)
                                cin >> st[i].no >> st[i].name >> st[i].gender >> st[i].age >> st[i].major;
                        CreatList_Seq(List, st, n);
                        cout << "学生信息如下:\n";
                        Show_Seq(List);
                        break;
                }
```

```cpp
            case 2:
            {
                cout << "请输入需查询学生的学号:";
                cin >> n;
                int index = LocateElem_Seq(List, n);
                if (index == 0)
                    cout << "没有此学号的学生\n";
                else
                    cout << List.data[index - 1].no << " " << List.data[index - 1].name << " "  <<
                            List.data[index - 1].gender<< " " << List.data[index - 1].age << " " <<
                            List.data[index - 1].major << endl;
                break;
            }
            case 3:
            {
                cout << "请输入需删除学生的学号:";
                cin >> n;
                int index = LocateElem_Seq(List, n);
                if (index == 0)
                    cout << "没有此学号的学生\n";
                else
                {
                    struct Student s;
                    ListDelete_Seq(List, index, s);
                    cout << "删除学生信息为:" << s.no << " " << s.name << " " << s.gender << " "
                         << s.age << " " <<s.major<< endl;
                    cout << "剩余学生信息为:\n";
                    Show_Seq(List);
                }
                break;
            }
            case 4:
            {
                struct Student s;
                cout << "请输入需插入学生的学号:";
                cin >> s.no;
                cout << "请输入需插入学生的姓名:";
                cin >> s.name;
                cout << "请输入需插入学生的性别:";
                cin >> s.gender;
                cout << "请输入需插入学生的年龄:";
                cin >> s.age;
                cout << "请输入需插入学生的专业:";
                cin >>s.major;
                ListInsert_Seq(List, List.length + 1, s);
                cout << "学生信息如下:\n";
                Show_Seq(List);
            }
            case 0:
                break;
            default:
                cout << "输入错误! \n";
            }
```

```
    } while (choice);
    return 0;
}
```

📧 **说明：**

1) 在上述代码中，main()函数以菜单形式选择功能。

2) 方框中的代码即为结构体类型数据的分项赋值操作语句。结构体类型变量不能进行整体赋值、整体显示、整体比较等操作。

🧠 **想一想：**

1) 程序中多处关于数据元素赋值的操作（见方框中部分），代码冗长重复，是否有方法来简化代码？

2) 如何自定义 4 个函数，分别完成 main()函数中每个菜单选项后的功能？这样，通过程序的模块化，使得程序设计更加简单和直观，从而提高程序的可读性和可维护性。

3) 如何用文件实现存储学生信息？

🏋️ **练一练：**

请参照上述程序完成课后应用实战的第 3 题，即用顺序表实现导学案例 2。

👥 **小结**

从导学案例 1 的实现可以看出，只要处理的数据元素间存在线性关系，均可采用顺序表加以存储，并采用基本操作完成相关功能。但如果在功能需求中，插入、删除操作比较频繁的话，顺序存储的效率显然不尽如人意，这时就可以使用既能表达线性关系，又能方便插入、删除的存储方式——链式存储。

2.2.2 导学案例 1 的单链表实现

针对导学案例 1 的要求，利用单链表实现学生信息管理系统的程序结构如图 2-15 所示。

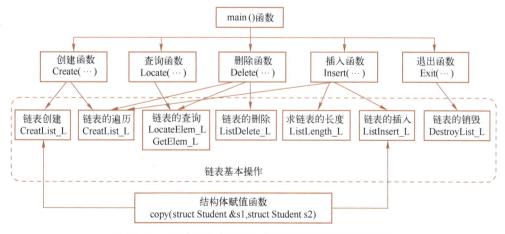

图 2-15 用单链表实现学生信息管理系统的程序结构

本小节在实现导学案例 1 的程序时，更加注重程序的模块化。主函数通过调用 5 个自定义函数来完成案例需求的相应功能，每个函数负责调用单链表已有的基本操作函数。为了避免 2.2.1 小节中出现的结构体赋值语句重复出现的问题，又自定义了一个用于结构体赋值的函数，供相关函数调用。这种实现技巧实际上回答了上面想一想中的第 1 个和第 2 个思考问题。

下面是导学案例 1 的单链表实现。

```cpp
#include <iostream.h>
#include <stdlib.h>
#include <cstring>
struct Student
{
    int no;                   //学号
    char name[10];            //姓名
    char gender;              //性别
    int age;                  //年龄
    char major[12];           //专业
};
typedef struct Student ElemType;
typedef struct Node
{
    ElemType data;
    struct Node * next;
}Node, * LinkList;
void copy(struct Student & s1, struct Student s2)
{
    s1.no = s2.no;
    strcpy_s(s1.name, s2.name);
    s1.gender = s2.gender;
    s1.age = s2.age;
    strcpy_s(s1.major, s2.major);
}
void CreateList_L(LinkList & L, ElemType A[], int n)
{
    LinkList s;
    L = new Node;
    L->next = NULL;
    for (int i = n - 1; i >= 0; i--) {
        s = new Node;
        copy(s->data, A[i]);
        s->next = L->next;
        L->next = s;
    }
}
void Show_L(LinkList L)
{
    LinkList p = L->next;
    while (p)
    {
        cout << p->data.no << " " << p->data.name << " " << p->data.gender << " " << p->data.age << " " << p->data.major << endl;
        p = p->next;
    }
    cout << endl;
}

int ListLength_L(LinkList L)
{
```

```
    LinkList p = L->next; int k = 0;
    while (p) {
        k++; p = p->next;
    }
    return k;
}
int LocateElem_L(LinkList L, ElemType e)
{
    LinkList p = L->next;
    int index = 1;
    while (p && p->data.no != e.no)
    {
        p = p->next;
        index++;
    }
    if(p)    return index;
    else     return 0;
}
LinkList GetElem_L(LinkList L, ElemType e)
{
    LinkList p = L->next;
    while (p && p->data.no != e.no)
        p = p->next;
    return p;
}
void ListInsert_L(LinkList L, int i, ElemType e)
{
    LinkList p = L, s;
    int j = 0;
    while(p && j < i - 1)
    {
        p = p->next;
        j++;
    }
    if (!p) { cout << "插入位置非法"; exit(1); }
    else {
        s = new Node;
        copy(s->data, e);
        s->next = p->next;
        p->next = s;
    }
}
void ListDelete_L(LinkList L, int i)
{
    LinkList p = L, q;
    int j = 0;
    while (p && j< i - 1)
    {
        p = p->next;
        j++;
    }
    if (!p || !p->next) { cout << "删除位置非法"; exit(1); }
    else
```

```cpp
        {
            q = p->next;
            p->next = q->next;
            delete q;
        }
}
void DestroyList_L(LinkList & L)
{
    LinkList p = L, q;
    while (p)
    {
        q = p;
        p = p->next;
        delete q;
    }
    L = NULL;
}
void Create(LinkList & L)
{
    int n;
    struct Student st[100];
    cout << "请输入学生人数:";
    cin >> n;
    cout << "请输入每位学生的信息(学号 姓名 性别 年龄 专业):";
    for (int i = 0; i < n; i++)
        cin >> st[i].no >> st[i].name >> st[i].gender >> st[i].age >> st[i].major;
    CreateList_L(L, st, n);
    cout << "学生信息如下:\n";
    Show_L(L);
}
void Locate(LinkList L)
{
    struct Student s;
    cout << "请输入需查询学生的学号:";
    cin >> s.no;
    LinkList p = GetElem_L(L, s);
    if (p == NULL)
        cout << "没有此学号的学生\n";
    else
        cout << p->data.no << " " << p->data.name << " " << p->data.gender << " " << p->da-
            ta.age << " " << p->data.major << endl;
}
void Delete(LinkList & L)
{
    struct Student s;
    cout << "请输入需删除学生的学号:";
    cin >> s.no;
    int index = LocateElem_L(L, s);
    if (index == 0)
        cout << "没有此学号的学生\n";
    else
    {
        ListDelete_L(L, index);
```

```cpp
        Show_L(L);
    }
}
void Insert(LinkList & L)
{
    struct Student s;
    cout << "请输入需插入学生的学号:";
    cin >> s.no;
    cout << "请输入需插入学生的姓名:";
    cin >> s.name;
    cout << "请输入需插入学生的性别:";
    cin >> s.gender;
    cout << "请输入需插入学生的年龄:";
    cin >> s.age;
    cout << "请输入需插入学生的专业:";
    cin >> s.major;
    int len = ListLength_L(L);
    ListInsert_L(L, len + 1, s);
    cout << "学生信息如下:\n";
    Show_L(L);
}
void Exit(LinkList & L)
{
    if (L != NULL)
        DestroyList_L(L);
}
int main()
{
    LinkList List = NULL;
    int choice = 0;
    do
    {
        cout << "***************学生信息管理***************\n";
        cout << "******************1----创建***************\n";
        cout << "******************2----查询***************\n";
        cout << "******************3----删除***************\n";
        cout << "******************4----增加***************\n";
        cout << "******************0----退出***************\n";
        cout << "*****************************************\n";
        cout << "请选择(0-4):";
        cin >> choice;
        switch (choice)
        {
        case 1:
            {
                Create(List);
                break;
            }
        case 2:
            {
                Locate(List);
                break;
            }
```

```
            case 3:
            {
                Delete(List);
                break;
            }
            case 4:
            {
                Insert(List);
                break;
            }
            case 0:
            {
                Exit(List);
                break;
            }
            default:
                cout << "输入错误！\n" << endl;
        }while(choice);
    return 0;
}
```

练一练：

请参照本程序完成课后应用实战的第 3 题，即用链表实现导学案例 2。

2.3 能力提高

本节拓展介绍顺序表的合并，以及单链表的逆置、合并等较复杂的操作实现。

2.3.1 顺序表的其他操作

在实际问题中，对于顺序表除了 2.1.2 小节介绍的基本操作，还有合并顺序表等特殊操作，本小节将介绍这些操作的实现。本小节中的所有算法都是基于通用性增强的顺序表的类型定义的。

【例 2-1】 假设有两个集合 A 和 B，设计求这两个集合并集 $A = A \cup B$ 的操作算法。

解： 可以用顺序表来表示集合。分别用顺序表 La 和 Lb 来存储集合 A 和 B 中的元素。$A = A \cup B$ 的操作就可转换为将顺序表 Lb 中所有在 La 中不存在的数据元素插入到 La 中。算法的具体实现如算法 2-16 所示。

算法 2-16 求集合的并集

```
void Union(SeqList & La, SeqList & Lb)
{
    int La_len = ListLength_Seq(La);         //求线性表 La 的长度
    ElemType e;
    while (Lb.length != 0)                    //Lb 的元素尚未处理完
    {
        ListDelete_Seq(Lb, 1, e);             //从 Lb 中删除第一个数据元素赋值给 e
        if (!LocateElem_Seq(La, e))           //若 La 中不存在值和 e 相等的数据元素
            ListInsert_Seq(La, ++La_len, e);  //则将它插入到 La 的最后
    }
}
```

✉说明：从上述代码可以看出，在解决实际问题时，遇到一些特殊的操作要求，可以利用已有的基本操作组合完成一个新的操作算法。

【例 2-2】假设顺序表 L 中的数据元素递增有序，试设计一个算法，将元素 x 插入到顺序表 L 中适当的位置上，以保持该表的有序性。

解：本例可以仿照顺序表的基本插入操作进行，不同之处在于需要先找到插入位置的下标 i。算法步骤如下：

1）检查顺序表的存储空间是否已达到最大值（被占满）。若是，则停止插入，并给出提示；否则，执行第 2）步。

2）查找插入位置的下标。

3）从最后一个元素（下标为 length-1）向前至下标为 i 的元素为止，将每一个元素均后移一个存储单元，将下标为 i 的元素的存储位置空出。

4）将新元素 x 写入下标为 i 的位置。

5）将顺序表的长度加 1。

有序表插入算法的具体实现如算法 2-17 所示。

算法 2-17 有序表的插入

```
void OrdInsert_Seq(SeqList & L, ElemType x)
{
    if (L. length >= MAXSIZE) { cout << "线性表已满" << endl; exit(1); }
    int i = 0;
    while (L. data[i] <= x && i < L. length)      //查找插入位置 i
        i++;
    for (int j = L. length - 1; j >= i; j--)      //元素后移
        L. data[j + 1] = L. data[j];
    L. data[i] = x;                               //插入元素 x
    L. length++;                                  //表长加 1
}
```

💡想一想：

上述算法中的查找与后移是否可以合并在一起完成？

2.3.2 单链表的其他操作

与顺序表类似，在实际问题中，还有合并单链表等特殊需求的一些操作，本小节将介绍这些操作的实现。

【例 2-3】单链表的逆置。（将一个单链表按逆序链接，即若原单链表中存储元素的次序为 $a_1, a_2, \cdots, a_{n-1}, a_n$，则逆置后链接变为 $a_n, a_{n-1}, \cdots, a_2, a_1$。图 2-16a 所示为逆置前的单链表，图 2-16b 所示为逆置后的单链表。）

解：可设想逆置后的单链表是一个新建的链表，但表中的结点不是新生成的，而是从原单链表（待逆置）中依次"删除"得到的。算法步骤如下：

1）将逆置后的单链表初始化为一个空表。

2）依次"删除"原单链表中的结点，并将其"插入"到逆置后单链表的表头，直至原链表为空。

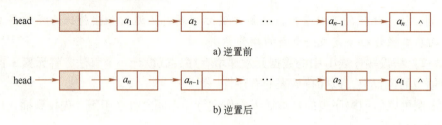

图 2-16 单链表的逆置

具体实现如算法 2-18 所示。

算法 2-18 单链表的逆置

```
void InvertLinkedList( LinkList & L)          //逆置头指针 L 所指向链表
{
    LinkList s,p = L->next;
        L->next = NULL;                       //设逆置后的链表的初态为空表
    while（p）{                                //p 为待逆置链表的头指针
        s = p;  p = p->next;                  //从 p 所指向链表中删除第一个结点（s 结点）
        s->next = L->next;  L->next = s;      //将 s 结点插入到逆置表的表头
    }
}
```

【例 2-4】 合并两个有序单链表。已知递增有序的两个单链表 La 和 Lb，要求将 Lb 合并到 La 中，且结果链表依然保持递增有序。

解： 为了实现合并操作，设置 3 个指针，指针 pa 和 pb 分别指向单链表 La 和 Lb 中等待比较的数据结点，指针 pc 始终指向结果单链表的表尾。算法步骤如下：

1）初始化指针，使指针 pa 指向单链表 La 的第一个数据结点，pb 指向单链表 Lb 的第一个数据结点，指针 pc 指向单链表 La 的头结点。

2）当 pa 和 pb 都不为空时，执行以下操作：

- 如果 pa->data 小于 pb->data，则将 pa 所指向的结点插入结果单链表的表尾，并将指针 pa 和 pc 后移；
- 否则，将 pb 所指向的结点插入结果单链表的表尾，并将指针 pb 和 pc 后移。

3）如果 pa 不为空（而 pb 为空），则将 pa 所指向的剩余结点插入结果单链表的表尾；如果 pb 不为空（而 pa 为空），则将 pb 所指向的剩余结点插入结果单链表的表尾。

具体实现如算法 2-19 所示。

算法 2-19 合并有序单链表

```
void MergeLinkList( LinkList & La,LinkList & Lb )
{
    LinkList pa = La->next;       //pa 指向 La 中当前考察的结点
    LinkList pb = Lb->next;       //pb 指向 Lb 中当前考察的结点
    LinkList pc = La;             //pc 指向 Lc 中当前的表尾结点
    while ( pa!=NULL && pb!=NULL )
    {
        if ( pa->data < pb->data )
        {
            pc->next = pa; pc = pa; pa = pa->next;
        }
        else
```

```
            pc->next = pb; pc = pb; pb = pb->next;
        }
        if ( pa )
            pc->next = pa;
        else
            pc->next = pb;
        delete Lb;
}
```

练一练：

请参考算法 2-19 的思想，完成课后思考与练习中算法设计题的第 8 题，即实现两个有序顺序表的合并。

【例 2-5】两个一元多项式相加。已知按升幂表示的两个一元多项式 $A(x) = a_0 + a_1 x + a_2 x^2 + \cdots + a_n x^n$ 和 $B(x) = b_0 + b_1 x + b_2 x^2 + \cdots + b_m x^m$，求 $A(x) = A(x) + B(x)$。

解： 可将合并有序单链表的原理拓展到一元多项式相加的问题上。

对于任意一元多项式 $P(x) = p_0 + p_1 x + p_2 x^2 + \cdots + p_n x^n$，可以抽象为一个由"系数-指数"对构成的线性表，且线性表中各元素的指数项是递增的，即 $P = ((p_0, 0), (p_1, 1), (p_2, 2), \cdots, (p_n, n))$。

当多项式相加时，所产生的结果多项式的项数和次数都是难以预料的，因此计算机实现时，可采用单链表来表示。多项式中的每一项为单链表中的一个结点，每个结点包含 3 个域：系数域（coef）、指数域（exp）和指针域（next）。其形式如图 2-17 所示。

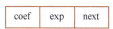

图 2-17 一元多项式单链表的结点结构

一元多项式单链表的结点定义如下：

```
struct PolyNode
{
    float coef;              //系数域
    int exp;                 //指数域
    PolyNode * next;         //指针域
};
```

只需将 2.3.1 小节中单链表结点类型定义的 Node 换成 struct PolyNode，就可得到一元多项式单链表的定义。

设有两个一元多项式：$A(x) = 12 + 3x^2 + 8x^7 + 5x^9$ 和 $B(x) = -3x^2 + 10x^7 + 6x^8 + 7x^{12}$。

它们的链表结构如图 2-18 所示。

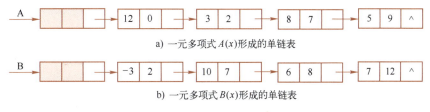

图 2-18 一元多项式单链表的结构

一元多项式相加的运算规则：两个多项式中所有指数相同的项，对应系数相加，若和不为零，则构成"和多项式"中的一项；所有指数不同的项均复制到"和多项式"中。

利用单链表存放一元多项式后，多项式相加就可演变为合并两个有序单链表。分别用两个指针 pa 和 pb 指向两个一元多项式单链表的第一个数据结点。合并过程实际上是对两个单链表中相应结点的指数域进行比较，根据比较结果来决定操作方法，具体情况如下。

1）如果 pa->exp < pb->exp，表明 pa 所指结点应该为结果中的结点，则 pa 指针后移，如图 2-19 所示。

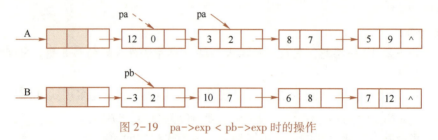

图 2-19　pa->exp < pb->exp 时的操作

2）如果 pa->exp = pb->exp，则合并同类项，即系数相加 pa->coef = pa->coef+pb->coef。
- 若相加结果 pa->coef=0，结果中不再有系数为 pa->exp 的项，删除 pa 和 pb 所指结点，且 pa 和 pb 指针均后移，如图 2-20a 所示。
- 若相加结果 pa->coef≠0，表明 pa 所指结点为结果中的结点，则删除 pb 所指结点，且 pa 和 pb 指针均后移，如图 2-20b 所示。

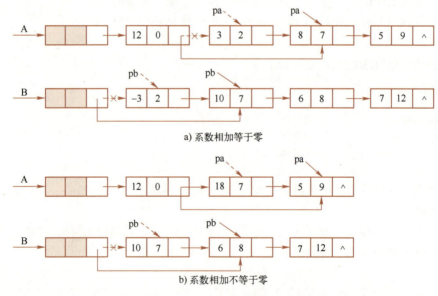

a）系数相加等于零

b）系数相加不等于零

图 2-20　pa->exp = pb->exp 时的操作

3）如果 pa->exp > pb->exp，表明 pb 所指结点应该为结果中的结点，则将 pb 所指结点插入单链表 A 中，且 pb 指针后移，如图 2-21 所示。

🏋 练一练：
还应当考虑两个一元多项式项数不同的情况，请读者自行完成该算法的实现。

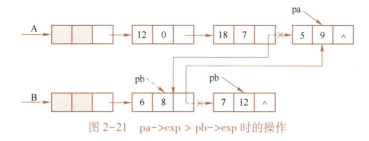

图 2-21　pa->exp > pb->exp 时的操作

2.3.3　顺序表和单链表的综合比较

线性表的顺序表和单链表两种表示方法各有优劣。
- 顺序表可按序号进行随机访问，其时间复杂度为 $O(1)$，但插入和删除操作由于需要移动表长一半的元素，因此时间复杂度均为 $O(n)$。
- 单链表无法按序号进行随机访问，只能从表头开始依次向后扫描，其时间复杂度为 $O(1)$，但插入和删除无须移动元素，因此在给出单链表某个结点的指针后，其插入和删除操作的时间复杂度均为 $O(1)$。

在实际应用时，选用哪种结构应根据具体问题具体分析，通常可从以下两个方面考虑。

1）线性表的长度 n 能否预先确定？在程序执行过程中，n 的变化范围多大？

由于顺序表需要预分配一定长度的存储空间，而如果事先不能明确知道线性表的大致长度，则有可能对存储空间预分配得过大，致使在程序执行过程中很大一部分的存储空间得不到充分利用，从而造成浪费。但若估计得太小的话，又将造成频繁地进行存储空间的再分配。而链表的显著优点之一就是其存储分配的灵活性。不需要为链表预分配空间，链表中的结点可在程序执行过程中随时应需要动态生成（只要内存尚有可分配的空间）。因此，当线性表的长度变化较大或难以估计最大值时，宜采用链表存储结构；反之，当线性表的长度变化不大，且能事先确定变化的大致范围时，宜采用顺序存储结构。

2）对线性表进行的主要操作是哪些？

顺序表是一种随机存取结构，对顺序表中任一元素进行存取的时间相同，而链表是一种顺序存取的结构，对链表中的每个结点都必须从头指针所指结点起顺链扫描。因此，若线性表需频繁查询，却很少进行插入和删除操作时，宜采用顺序表作为存储结构。另外，由于顺序表以一维数组存储数据元素，数组中第 i 个分量的元素即为线性表中第 i 个数据元素，所以对于那些和"位序"密切相关的操作，采用顺序表会方便很多。

由于在顺序表中进行插入和删除操作时，需要移动近乎表长一半的元素，若线性表中元素个数很多，特别是当每个元素占用的空间也较多时，则移动元素的时间开销会很大。而在链表的任何位置上进行插入或删除操作时，只需要修改少量指针。因此，若线性表需频繁进行插入或删除操作的话，宜采用链表作为存储结构。

本章小结

线性表是一种典型的线性结构，它是数据元素之间约束力最强的一类数据结构。非空线性表的表头元素有唯一后继结点且无前驱结点，表尾元素有唯一前驱结点且无后继结点，其余各数据元素均有唯一前驱结点和后继结点。

线性表的存储结构分为顺序存储和链式存储，对应的线性表分别称为顺序表和链表。本章分别介绍了线性表在上述两种存储结构基础上的基本操作算法，并比较了这两种存储结构的特点。最后还给出了线性表的应用实例。

思考与练习

一、单项选择题

1. 线性表的顺序存储结构是一种（　　）的存储结构，线性表的链式存储结构是一种（　　）的存储结构。

　　A. 顺序存取　　　　B. 随机存取　　　　C. 索引存取　　　　D. 散列存取

2. 顺序表中逻辑上相邻的数据元素的物理位置（　　）。单链表中逻辑上相邻的数据元素的物理位置（　　）。

　　A. 一定是连续的　　B. 部分是连续的　　C. 一定不连续　　D. 不一定连续

3. 链表不具有的特点是（　　）。

　　A. 插入、删除不需要移动元素　　　　B. 不需要事先估计存储空间
　　C. 所需空间与线性表长度成正比　　　D. 可以随机访问任意一个元素

4. 已知表头元素为 c 的单链表在内存中的存储状态见表 2-4。

表 2-4　单链表在内存中的存储状态

地　　址	元　　素	链接地址
1000H	a	1010H
1004H	b	100CH
1008H	c	1000H
100CH	d	NULL
1010H	e	1004H
1014H	f	

现将 f 存放于 1014H 处并插入单链表中，若 f 在逻辑上位于 a 和 e 之间，则 a, f, e 的链接地址依次是（　　）。

　　A. 1010H,1014H,1004H　　　　B. 1010H,1004H,1014H
　　C. 1014H,1010H,1004H　　　　D. 1014H,1004H,1010H

5. 判断不带头结点的单链表 head 指针为空的条件是（　　）。

　　A. head==NULL　　　　　　　　B. head->next==NULL
　　C. head->next==head　　　　　D. head!=NULL

6. 判断带头结点的单链表 head 指针为空的条件是（　　）。

　　A. head==NULL　　　　　　　　B. head->next==NULL
　　C. head->next==head　　　　　D. head!=NULL

7. 在一个单链表中，已知 q 所指结点后面还有一个结点 p，若在这两个结点间插入 s 结点，则执行（　　）。

　　A. s->next=p->next;p->next=s;　　　B. p->next=s->next;s->next=p;
　　C. q->next=s;s->next=p;　　　　　　D. p->next=s;s->next=q;

8. 在一个单链表中，若删除 p 所指结点的后继结点，则执行（　　）。

　　A. p->next=p->next->next;　　　　　B. p=p->next;p->next=p->next->next;
　　C. p->next=p->next;　　　　　　　　D. p=p->next->next;

9. 不借助于其他存储结构，对于 n 个元素建立一个有序单链表的最好时间复杂度是（　　）。

    A. $O(1)$　　　　B. $O(n)$　　　　C. $O(n^2)$　　　　D. $O(n\log_2 n)$

10. 非空的循环单链表 head 的尾结点（由 p 所指向）满足（　　）。

    A. p->next==NULL　　　　　　B. p==NULL

    C. p->next==head　　　　　　D. p==head

11. 已知头指针 h 指向一个带头结点的非空单循环链表，结点结构为

data	next

其中，next 是指向直接后继结点的指针，p 是尾指针，q 是临时指针。现要删除该链表的第一个元素，正确的语句序列是（　　）。

    A. h->next= h->next->next；q=h->next；free(q)；

    B. q=h->next；h->next=h->next->next；free(q)；

    C. q=h->next；h->next=q->next；if (p!=q) p=h；free(q)；

    D. q=h->next；h->next=q->next；if (p==q) p=h；free(q)；

12. 已知一个带有头结点的双向循环链表 L，结点结构为

prev	data	next

其中，prev 和 next 分别是指向其直接前驱结点和直接后继结点的指针。现要删除指针 p 所指向的结点，正确的语句序列是（　　）。

    A. p->next->prev = p->prev；p->prev->next = p->prev；free(p)；

    B. p->next->prev = p->next；p->prev->next = p->next；free(p)；

    C. p->next->pre = p->next；p-> prev->next = p->prev；free(p)；

    D. p->next->prev = p->prev；p->prev->next = p->next；free(p)；

二、填空题

1. 线性表的两种存储结构分别是_____和_____。

2. 对一个线性表分别进行遍历和逆置运算，最好的时间复杂度分别为_____和_____。

3. 在长度为 n 的顺序表中插入一个元素，平均需要移动_____个元素；删除一个元素，平均需要移动_____个元素。

4. 双向链表中每个结点有_____个指针域：一个指向_____，另一个指向_____。

5. 在一个非空单链表中，p 指针所指向的结点既不是首元结点也不是尾元结点，在 p 指针所指向的结点之后插入结点 s，填空完善下面的语句。

    s→next=_____；p→next=s；

提示：首元结点是指链表中存储第一个数据的结点；尾元结点是指链表中存储的最后一个数据结点。

6. 在一个非空单链表中，p 指针所指向的结点既不是首元结点也不是尾元结点，在 p 指针所指向的结点之前插入结点 s，填空完善下面的语句。

    s→next=_____；p→next=s；

    t=p→data；p→data=_____；s→data=t；

提示：仿照上一题完成插入，然后交换两个结点的值即可。

7. 在一个非空单链表中，p 指针所指向的结点既不是首元结点也不是尾元结点，删除 p 指针指向的结点，填空完善下面的语句。

```
q = p→next;
p→data = p→next→data;
p→next = _____ ;
free(q);
```

提示：参考上一题交换两个结点值的处理技巧，等效实现题目要求。

三、简答题

1. 线性表可用顺序表或链表存储。试问：

（1）两种存储结构各有哪些主要的优缺点？

（2）如果有 n 个表同时并存，并且在处理过程中各表的长度会动态发生变化，表的总数也可能自动改变。在此情况下，应选用哪种存储结构？为什么？

（3）若表的大小基本稳定，且很少进行插入和删除操作，但要求以最快的速度存取表中的元素，这时应采用哪种存储结构？为什么？

2. 描述以下三个概念的区别：头指针、头结点和首元结点。

3. 下面的 C 语言函数实现从一个无头结点的单链表中删除首元结点。请找出并修改函数中的错误。

```
void RemoveHead( Node *head)
{   free(head);
    head = head->next;
}
```

提示：Node 是单链表结点的类型。

四、算法设计题

1. 从顺序表中删除具有最小值的元素并由函数返回最小值，空出的位置由最后一个元素填补，若顺序表为空，则显示出错信息并退出运行。

2. 从顺序表中删除具有给定值 x 的所有元素。

3. 从有序表中删除其值在给定值 s 和 t（要求 $s<t$）之间的所有元素。

4. 从顺序表中删除所有值重复的元素，使所有元素的值均不同。如对于线性表(2,8,9,2,5,5,6,8,7,2)，执行此算法后变为(2,8,9,5,6,7)。注意：表中元素未必是排好序的，且每个值的第一次出现应当保留。

5. 将元素为整数的顺序表$(a_1,a_2,\cdots,a_n)$重新排列为以 a_1 为界的两部分：a_1 前面的值均比 a_1 小，a_1 后面的值都比 a_1 大，要求时间复杂度为 $O(n)$。

6. 用尾部插入法创建单链表，即每次生成的新结点均插入在链表的尾部。

7. 将一个存储整型元素的单链表生成两个单链表：第一个单链表中包含原单链表中所有元素值为奇数的结点；第二个单链表中包含原单链表中所有元素值为偶数的结点。原有单链表保持不变。

8. 设顺序表 La 和 Lb 中各元素值均递增有序。试写一算法，使得 La 和 Lb 合并后的新表中的元素仍保持递增有序。

9. 求循环链表中结点的个数。

10. 已知一个单链表，设计一个复制单链表的算法。

11. 已知一个无序单链表，表中结点的 data 字段为正整数。设计一个算法按递增顺序输出表中结点的值。

12. 已知一个单链表，输出该链表中倒数第 k 个结点的元素。

提示：考虑算法的效率；考虑链表为空、$k=0$ 等特殊情况。

13. 已知一个单链表，判断在该单链表中是否存在一个环。

14. 给定一个含 $n(n\geqslant 1)$ 个整数的数组，请设计一个在时间上尽可能高效的算法，找出数组中未出现的最小正整数。例如，数组 $(-5,3,2,3)$ 中未出现的最小正整数是 1；数组 $(1,2,3)$ 中未出现的最小正整数是 4。要求：

（1）给出算法的基本设计思想。

（2）根据设计思想，采用 C 或 C++ 语言描述算法，关键处要给出注释。

（3）说明所设计的算法的时间复杂度和空间复杂度。

15. 设线性表 $L=(a_1,a_2,a_3,\cdots,a_{n-2},a_{n-1},a_n)$ 采用带头结点的单链表保存，链表中的结点定义如下：

```
typedef struct node
{ int data;
  struct node * next;
} NODE;
```

请设计一个空间复杂度为 $O(1)$ 且时间上尽可能高效的算法，重新排列 L 中的各结点，得到线性表 $L'=(a_1,a_n,a_2,a_{n-1},a_3,a_{n-2},\cdots)$。要求：

（1）给出算法的基本设计思想。

（2）根据设计思想，采用 C 或 C++ 语言描述算法，关键处要给出注释。

（3）说明所设计的算法的时间复杂度。

16. 定义三元组 (a,b,c)（a,b,c 均为正数）的距离 $D=|a-b|+|b-c|+|c-a|$。给定 3 个非空整数集合 S1、S2 和 S3，按升序分别存储在 3 个数组中。请设计一个尽可能高效的算法，计算并输出所有可能的三元组 (a,b,c)（$a\in S1,b\in S2,c\in S3$）中的最小距离。例如 S1 = {-1,0,9}，S2 = {-25,-10,10,11}，S3 = {2,9,17,30,41}，则最小距离为 2，相应的三元组为 $(9,10,9)$。要求：

（1）给出算法的基本设计思想。

（2）根据设计思想，采用 C 或 C++ 语言描述算法，关键处要给出注释。

（3）说明所设计的算法的时间复杂度和空间复杂度。

应用实战

1. 顺序表的编程实现与测试。

（1）编写 main() 函数对 2.1.2 小节介绍的整型数据顺序表或优化后的顺序表基本操作进行测试。要求：使用菜单选择各项功能。

（2）扩展顺序表的功能并进行测试：排序；归并两个有序顺序表。

2. 单链表的编程实现与测试。

（1）编写 main() 函数对单链表的基本操作进行测试。要求：使用菜单选择各项功能。

（2）扩展单链表的功能并进行测试：原地逆置；合并两个有序单链表。

3. 分别用顺序表和单链表编程实现本章导学案例 2（简易的物资信息管理系统）并完成报告。物资信息包括：物资类别、物资代码、物资名称、库存量、保管人。对物资库存表的管理就是首先把它读入线性表中,接着对它进行必要的处理,然后把处理后的结果写回到文件中。

(1) 打印(遍历)库存表。

(2) 按物资代码修改记录的当前库存量。若查找到对应的记录,则从键盘上输入其修正量,把它累加到当前库存量后,再把该记录写回原有位置;若没有查找到对应的记录,则表明是一条新记录,应从键盘上输入该物资的类别、名称、库存量和保管人等信息的值,然后把该记录追加到库存表中。

(3) 按物资代码删除指定记录。

(4) 按物资类别查询该类物资的情况。

(5) 按库存量对库存表中的记录排序。

(6) 在 main( ) 函数中使用菜单选择各项功能。

4. 用单链表编程实现一个简易的通讯录并完成报告。

(1) 联系人信息包括姓名、性别、家庭地址、电话号码等,采用单链表存储结构。

(2) 提供建立、查询、删除、增加、修改等功能。

(3) 在 main( ) 函数中使用菜单选择各项功能。

学习目标检验

请对照表 2-5,自行检验达到情况。

表 2-5　第 2 章学习目标列表

	学习目标	达到情况
知识	了解哪些问题可以抽象为线性表	
	了解线性表的特性,了解"顺序表是一种随机存取的存储结构"的含义	
	了解顺序表的设计,包括记录顺序表当前长度变量 length 的设置,以及对于删除、插入操作的设计等	
	了解链表的特性,了解"链表是一种顺序存取的存储结构"的含义	
	了解链表的设计,包括链表头结点的设置、链表中删除和插入基本操作的设计等	
	了解顺序表和链表的优缺点比较	
能力	能够编程实现顺序表,包括各基本操作函数。注意体现健壮性、可读性等算法特性	
	能够编程实现链表,包括各基本操作函数。注意体现健壮性、可读性等算法特性	
	链表实现中应当注意的操作,如 new/delete、引用作参数的作用、避免野指针、指针空间回收避免垃圾空间、内存泄露等	
	能够通过模块化设计使得程序更加简单和直观,从而提高程序的可读性和可维护性	
	能够对代码进行充分测试,尤其注意边界值和异常值	
素养	根据需要进行数据结构设计,如顺序表中的 length、链表的头结点等,并能进行设计思想描述	
	为实际问题设计算法,给出算法伪代码,并利用编程语言实现算法	
	自主学习,通过查阅资料,获得解决问题的思路	
	实验文档书写整洁、规范,技术要点总结全面	
	学习中乐于与他人交流分享,善于使用生成式人工智能工具	
思政	围绕哪些问题可以抽象成线性表,理解线性表的抽象与具体、特殊与一般的辩证关系,体会唯物辩证法的现象与本质的辩证关系	
	围绕线性表的顺序存储及实现和链式存储及实现,体验思考方式的全面性,掌握比较分析法	

第3章 操作受限的线性表：栈和队列

学习目标

1) 了解哪些问题可以抽象成栈或队列加以解决。
2) 掌握栈和队列的概念及特点。
3) 掌握栈和队列的存储结构及基本操作算法。
4) 理解并能够实现栈和队列的基本操作算法。
5) 能够运用栈和队列结构解决简单的工程问题。

学习导图

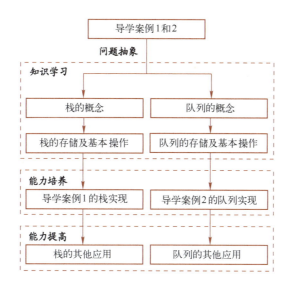

导学案例1：数制转换

【案例1问题描述】

已知十进制数 n，试将其转换成对应的八进制数。

【案例1问题分析】

将十进制数转换成对应的八进制数的基本方法是除8取余。以 $n=1269$ 为例，转换的过程如下：

n	$n/8$	$n\%8$
1269	158	5
158	19	6
19	2	3
2	0	2

↑ 取余的顺序

所以，$(1269)_{10} = (2365)_8$。

从上述过程不难看出，取余数的顺序正好与计算产生余数的顺序是相反的，因此在转换过程中，可将每次产生的余数依次保存起来，转换结束后，再按保存的逆序取出余数即可。显然，保存的余数应该具备"后进先出"的特点，可采用栈作为数据结构。

在程序设计中，也常需要具备"后进先出"特点的数据结构，如编译程序中判断表达式括号匹配、算术表达式求值等问题。

导学案例2：排队叫号系统

【案例2问题描述】

随着信息化的普及，排队叫号系统在医院、金融及政府对外服务窗口等行业得到了广泛的应用。例如，医院就诊叫号系统避免了患者拥挤在医生问诊室中，从而规范了就诊秩序、改善了患者的就诊体验、提升了医院的整体形象。

请设计一个简单的医院就诊叫号排队程序（1个诊室1位医生），要求具有3项菜单。

1）取号。选择该菜单项后，为就诊患者产生一个候诊号。
2）叫号。选择该菜单项后，显示可进入问诊室的患者候诊号。
3）退出系统。

【案例2问题分析】

排队叫号属于典型的先来先服务，因此需要将产生的排队号存放在具有"先进先出"特性的数据结构中。队列结构可以满足此要求。

本章3.1节将介绍栈和队列两种操作受限的线性表，3.2节将完成导学案例1的栈实现和导学案例2的队列实现，3.3节将介绍栈和队列的其他应用。

3.1 知识学习

本节将介绍栈和队列两种操作受限的线性表的抽象定义、存储方式及相应基本操作的实现。

3.1.1 栈

看一看：微课视频3-1
栈的概念

1. 栈的基本概念

栈是只能在一端进行插入和删除的线性表。允许插入、删除的一端称为**栈顶**，另一端称为**栈底**。没有元素的栈称为**空栈**。

栈有两个主要的操作：插入和删除。栈的插入操作常称为**入栈（压栈）**，栈的删除操作常称为**出栈（弹栈）**。栈的特点是"后进先出"（Last In First Out，LIFO），即出栈元素只能是位于栈顶的元素，而入栈元素也只能放在栈顶位置。因此，栈是一种操作受限的线性表。

如图3-1所示，栈中有3个元素，入栈的顺序是a、b、c，出栈时的顺序为c、b、a。

在日常生活中，有很多后进先出的例子。如图 3-2 所示的一摞叠起来的盘子，放盘子时会将盘子放在最上面，取盘子时会先取最上面的盘子。

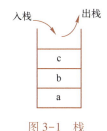

图 3-1 栈

图 3-2 一摞叠起来的盘子

【例 3-1】 假定有 4 个元素 A、B、C、D，按所列次序入栈，试写出所有可能的出栈序列。注意：每一个元素入栈后都允许出栈，如 ACDB 就是一种出栈序列。

解： 可能的出栈序列有：ABCD、ABDC、ACBD、ACDB、ADCB、BACD、BADC、BCAD、BCDA、BDCA、CBAD、CBDA、CDBA、DCBA。

当有 n 个元素按照某种顺序压入栈中，且可在任意时刻弹出时，所获得的可能的出栈序列个数可用 Catalan（卡特兰）数列公式计算，即 $\dfrac{1}{n+1}C_{2n}^n$。

由于栈是操作受限的线性表，因此线性表的存储结构对栈也是适用的，只是操作不同而已。下面分别给出栈的顺序存储及基本操作和链式存储及基本操作。

2. 栈的顺序存储及基本操作

（1）栈的顺序存储结构

利用顺序存储结构实现的栈又称为**顺序栈**。类似于顺序表的定义：栈中的数据元素用一个预设足够长度的一维数组来存储；栈底位置可以设置在数组的任一个端点，本书将栈底位置设在下标 0 处；由于栈顶位置会随着入栈和出栈而变化，因此可用一个整型变量来表示当前栈顶的位置，通常称该整型变量为栈顶指针。

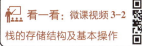

看一看：微课视频 3-2
栈的存储结构及基本操作

顺序栈的类型定义如下：

```
const int MAXSIZE = 100;
typedef int ElemType;
typedef struct
{
    ElemType data[MAXSIZE];
    int top;
}SeqStack;
```

栈空时，栈顶指针 top=-1；栈满时，栈顶指针 top=MAXSIZE-1。入栈前，栈顶指针加 1；出栈后，栈顶指针减 1。顺序栈的操作如图 3-3 所示。

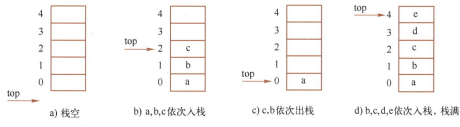

图 3-3 顺序栈的操作

(2) 顺序栈的基本操作

由于栈是操作受限的线性表,因此顺序栈的基本操作是顺序表的基本操作的简化。下面来介绍顺序栈的基本操作算法。

1) 初始化。初始化栈就是构建一个空栈。具体实现如算法 3-1 所示。

算法 3-1 顺序栈的初始化

```
void InitStack(SeqStack & S)
{
    S.top = -1;
}
```

2) 入栈。顺序栈的入栈操作类似于顺序表的插入操作。在栈顶插入一个新元素 x,使 x 成为新的栈顶元素,同时栈顶指针需要发生变化。具体实现如算法 3-2 所示。

算法 3-2 顺序栈的入栈操作

```
void Push(SeqStack & S, ElemType x)
{
    if (S.top == MAXSIZE - 1)
    {
        cout<< "栈已满" <<endl; exit(1);
    }
    S.top++;
    S.data[S.top] = x;
}
```

3) 出栈。出栈操作类似于顺序表的删除操作。将栈顶元素从栈中删除,同时栈顶指针需要发生变化。具体实现如算法 3-3 所示。

算法 3-3 顺序栈的出栈操作

```
ElemType Pop(SeqStack & S)
{
    if (S.top == -1)
    {
        cout<< "栈已空" <<endl; exit(1);
    }
    ElemType x = S.data[S.top];
    S.top--;
    return x;
}
```

4) 取栈顶元素。将栈顶元素作为结果返回,栈顶指针不变化。具体实现如算法 3-4 所示。

算法 3-4 顺序栈的取栈顶元素操作

```
ElemType Top(SeqStack & S)
{
    if (S.top == -1)
    {
        cout<< "栈已空" <<endl; exit(1);
    }
    return S.data[S.top];
}
```

5) 判断栈是否为空。具体实现如算法 3-5 所示。

算法 3-5 判断顺序栈是否为空

```
bool StackEmpty(SeqStack & S)
{
    return S.top == -1;
}
```

6）判断栈是否满。具体实现如算法 3-6 所示。

算法 3-6 判断顺序栈是否满

```
bool StackFull(SeqStack & S)
{
    return S.top == MAXSIZE - 1;
}
```

3. 栈的链式存储及基本操作

（1）栈的链式存储

利用链式存储结构实现的栈又称为链栈。链栈中的结点仍可采用在第 2 章中已经定义的 Node 结点类型。由于栈是操作受限的线性表，对栈中元素的插入和删除只能在栈顶进行，因此实现链栈的单链表不需要带头结点。链栈通常可表示为图 3-4 所示的形式，栈顶指针 top 就是单链表的头指针。

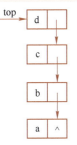

图 3-4 链栈

链栈的类型定义如下：

```
typedef int ElemType;
typedef struct Node
{
    ElemType data;
    struct Node * next;
} * LinkStack;
```

可以用 LinkStack 定义指针，该指针就代表了一个链栈，例如：

LinkStack S;

想一想：

链栈还需要使用头结点吗？

（2）链栈的基本操作

链栈的基本操作是单链表基本操作的简化。

1）初始化。初始化即建立一个无头结点的单链表。具体实现如算法 3-7 所示。

算法 3-7 链栈的初始化

```
void InitStack(LinkStack & S)
{
    S = NULL;
}
```

2）入栈。入栈类似于在无头结点的单链表中进行表头插入。具体实现如算法 3-8 所示。

算法 3-8 链栈的入栈操作

```
void Push(LinkStack & S, ElemType x)
{
    LinkStack p = new Node;
```

```
        p->data = x;           //申请一个数据域为 x 的结点 p
        p->next = S;
        S = p;                 //将结点 p 插在栈顶
}
```

3) 出栈。出栈类似于在单链表中进行表头结点的删除。具体实现如算法 3-9 所示。

算法 3-9 链栈的出栈操作

```
ElemType Pop(LinkStack & S)
{
    if (S == NULL)
    {
        cout<< "栈已空"; exit(1);
    }
    ElemType x = S->data;      //暂存栈顶元素
    LinkStack p = S;
    S = S->next;               //删除栈顶结点
    delete p;
    return x;
}
```

4) 取栈顶元素。返回栈顶指针所指向结点的数据域即可。具体实现如算法 3-10 所示。

算法 3-10 链栈中的取栈顶元素操作

```
ElemType Top(LinkStack & S)
{
    if (S == NULL)
    {
        cout<< "栈已空"; exit(1);
    }
    return  S->data;
}
```

5) 判断链栈是否为空。具体实现如算法 3-11 所示。

算法 3-11 判断链栈是否为空

```
bool StackEmpty(LinkStack & S)
{
    return  S == NULL;
}
```

6) 链栈的销毁。类似于单链表的销毁函数，需要释放链栈所占用的空间，如算法 3-12 所示。

算法 3-12 链栈的销毁

```
void DestroyListStack(LinkStack & S)
{
    LinkStack p;
    while (S)
    {
        p = S;
        S = S->next;
        delete p;
    }
}
```

> 想一想：
> 比较算法 3-12 链栈的销毁与算法 2-15 单链表的销毁，哪个算法的描述更为简洁？

3.1.2 队列

> 看一看：微课视频 3-3
> 队列的概念、顺序存储及操作

1. 队列的基本概念

在日常生活中经常会遇到需要排队的情况，在软件设计中也经常出现类似情况，如操作系统中的打印作业的处理。这时就需要使用队列这一数据结构。

队列是一种在一端进行插入，而在另一端进行删除的线性表。允许插入的一端称为**队尾**，允许删除的一端称为**队头**。当队列中没有元素时称为空队列。

队列有两个主要的操作：插入和删除。队列的插入操作常称为**入队**，队列的删除操作常称为**出队**。队列的主要特点是"先进先出"（First In First Out，FIFO），即出队元素只能是位于队头的元素，而入队元素也只能被放在队尾。因此，队列是一种操作受限的线性表。

图 3-5 所示为有 5 个元素的队列。入队时的顺序依次为 a_1、a_2、a_3、a_4、a_5，出队时的顺序将依然是 a_1、a_2、a_3、a_4、a_5。

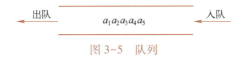

图 3-5 队列

2. 队列的顺序存储及基本操作

（1）队列的顺序存储结构

队列的顺序存储结构需要使用一个数组来存储队列中的元素。另外，由于入队和出队分别在队列的两端进行，为了简化操作，利用两个整型变量分别存放队头元素前一个位置的下标和队尾元素的下标，通常称这两个整型变量为队头指针和队尾指针。

队列的类型定义如下：

```
const int MAXSIZE = 100;
typedef int ElemType;
typedef struct
{
    ElemType data[MAXSIZE];
    int front;
    int rear;
}SeqQueue;
```

本书将数组下标 0 端设为队头，入队操作时可以先使队尾指针后移一个位置，rear=rear+1，再向该位置写入新元素；出队操作时队头指针后移一个位置，front=front+1。顺序队列的操作如图 3-6 所示。

图 3-6 顺序队列的操作

从图 3-6 可以看出，如果还有元素需要入队，就会出现假上溢现象。解决假上溢的方法是，将存储数据元素的一维数组看作头尾相接的循环结构，即循环队列。在循环队列中，入队和出队操作中队头指针和队尾指针不仅仅是加 1，而是采用加 1 取模的方式。入队操作时 rear=（rear+1）%MAXSIZE，出队操作时 front=（front+1）%MAXSIZE。

在循环队列中如何判断队列满和队列空呢？如图 3-7 所示。

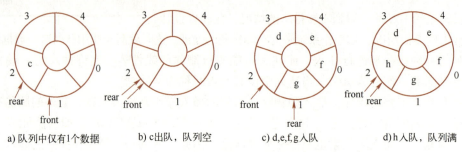

图 3-7　循环队列队列空和队列满的判定

从图 3-7 所示的循环队列可以看出，队列为空和为满的条件均为 front==rear，会产生歧义。消除歧义的方法有：

1）浪费一个元素空间。将图 3-7c 所示的情况视为队满，此时的状态是队尾指针加 1 就会从后面赶上队头指针，这种情况下队列满的条件是（rear+1）%MAXSIZE==front，这样就能与空队列区别开。

2）设置一个辅助标志变量 flag。例如，当 front==rear 且 flag==false 时（此时刚有元素出队列）表示队列空；当 front==rear 且 flag==true 时（此时刚有元素进队列）表示队列满。请读者思考仅用标志变量 flag 如何判断队列的状态。

3）使用一个计数器记录队列中元素的个数。附设一个存储队列中元素个数的变量如 num，当 num==0 时表示队列空，当 num==MAXSIZE 时为队列满。

下面采用第一种消除歧义的方法实现循环队列的操作。

（2）循环队列的基本操作

1）循环队列的初始化。具体实现如算法 3-13 所示。

算法 3-13　循环队列的初始化

```
void InitQueue(SeqQueue & Q)
{
    Q.front = Q.rear = 0;
}
```

2）循环队列的入队操作。具体实现如算法 3-14 所示。

算法 3-14　循环队列的入队

```
void EnQueue(SeqQueue & Q, ElemType x)
{
    if (((Q.rear + 1) % MAXSIZE == Q.front)
    {
        cout<< " 队列已满" <<endl; exit(1);
    }
    Q.rear = (Q.rear + 1) % MAXSIZE;
    Q.data[Q.rear] = x;
}
```

3) 循环队列的出队操作。具体实现如算法 3-15 所示。

算法 3-15 循环队列的出队

```
ElemTypeDeQueue(SeqQueue & Q)
{
    if (Q.front == Q.rear)
    {
        cout<<" 队列已空"<<endl; exit(1);
    }
    Q.front = (Q.front + 1) % MAXSIZE;
    ElemType x = Q.data[Q.front];
    return x;
}
```

练一练：

请仿照算法 3-15，编写取队头元素的算法。

4) 判断循环队列是否为空的操作。具体实现如算法 3-16 所示。

算法 3-16 判断循环队列是否为空

```
bool QueueEmpty(SeqQueue & Q)
{
    return Q.front == Q.rear;
}
```

5) 判断循环队列是否已满的操作。具体实现如算法 3-17 所示。

算法 3-17 判断循环队列是否已满

```
bool QueueFull(SeqQueue & Q)
{
    return (Q.rear + 1) % MAXSIZE == Q.front;
}
```

练一练：

请用第 2 种和第 3 种消除歧义的方法实现循环队列的基本操作，即完成本章思考与练习中算法设计题的第 3 题和第 4 题。

3. 队列的链式存储及基本操作

（1）队列的链式存储结构

队列的链式存储又称为链队列。链队列中的结点仍可采用第 2 章中已经定义的 Node 结点类型。为了操作方便，可设置队头指针和队尾指针分别指向链表头结点和尾结点。链队列通常可表示为图 3-8 所示的形式。

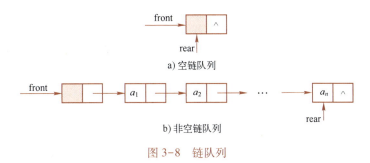

图 3-8 链队列

为了表达更为简洁，可将队头指针和队尾指针封装成一个结构体类型。链队列的类型定义如下：

```
typedef int ElemType;
typedef struct Node
{
    ElemType data;
    struct Node * next;
}Node;
typedef struct
{
    Node * front;
    Node * rear;
}LinkQueue;
```

可用 LinkQueue 类型定义一个链队列，例如：

LinkQueue Q;

如图 3-9 所示，链队列 Q 的队头指针为 Q.front，队尾指针为 Q.rear。

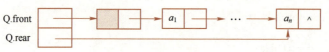

图 3-9　非空链队列 Q

（2）链队列的基本操作

1）初始化链队列。构造一个带头结点的单链表，并将队头指针和队尾指针均指向该头结点，如算法 3-18 所示。

算法 3-18　链队列的初始化

```
void InitQueue(LinkQueue & Q)
{
    Q.front = Q.rear = new Node;
    Q.front->next = NULL;
}
```

2）链队列的入队操作。链队列的入队操作步骤如下：

① 产生一个数据域为 x 的新结点 p。
② 将结点 p 插入队尾。
③ 将队尾指针指向结点 p。

图 3-10 所示为入队操作指针的变化。链队列入队操作的具体实现如算法 3-19 所示。

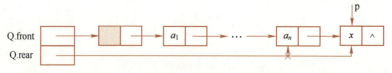

图 3-10　链队列的入队操作

算法 3-19　链队列的入队操作

```
void EnQueue(LinkQueue & Q, ElemType x)
{
    Node * p = new Node;      //产生新结点 p
```

```
        p->data = x;
        p->next = NULL;
        Q.rear->next = p;        //将结点 p 插入队尾
        Q.rear = p;
}
```

3）链队列的出队操作。链队列的出队操作步骤如下：
① 如果队列为空，则给出"队列空"的出错提示。
② 暂存队头位置及队头元素。
③ 队头指针后移。
④ 如果被删除的队头元素同时也是队尾元素，则修改队尾指针。
⑤ 删除队头元素所在的结点。
⑥ 返回暂存的队头元素。

图 3-11 所示为出队操作指针变化的一般情况。链队列出队操作的具体实现如算法 3-20 所示。

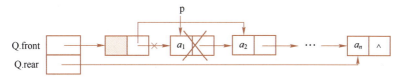

图 3-11　链队列的出队操作

算法 3-20　链队列的出队操作

```
ElemTypeDeQueue(LinkQueue & Q)
{
    if (Q.front == Q.rear)
    {
        cout<<" 队列已空" <<endl; exit(1);
    }
    Node * p = Q.front->next;        //暂存队头位置
    ElemType x = p->data;            //暂存队头元素
    Q.front->next = p->next;         //队头指针后移
    if (Q.rear == p)                 //队头元素就是队尾元素
        Q.rear = Q.front;
    delete p;                        //删除队头元素所在的结点
    return x;                        //返回队头元素
}
```

4）判断队列是否为空。具体实现如算法 3-21 所示。

算法 3-21　判断链队列是否为空

```
bool QueueEmpty(LinkQueue & Q)
{
    return Q.front == Q.rear;
}
```

5）链队列的销毁。链队列的销毁可仿照单链表的销毁，具体实现如算法 3-22 所示。

算法 3-22　链队列的销毁

```
void DestroyListQueue(LinkQueue & Q)
{
```

```
        while (Q.front)
        {
            Q.rear = Q.front->next;
            delete Q.front;
            Q.front = Q.rear;
        }
}
```

📩 **说明**：由于队列的操作限定在一端插入、一端删除，不需要在任意位置进行插入或删除等操作，链表便于插入和删除操作的优点难以发挥，因此，相对于顺序队列，链队列使用得较少。

3.2 能力培养

本节将用栈实现导学案例1，用队列实现导学案例2。

3.2.1 导学案例1的实现

利用栈实现数制转换时，主要涉及栈的两个主要操作：入栈和出栈。转换时，将每次所得余数入栈；输出结果时，依次出栈即可。转换函数的代码如下：

```
void conversion(int n)
{
    SeqStack S;
    InitStack(S);
    while (n)
    {
        Push(S, n % 8);
        n = n / 8;
    }
    while (!StackEmpty(S))
        cout<< Pop(S);
    cout<<endl;
}
```

✏️ **写一写**：

请修改 conversion( ) 函数以增强通用性，使其可以将十进制数 n 转换成 r 进制数（r 为二进制至十六进制间任意值）。在下边的空白框中写出改进后的函数。

📩 **说明**：书写上述语句如有困难，请查看网盘中的参考语句。

3.2.2 导学案例2的实现

医院就诊叫号其实就是队列的操作，取号对应的是入队操作，叫号对应的是出队操作。为了完成导学案例2中的简单就诊叫号程序（1个诊室1位医生），可先创建一个队列，有患者选择"取号"功能时，产生一个候诊号，并将该候诊号加入队列中，当医生选择"叫号"功能时，从队列头部取出一个候诊号即可。

主要代码如下：

```cpp
int main( )
{
    SeqQueue Q;
    int num = 0;
    int choice = 0;
    InitQueue(Q);
    do
    {
        cout<< " ****************医院就诊模拟**************** \n";
        cout<< " ******************1----取号**************** \n";
        cout<< " ******************2----叫号**************** \n";
        cout<< " ******************0----退出**************** \n";
        cout<< " ******************************************* \n";
        cout<< "请选择(0-2):";
        cin>> choice;
        switch (choice)
        {
        case 1:
        {
            if (QueueFull(Q))
                cout<< "目前等待就诊人数已满，请稍后再取号！\n";
            else
            {
                num++;
                EnQueue(Q, num);
                cout<< "您的候诊号是：" << num <<endl;
            }
            break;
        }
        case 2:
        {
            if (QueueEmpty(Q))
                cout<< "目前已无候诊的患者！\n";
            else
                cout<< "请候诊号为" <<DeQueue(Q) << "的患者进入问诊室" <<endl;
            break;
        }
        case 0:
            break;
        default:
            cout<< "输入错误！\n";
        }
    } while (choice);
    return 0;
}
```

想一想：

如何改善上述代码，使得在患者取号时，不仅显示该患者的候诊号，还显示患者前面还未看诊的人数。

导学案例的完整代码请登录 www.cmpedu.com 下载。

3.3 能力提高

本节对栈和队列的其他应用进行拓展讨论。

3.3.1 栈的其他应用

栈的应用非常广泛，只要问题满足"后进先出"原则，均可使用栈作为其数据结构。计算机中表达式的求值问题、递归程序等均与栈相关。本小节将介绍这些实际问题如何使用栈来解决。

1. 算术表达式求值

算术表达式求值问题：输入包含+、-、*、/、圆括号和正整数组成的中缀表达式，以'@'作为表达式结束符，计算该表达式的运算结果。

（1）利用中缀表达式直接求值

在程序设计语言中，操作符（运算符）位于两个操作数中间的表达式称为<u>中缀表达式</u>。

中缀表达式的计算比较复杂，在计算过程中，既要考虑括号的作用，又要考虑操作符的优先级，还要考虑操作符出现的先后次序。各操作符实际的运算次序往往与它们在表达式中出现的先后次序是不一致的。因此，在求值时不能简单地从左到右进行运算，必须先算运算级别高的，再算运算级别低的，同一级别的运算遵循从左到右的原则，这种方法称为"算符优先法"。算符间的优先级关系见表3-1。

表 3-1 算符间的优先级关系

栈顶运算符 pre_op	当前操作符c						
	+	-	*	/	(	)	@
+	>	>	<	<	<	>	>
-	>	>	<	<	<	>	>
*	>	>	>	>	<	>	>
/	>	>	>	>	<	>	>
(	<	<	<	<	<	=	
)	>	>	>	>		>	>
@	<	<	<	<	<		=

要实现中缀表达式直接求值，必须设置两个栈：一个栈用于存放操作符，记作OPTR；另一个栈用于存放操作数，记作OPND。

中缀表达式求值算法步骤如下：

1）初始时，操作数栈为空，操作符栈中放置一个元素'@'。

2）依次读入表达式中的每个字符，直至表达式结束。

① 若读到的是操作数，则压入操作数栈，并读入下一个字符。

② 若读到的是操作符c，则将操作符栈的栈顶元素pre_op与之进行比较，会出现以下3种情况。

- 若pre_op<c，则将c入栈，并读入下一个字符。
- 若pre_op=c，则pre_op出栈，并读入下一个字符。
- 若pre_op>c，则pre_op出栈，并在操作数栈中退栈2次，依次得到操作数b和a，然后进行 a pre_op b 运算，并将运算的结果压入操作数栈。

3）扫描完毕时操作数栈中只有一个元素，即为运算结果。

【例 3-2】利用算符优先法，对输入的算术表达式"8/(5-3)@"求值。

解：操作过程见表 3-2。利用算符优先求算法表达式的值的具体实现如算法 3-23 所示。

表 3-2 算符优先法操作步骤

步骤	当前读到的字符	OPTR 栈	OPND 栈	说　　明
1	8	@		操作数 8 入 OPND 栈
2	/	@	8	操作符'@'<'/'，操作符'/'入 OPTR 栈
3	(	/ @	8	操作符'/'<'('，操作符'('入 OPTR 栈
4	5	(/ @	8	操作数 5 入 OPND 栈
5	-	(/ @	5 8	操作符'('<'-'，操作符'-'入 OPTR 栈
6	3	- (/ @	5 8	操作数 3 入 OPND 栈
7	)	- (/ @	3 5 8	操作符'-'>')'，OPTR 栈顶元素'-'出栈，并在操作数栈中退出两个元素 3 和 5，计算 5-3 的值，并将该计算值压入 OPND 栈
8	)	(/ @	2 8	操作符'('='）'，OPTR 栈顶元素'('出栈
9	@	/ @	2 8	操作符'/'>'@'，OPTR 栈顶元素'/'出栈，并在操作数栈 OPND 中退出两个元素 2 和 8，计算 8/2 的值，并将该计算值压入 OPND 栈
10	@	@	4	操作符'@'='@'，OPTR 栈顶元素'@'出栈

算法 3-23 利用算符优先法求算术表达式的值

```
double Expression_Eval( )
{
    SeqStack_char    OPTR;                    //操作符栈
    SeqStack_double  OPND;                    //操作数栈
    InitStack( OPTR );
    InitStack( OPND );
    Push( OPTR, '@' );                         //将'@'放在操作符栈栈底
    char ch = getchar( );                      //从键盘读入一个字符
    while ( ch != '@' || Top( OPTR ) != '@' )
    {
        if ( ch >= '0' && ch <= '9' )          //读到的是操作数则入 OPND 栈
        {
            Push( OPND, ch - '0' );            //字符到数字的转换
            ch = getchar( );
        }
        else                                   //读到的是操作符
        {
            char pre_op = Top( OPTR );         //pre_op 是操作符的栈顶元素
```

```
                switch (Precede(pre_op, ch))        //比较操作符的优先级
                {
                    case'<':                         //情况①
                        Push(OPTR, ch);
                        ch = getchar();
                        break;
                    case'=':                         //情况②
                        Pop(OPTR);
                        ch = getchar();
                        break;
                    case'>':                         //情况③
                        double   right = Pop(OPND);
                        double   left = Pop(OPND);
                        pre_op = Pop(OPTR);
                        Push(OPND, Operate(left, pre_op, right));
                        break;
                }
        }
        return Top(OPND);
}
```

练一练:

1) 算法 3-23 只能对 10 以内的算术表达式求值，其中完成计算的函数 Operate()，以及进行算符优先级比较的函数 Precede() 等请读者自行完成。

2) 由于 C 语言功能的限制，本程序中对于操作符栈和操作数栈需要分别定义一套处理代码，而这两段代码中的处理功能是一致的，只是处理的数据类型不同。C++语言提供的类模板可以很好地解决这个问题，用类模板实现算法 3-23 的代码请参考《数据结构（C++语言描述）》（吉根林、陈波编著，高等教育出版社，2014）一书。

(2) 利用后缀表达式求值

波兰科学家卢卡谢维奇很早就提出了算术表达式的另一种表示，即后缀表示，又称<u>逆波兰式</u>。后缀是指把操作符放在两个操作数的后面。采用后缀表示的算术表达式被称为<u>后缀算术表达式</u>或<u>后缀表达式</u>。在后缀表达式中，不存在括号，也不存在优先级的差别，计算过程完全按照运算符出现的先后次序进行。

【例 3-3】 将下列各中缀表达式转换为后缀表达式。

1) $3/5 + 6$

2) $16 - 9 * (4 + 3)$

3) $2 * (x + y)/(1 - x)$

4) $(25 + x) * (a * (a + b) + b)$

解： 相应的后缀表达式如下：

1) 3 5/6 +

2) 16 9 4 3 + * −

3) 2 x y + * 1 x − /

4) 25 x + a a b + * b + *

将中缀表达式变成等价的后缀表达式时，表达式中操作数次序不变，而操作符次序会发生变化，同时需要去掉圆括号。因此，只需设置一个 OPTR 栈用于存放操作符。

把中缀表达式转换为后缀表达式算法的基本思路如下。

1) 初始时,操作符栈中放置一个元素'@'。
2) 依次读入中缀表达式中的每个字符,对于不同类型的字符按不同情况进行处理。

① 若读到的是操作数,则输出该操作数,并读入下一个字符。

② 若读到的是左括号,则把它压入 OPTR 栈中,并读入下一个字符。

③ 若读到的是右括号,则表明括号内的中缀表达式已经扫描完毕,将 OPTR 栈从栈顶直到左括号之前的操作符依次出栈并输出,然后将左括号也出栈,并读入下一个字符。

④ 若读到的是操作符 c,则将操作符栈的栈顶元素 pre_op 与之进行比较:
- 若 pre_op<c,则将 c 入栈,并读入下一个字符。
- 若 pre_op≥c,则将 pre_op 出栈并输出。

⑤ 若读到的是结束符'@',则把栈中剩余的操作符依次出栈并输出,即可得到转换成的后缀表达式。

练一练:

请根据以上算法步骤完成程序。

【例 3-4】用一个操作符栈来模拟将输入的中缀算术表达式"8/(5-3)@"转换成后缀表达式的过程。

解:操作过程见表 3-3。

表 3-3 中缀表达式转换成后缀表达式的操作步骤

步骤	当前读到的字符	OPTR 栈	输 出	说 明
1	8	@	8	操作数 8 输出
2	/	@	8	操作符'@'<'/',操作符'/'入 OPTR 栈
3	(	/ @	8	操作符'('入 OPTR 栈
4	5	(/ @	8 5	操作数 5 输出
5	−	(/ @	8 5	操作符'('<'−',操作符'−'入 OPTR 栈
6	3	− (/ @	8 5 3	操作数 3 输出
7	)	(/ @	8 5 3 −	读到的是操作符')',将 OPTR 栈从栈顶直到左括号之前的操作符依次出栈并输出,然后将左括号也出栈
8	@	/ @	8 5 3 − /	扫描到中缀表达式结束符'@',把栈中剩余的操作符依次出栈并输出

将中缀表达式转换成等价的后缀表达式求值时,不需要再考虑操作符的优先级,只需从左到右扫描一遍后缀表达式即可。只需设置一个 OPND 栈用于存放操作数。

后缀表达式求值算法的基本思路如下。

1)依次读入后缀表达式中的每个字符,直至表达式结束。
- 若读到的是操作数,则入 OPND 栈。
- 若读到的是操作符,则在 OPND 栈中退出两个元素(先退出的在操作符右侧,后退出的在操作符左侧),然后用该操作符进行运算,并将运算结果压入 OPND 栈中。

2)后缀表达式扫描完毕时,若 OPND 栈中仅有一个元素,即为运算结果。

练一练:

请根据上述算法思想完成本章应用实战的第 1 题。

【例 3-5】 用一个操作数栈来模拟例 3-4 所得的后缀算术表达式"8 5 3 - / @"的求值过程。

解:操作过程见表 3-4。

表 3-4 后缀表达式的求值过程

步骤	当前读到的字符	OPND 栈	说　　明
1	8		操作数 8 入栈
2	5	8	操作数 5 入栈
3	3	5 8	操作数 3 入栈
4	-	3 5 8	在 OPND 栈中退出两个元素 3 和 5,计算 5-3 的值,并将该计算值压入 OPND 栈
5	/	2 8	在 OPND 栈中退出两个元素 2 和 8,计算 8/2 的值,并将该计算值压入 OPND 栈
6	@	4	结果输出

2. 栈与递归

算法思想:递归

递归(**Recursion**)是指函数直接调用自己或通过一系列调用语句来间接调用自己,该函数称为递归函数。递归是程序设计的有效方法之一,可用递归方法求解的问题必须同时具备以下两个条件。

1)**递**:一个问题可以化解为若干个性质相同、解法相同的小问题,而小问题还可分解为更小的问题……上述转化具有相同的规律,并使问题逐步简化。

2)**归**:存在明确的递归出口(终止条件),即当问题规模降低到一定程度时可以直接求解。

实际上,以上两点也是递归算法设计的基本框架。

根据上述条件,适合用递归方法求解的问题有以下 3 种情况。

1)数学上定义为递归的函数。例如,求整型数 n 的阶乘:

$$\text{Fact}(n) = \begin{cases} 1 & n=0 \\ n \times \text{Fact}(n-1) & n>0 \end{cases}$$

还有很多具有递归性质的函数,如 Fibonacci 级数、Ackerman 函数等。

2)数据的结构是递归的。例如,本书第 5 章介绍的广义表,其元素也可以是一个子表,而子表也是表;第 6 章介绍的树形结构,每个结点可以有 0 至多个子树,而子树又是一棵树。

3)解题的方式用递归解法比用递推解法更为简单。例如,汉诺塔问题、八皇后问题等。

在用高级语言编写的程序中,对于函数的调用,系统是通过栈来实现的。一个递归函数的执行过程类似于多个函数的嵌套调用,因此在执行递归函数的过程中也需要一个"递归工作栈"。它的作用如下:

1)将递归调用时的实际参数和函数返回地址传递给下一层的递归函数。
2)保存本层的参数和局部变量,以便从下一层返回时重新使用它们。

求整型数 n 的阶乘的递归实现如算法 3-24 所示。

算法 3-24 求阶乘的递归算法

```
int Fact(int n)
{
    if (n == 0)   return 1;
    else    return n * Fact(n - 1);
}
```

图 3-12 所示为 $n=3$ 时求阶乘递归算法的过程。

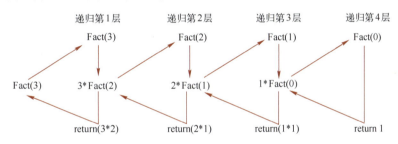

图 3-12 $n=3$ 时求阶乘递归算法的过程

图 3-13 所示为 $n=3$ 时求阶乘递归算法的工作栈情况。

	参数	返回地址
Fact(0) 执行时	0	调用 Fact(0) 处
Fact(1) 执行时	1	调用 Fact(1) 处
Fact(2) 执行时	2	调用 Fact(2) 处
Fact(3) 执行时	3	调用 Fact(3) 处

图 3-13 $n=3$ 时求阶乘递归算法的工作栈情况

3.3.2 队列的其他应用

队列的应用非常广泛,只要问题满足"先进先出"原则,均可使用队列作为其数据结构。计算机中的资源管理,如打印队列的管理,就是一个队列的实际应用场景。本小节将介绍如何使用队列来解决这一问题。

【**例 3-6**】打印队列管理主要计算打印任务完成的时间。

假设每个打印任务均有一个优先级别（1~9，9最高），打印按如下方法进行。

1) 取出打印队列中队首的打印任务 J。

2) 如果打印队列中存在级别高于 J 的打印任务，则将 J 移动至打印队列的队尾；否则，打印 J。

要求：给定打印队列及需打印任务在队列中的位置，计算需打印任务完成打印共花费了多少时间（为简化问题，假设没有新打印任务加入，打印队列中任务的移动或删除不需要时间，完成任何一个任务均需 1 min）。

样例输入：1 1 9 1 1 1　　（打印队列）
　　　　　2（需打印任务在队列中的位置）

样例输出：6 min

解：可利用队列模拟打印任务，队列中的元素存储打印任务的优先级别。具体步骤如下：

① 创建队列并设置需打印任务的位置 flag，初始化打印时间 time。

② 依次将队头任务 e 出队，重置需打印任务的位置 flag，并将 e 与队列的最高优先级别 max 进行比较：

- 若 e<max，则将任务 e 移至队尾，若移动的任务为需打印任务，则重置需打印任务的位置 flag。
- 若 e≥max，打印时间 time 加 1（表示该任务完成打印），若 e 为需打印任务，则执行步骤③。

③ 显示打印时间 time。

利用循环队列实现算法的主要代码如下：

```cpp
int QueueLength(SeqQueue & Q)          //计算队列长度
{
    return (Q.rear + MAXSIZE - Q.front) % MAXSIZE;
}
ElemType QueueMax(SeqQueue & Q)        //计算队列中的最大值
{
    int i;
    int f = (Q.front + 1) % MAXSIZE;
    ElemType max = Q.data[f];
    for (i = 1; i<=QueueLength(Q); i++)
        if (max <Q.data[f + i])
            max = Q.data[f + i];
    return max;
}
int main()
{
    SeqQueue Q;
    int time = 0;
    ElemType e;
    int x, flag, index;
    
    InitQueue(Q);
    cout<< "请输入打印队列，以-1 结束:";
    cin>> e;
    while (e != -1)                    //创建打印队列
```

```
        EnQueue(Q, e);
        cin>> e;
    }
    cout<< "请输入需打印任务在打印队列中的位置:";
    cin>> x;
    if ( x >QueueLength(Q))
    {
        cout<< "输入的位置有误! \n";
        return 0;
    }
    flag = x;                      //设置需打印任务在队列中的位置
    while ( !QueueEmpty(Q))
    {
        e = DeQueue(Q);            //队头任务出队
        flag--;                    //重置需打印任务的位置 flag
        if ( e <QueueMax(Q))       //队头任务的优先级不是最高
        {
            EnQueue(Q, e);         //将任务移至队尾
            if ( flag == 0)        //若移动的任务是需打印任务，则重置任务位置
                flag = QueueLength(Q);
        }
        else                       //队头任务的优先级最高
        {
            time++;                //打印任务
            if ( flag == 0)        //需打印任务已打印完毕
                break;
        }
    }
    cout<< "完成打印任务所需时间为:" << time << "min. \n";
    return 0;
}
```

✉ **说明**：3.1.2 小节中介绍的循环队列的基本操作已无法满足本例中的所有需求。在上述算法代码中，每个队头任务出队后均需要与队列中的最高优先级别进行比较，为此增加了计算队列中最大值的函数；在计算最大值时，以及将需打印任务移至队尾而重置位置时，均需要用到队列的长度，为此增加了计算队列长度的函数。

本章小结

栈的特点是后进先出，队列的特点是先进先出。从数据结构的角度讲，栈和队列属于线性结构，但它们是操作受限的线性表，其操作是线性表操作的子集。

本章介绍了栈和队列的定义及在两种存储结构上的基本操作，同时还介绍了栈在表达式求值和递归函数中的应用，以及队列在银行排队、打印任务管理中的应用。

思考与练习

一、单项选择题

1. 设输入序列为 1,2,3,4,5,6，则通过栈的作用后可以得到的输出序列为（　　）。
   A. 5,3,4,6,1,2　　　　　　　　　　　B. 3,2,5,6,4,1

C. 3,1,2,5,4,6　　　　　　　D. 1,5,4,6,2,3

2. 元素 a,b,c,d,e 依次进入初始为空的栈中，若元素入栈后可停留可出栈，直到所有元素都出栈，则在所有可能的出栈序列中，以元素 d 开头的序列个数是（　　）。

　　A. 4　　　　B. 5　　　　C. 6　　　　D. 7

3. 若元素 a,b,c,d,e,f 依次入栈，允许入栈、退栈操作交替进行，但不允许连续 3 次进行退栈工作，则不可能得到的出栈序列是（　　）。

　　A. dcebfa　　B. cbdaef　　C. bcaefd　　D. afedcb

4. 设输入序列 1,2,3,…,n，经过栈作用后，输出序列中的第一个元素是 n，则输出序列中的第 i 个输出元素是（　　）。

　　A. n-i　　B. n-1-i　　C. n+l-i　　D. 不能确定

5. 设指针变量 top 指向当前链栈的栈顶，则删除栈顶元素的操作为（　　）。

　　A. top=top+1;　　B. top=top-1;　　C. top->next=top;　　D. top=top->next;

6. 设用单链表作为栈的存储结构，则退栈操作（　　）。

　　A. 必须判别栈是否为满　　　　B. 必须判别栈是否为空
　　C. 判别栈元素的类型　　　　　D. 对栈不做任何判别

7. 已知操作符包括+、-、*、/、（和）。将中缀表达式 a+b-a*((c+d)/e-f)+g 转换为等价的后缀表达式 ab+acd+e/f-*-g+时，用栈来存放暂时还不能确定运算次序的操作符。若栈初始时为空，则转换过程中同时保存在栈中的操作符的最大个数是（　　）。

　　A. 5　　　　B. 7　　　　C. 8　　　　D. 11

8. 假设栈初始为空，将中缀表达式 a/b+(c*d-e*f)/g 转换为等价的后缀表达式的过程中，当扫描到 f 时，栈中的元素依次是（　　）。

　　A. +(*-　　B. +(-*　　C. /+(*-*　　D. /+-*

9. 为解决计算机与打印机之间速度不匹配的问题，通常设置一个打印数据缓冲区，主机将要输出的数据依次写入该缓冲区，而打印机则依次从该缓冲区中取出数据。该缓冲区的逻辑结构应该是（　　）。

　　A. 栈　　　　B. 队列　　　　C. 树　　　　D. 图

10. 设顺序循环队列用一维数组 Q［M］存放队列元素，队头指针 F 总是指向队头元素的前一个位置，队尾指针 R 总是指向队尾元素的当前位置，则该循环队列中的元素个数为（　　）。

　　A. R-F　　B. F-R　　C. （R-F+M)%M　　D. （F-R+M)%M

11. 设指针变量 front 表示链式队列的队头指针，指针变量 rear 表示链式队列的队尾指针，指针变量 s 指向将要入队列的结点，则入队列的操作为（　　）。

　　A. front->next=s; front=s;　　　　B. s->next=rear; rear=s;
　　C. rear->next=s; rear=s;　　　　　D. s->next=front; front=s;

12. 某队列允许在其两端进行入队操作，但仅允许在一端进行出队操作。若元素 a,b,c,d,e 依次入此队列后再进行出队操作，则不可能得到的出队顺序是（　　）。

　　A. b,a,c,d,e　　B. d,b,a,c,e　　C. d,b,c,a,e　　D. e,c,b,a,d

13. 已知循环队列存储在一维数组 A[0…n-1]中，且队列非空时 front 和 rear 分别指向队头元素和队尾元素。若初始时队列为空，且要求第 1 个进入队列的元素存储在 A[0]处，则初始时 front 和 rear 的值分别是（　　）。

A. 0,0　　　　B. 0,$n-1$　　　　C. $n-1,0$　　　　D. $n-1,n-1$

14. 已知有如下程序，程序运行时使用栈来保存调用过程信息，自栈底到栈顶的信息依次对应的是（　　）。

```
int s(int n)
{ return (n<=0)? 0: s(n-1)+n; }
int main()
{ cout<<s(1); return 0; }
```

A. main() → s(1) → s(0)　　　　B. s(0) → s(1) → main()
C. main() → s(0) → s(1)　　　　D. s(1) → s(0) → main()

15. 下列关于栈的叙述中，错误的是（　　）。
① 采用非递归方式编写递归程序时必须使用栈
② 函数调用时，系统要用栈保存必要的信息
③ 只要确定了入栈次序，就可以确定出栈次序
④ 栈是一种受限的线性表，允许在其两端进行操作

A. 仅①　　　　B. ①②③　　　　C. ①③④　　　　D. ②③④

16. 若栈 S1 中保存整数，栈 S2 中保存运算符，函数 F() 依次执行下述各步操作。
① 从 S1 中依次弹出两个操作数 a 和 b。
② 从 S2 中弹出一个运算符 op。
③ 执行相应的运算 b op a。
④ 将运算结果压入 S1 中。

假定 S1 中的操作数依次是 5,8,3,2（2 在栈顶），S2 中的运算符依次是 *,-,+（+ 在栈顶）。调用 3 次 F() 后，S1 栈顶保存的值是（　　）。

A. -15　　　　B. 15　　　　C. -20　　　　D. 20

17. 现有队列 Q 与栈 S，初始时 Q 中的元素依次是 1,2,3,4,5,6（1 在队头），S 为空。若仅允许下列 3 种操作：出队并输出出队元素；出队并将出队元素入栈；出栈并输出出栈元素。不能得到的输出序列是（　　）。

A. 1,2,5,6,4,3　　　　B. 2,3,4,5,6,1
C. 3,4,5,6,1,2　　　　D. 6,5,4,3,2,1

18. 对空栈 S 进行 Push 和 Pop 操作，入栈序列为 a,b,c,d,e（每个元素仅能进栈一次），经过 Push,Push,Pop,Push,Pop,Push,Push,Pop 操作后得到的出栈序列是（　　）。

A. b,a,c　　　　B. b,a,e　　　　C. b,c,a　　　　D. b,c,e

二、填空题

1. 设输入序列为 1,2,3，则经过栈的作用后可以得到_____种不同的输出序列。

2. 一个栈的入栈序列为 $1,2,3,\cdots,n$，其出栈序列是 $p_1,p_2,p_3,\cdots,p_n$。若 $p_2=3$，则 p_3 可能的取值个数是_____。

3. 设有两个顺序栈共享一个数组 $S[N]$，其中第一个栈的栈顶指针 top1 的初值为 -1，第二个栈的栈顶指针 top2 的初值为 N，则判断该共享栈满的条件是_____。

4. 设栈 S 和队列 Q 的初始状态均为空，元素 abcdefg 依次进入栈 S。若每个元素出栈后立即进入队列 Q，且 7 个元素出队的顺序是 bdcfeag，则栈 S 的容量至少是_____。

5. 设有一个顺序循环队列中有 m 个存储单元，则该循环队列中最多能够存储_____

个队列元素（设头指针 f 指向当前队头元素的前一个位置，尾指针指向当前队尾元素）。

6. 循环队列放在一维数组 $A[M]$ 中，end1 指向队头元素，end2 指向队尾元素的后一个位置。假设队列两端均可进行入队和出队操作，队列中最多能容纳 $M-1$ 个元素。初始时为空，则判断队空的条件是_____，判断队满的条件是_____。

7. 用一维数组 $Q[M]$ 存放循环队列中的元素，变量 rear 和 qulen 分别指示循环队列中队尾元素的实际位置和当前队列中元素的个数，则队列第一个元素的实际位置是_____。

三、简答题

1. 编号为 1,2,3,4,5 的 5 辆列车，顺序开进一个栈式结构的站点。问：开出车站的顺序有多少种可能？请写出所有可能的出栈序列。

2. 现有中缀表达式 E=((A-B)/C+D*(E-F))*G。

（1）写出与 E 等价的后缀表达式。

（2）用一个操作符栈来模拟表达式的转换过程，画出在将 E 转换成后缀表达式的过程中，栈内容的变化图。

（3）用一个操作数栈来模拟后缀表达式的求值过程，画出对（2）中所得到的后缀表达式求值时，栈中内容的变化图。

四、算法设计题

1. 设有一维数组 stack[StackMaxSize]，分配给两个栈 S1 和 S2 共同使用，如何分配数组空间，使得对任何一个栈，当且仅当数组空间全满时才不能插入。试说明你的分配方法，并分别给出两个栈各自的入栈和出栈算法。

2. 假设表达式中允许包含 3 种括号：圆括号、方括号和大括号。试编写一个算法，检查表达式中括号是否配对，若能够全部配对则返回 1，否则返回 0。

3. 假设用一维数组 $data[m]$ 存储循环队列的元素，若要使这 m 个分量都得到应用，则另设一辅助标志变量 flag 判断队列的状态为"空"还是"满"。编写入队和出队算法。

4. 假设用一维数组 $data[m]$ 存储循环队列的元素，同时设变量 num 表示当前队列中元素的个数，以判断队列的状态为"空"还是"满"。试给出此循环队列满的条件，并编写入队和出队算法。

5. 假设以带头结点的循环链表表示队列，并且只设一个表尾指针，试编写相应的置队列空、入队和出队算法。

6. 如何用两个栈来实现队列？请写出队列基本操作的算法。

7. 请设计一个队列，要求满足：①初始时队列为空；②入队时，允许增加队列占用空间；③出队后，出队元素所占用的空间可重复使用，即整个队列所占用的空间只增不减；④入队操作和出队操作的时间复杂度始终为 $O(1)$。请回答下列问题。

（1）该队列是应选择链式存储结构，还是应选择顺序存储结构？

（2）画出队列的初始状态，并给出判断队空和队满的条件。

（3）画出第一个元素入队后的队列状态。

（4）给出入队操作和出队操作的基本过程。

应用实战

1. 顺序栈的实现与应用。

（1）编写 main() 函数对顺序栈的基本操作进行测试。要求：使用菜单选择各项功能。

（2）利用顺序栈采用算符优先算法编程实现直接计算中缀表达式的值。要求：输入中缀算术表达式，计算表达式的值。

（3）利用顺序栈编程实现先将中缀表达式转换成后缀表达式，再计算后缀表达式的值。

（4）编写一个程序，模拟浏览器的前进、后退功能。当依次访问完一串页面 a、b、c 之后，单击浏览器的后退按钮，就可以查看之前浏览过的页面 b 和 a。当后退到页面 a，单击前进按钮，就可以重新查看页面 b 和 c。但是，如果后退到页面 b 后，单击新的页面 d，就无法再通过前进、后退功能查看页面 c 了。

2. 队列的实现与应用。

（1）编写 main() 函数对顺序队列的基本操作进行测试。要求：使用菜单选择各项功能。

（2）编写一个程序，模拟高性能集群执行计算任务的情况，主要模拟两件事：

1）计算任务提交后，排到队列中等待分配计算资源。

2）计算资源空闲后，从等待队列中取出下一个计算任务，进行计算。

程序采用菜单方式，其选项及功能说明如下：

1）提交计算任务：随机产生一个任务号，加入到排队队列中。

2）执行计算任务：为队列中最前面的任务分配计算资源，并将其从队列中删除。

3）查看：从队首到队尾列出所有待执行的计算任务号。

4）退出：退出菜单，结束运行。

学习目标检验

请对照表 3-5，自行检验实现情况。

表 3-5 第 3 章学习目标列表

	学 习 目 标	达 到 情 况
知识	了解哪些问题可以抽象为栈或队列	
	了解栈和队列的特性	
	了解"栈和队列是一种特殊的线性表"的含义	
	了解顺序栈的设计，包括栈中 top 变量的设置，与顺序表当前长度变量 length 的关系与区别设置，对于删除、插入操作与顺序表的不同等	
	了解链栈的特性，例如无须头结点等	
	了解顺序队列到循环队列的设计思想：①对顺序表的改造，设置 front、rear 指针确保插入、删除的时间复杂度为 $O(1)$；②解决假溢出，通过 %MAXSIZE 逻辑上变为循环队列；③解决判空判满二义性的 3 种方法等	
	了解链队列的特性，如最好设置头结点，从头部删除，从尾部插入等	
	了解顺序栈/链栈、循环队列/链队列的区别和联系	
能力	能够编码实现顺序栈/循环队列，包括各基本操作函数，注意体现健壮性、可读性等算法特性	
	能够编码实现链栈/链队列，包括各基本操作函数，注意体现健壮性、可读性等算法特性	
	能够运用递归思想编程，并了解：①什么问题可以用递归解决；②递归的时间复杂度计算；③递归的缺陷；④递归的改进——尾递归；⑤递归编程时的注意点	
	能够对代码进行充分测试，尤其注意边界值和异常值	

(续)

	学习目标	达到情况
素养	根据需要进行数据结构设计,如双栈空间共享、表达式求值中双栈的设计、表达式求值中四则运算规则的编程设计、浏览器前进后退功能采用双栈实现等,并能对设计思想进行描述	
	为实际问题设计算法,给出算法伪代码,并利用编程语言实现算法	
	自主学习,通过查阅资料,获得解决问题的思路	
	实验文档书写整洁、规范,技术要点总结全面	
	学习中乐于与他人交流分享,善于使用生成式人工智能工具	
思政	从队列的顺序实现到循环队列实现,引发对假溢出、二义性等问题的发现及解决的思考,培养探究精神、工匠精神	
	通过生活中预约、排队等限流措施,体会"秩序"和"顺序"等队列知识无处不在	

第 4 章 数据元素特殊的线性表：字符串

学习目标

1) 了解字符串这种数据元素为字符的特殊线性表的概念与应用领域。
2) 掌握字符串的复制、连接、比较等基本操作，树立安全编码思维，并能够编程实现。
3) 掌握字符串的简单模式匹配算法，并能够编程实现。
4) 能够分析简单模式匹配算法的局限性，掌握 KMP 算法思想，并能够编程实现。

学习导图

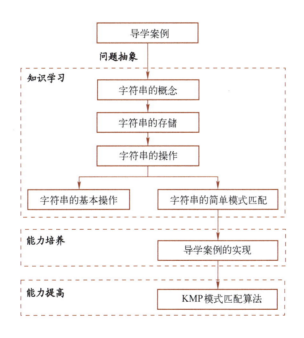

导学案例：网络不良信息过滤

【案例问题描述】

互联网给人们提供了一个自由、便捷和开放的空间，大家可以在虚拟的世界里畅所欲言，文字、图片、声音和视频等信息通过网络广泛而迅速地进行传播。与此同时，大量的欺骗、违法、暴力、欺凌等不良信息也充斥网络，给社会造成了严重的负面影响，也给个人带来不良影响甚至是伤害。

除从法律法规等制度上对网络上的违法和不良信息进行管理以外（见图 4-1），从技术上及时发现、追踪和处理违法及不良信息也是一项紧迫而重要的问题。

【案例问题分析】

文本是网络信息的最基本形式，人们对于文本信息的过滤技术主要是敏感词匹配及词频统计。例如，一种简单的敏感词匹配技术是，将网络文本信息和已知敏感词分别存为字符串 s_1 和 s_2，查找敏感词的过程就是在串 s_1 中寻找子串 s_2。这一过程就称为字符串的模式匹配。经典的单模式匹配算法有 BF（Brute-Force，蛮力）算法、KMP（Knuth-Morris-Pratt）算法、BM（Boyer-Moore）算法等；常用的多模式匹配算法有 AC（Aho-Corasick）算法、CW（AC 算法和 BM 算法结合）算法、WM（Wu-Manber）算法等。

图 4-1　绿色上网

为了完成字符串的模式匹配，首先需要弄明白字符串是如何存储、如何操作的。本章 4.1 节将介绍字符串的基本概念、存储结构，以及复制、连接、比较等基本操作的实现；4.2 节介绍一种简单的模式匹配算法用于实现导学案例；4.3 节进行拓展讨论，介绍一种更加高效的模式匹配算法——KMP 来实现导学案例。

模式匹配算法能在一定程度上成功地匹配关键字，但存在时间复杂度高、匹配速度慢、灵活性差、实际应用困难等问题，近些年来机器学习、深度学习等许多人工智能技术被更多地应用于对不良信息进行智能发现、智能过滤和智能控制。

4.1　知识学习

本节介绍字符串的概念、字符串的存储、字符串的基本操作与模式匹配算法。

4.1.1　字符串的概念

看一看：微课视频 4-1 元素类型特殊的线性表：字符串

字符串是由零个或多个任意字符组成的有限序列（以下简称串）。一般记作

$$S = "a_1 a_2 \cdots a_n"$$

其中，S 是串名；在本书中，用双引号作为串的定界符，双引号引起来的字符序列为串值，双引号本身不属于串的内容；$a_i(1 \leq i \leq n)$ 是一个任意字符，它称为串的元素，是构成串的基本单位，i 是它在整个串中的序号；n 为串的长度，表示串中所包含的字符个数，当 $n = 0$ 时，称为空串。

下面是几个串的例子。

$S_1 = "data\ \ \ structure"$，长度为 14 的串。

$S_2 = "struct"$，长度为 6 的串。

$S_3 = ""$，空串，长度为 0。

$S_4 = "\ "$，空格串，长度为 1。

如果两个串的长度相等且对应字符都相等，则称两个串相等。

串中任意连续的字符组成的子序列称为该串的子串。包含子串的串相应地称为主串。子串的第一个字符在主串中的序号称为子串的位置。

4.1.2 字符串的存储结构

1. 串的顺序存储结构

串的顺序存储结构是指用固定长度的数组来存储串中的字符序列。
在串的顺序存储中，一般有 3 种方法表示串的长度。

1）用一个变量来表示串的长度，如图 4-2 所示。

图 4-2 串的顺序存储方式 1

2）在串尾存储一个不会在串中出现的特殊字符作为串的终结符，如图 4-3 所示。

图 4-3 串的顺序存储方式 2

3）用数组的 0 号单元存放串的长度，串值从 1 号单元开始存放，如图 4-4 所示。

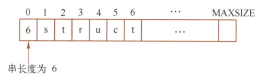

图 4-4 串的顺序存储方式 3

2. 串的链式存储结构

串的链式存储结构有以下两种方法。

（1）非压缩形式

如图 4-5a 所示，一个结点只存储一个字符。其优点是操作方便，但存储利用率低。

（2）压缩形式

为了提高存储空间的利用率，一个结点可存储多个字符，如图 4-5b 所示。这实质上是一种顺序与链式相结合的存储结构。

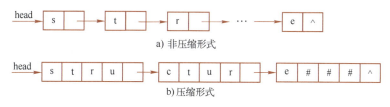

图 4-5 串的链式存储

在以链式结构存储串时，结点大小的选择将直接影响串处理的效率。串的存储密度定义为

$$存储密度 = \frac{串值所占的存储位}{实际分配的存储位}$$

如图 4-5 所示，若设一个字符占 1B，一个指针占 4B，则非压缩的存储密度为 1/5，压

缩的存储密度为 1/2。

显然，非压缩方式操作方便但存储密度小、存储占用量大。一般情况下，以压缩形式存储时，存储密度大，但是增加了实现基本操作的复杂性。例如，在串中插入字符时，就可能需要分割结点。在实际应用时，可将串的链式存储和顺序存储结合使用。例如在文本编辑系统中，整个文本可以看成一个串，每行是一个子串，可以将一行的串用顺序结构存储，而行与行之间用指针链接。

4.1.3 字符串的操作算法

字符串的操作有很多，本小节将介绍复制、连接、比较、匹配等基本操作。

1. 字符串的基本操作算法

在 C 语言中，常用的字符串操作函数有如下一些。

1) 字符串复制函数 strcpy( )。

格式：strcpy(字符数组名1,字符数组名2)

功能：把字符数组2中的字符串连同字符串结束符'\0'赋值到字符数组1中。

2) 字符串连接函数 strcat( )。

格式：strcat(字符数组名1,字符数组名2)

功能：把字符数组2中的字符串连接到字符数组1中字符串的后面，并去掉字符数组1中字符串后的字符串标志'\0'。

3) 字符串比较函数 strcmp( )。

格式：strcmp(字符数组名1,字符数组名2)

功能：将两个字符串从左至右逐个字符按照 ASCII 码值进行比较，直到出现不相等的字符或遇到'\0'为止。如果所有字符都相等，则这两个字符串相等。如果出现了不相等的字符，以第一个不相等字符的比较结果为准。

✎ 写一写：

下面采用 4.1.2 小节介绍的第 2 种顺序存储方式，即在串尾存储一个不会在串中出现的特殊字符作为串终结符，在下面的空白框中自行编程实现上述 3 个函数（函数名与 C 语言中串函数名有区别，以避免冲突）。注意：在实现过程中消除原 C 语言函数未对数据溢出等特殊情况进行处理的缺陷。

(1) 串复制

```
void StrCpy(char * s1, char * s2)
{


}
```

(2) 串连接

```
void StrCat(char * s1, char * s2)
{


}
```

(3) 串比较

```
void StrCmp(char * s1, char * s2)  //简化一下，如果 s1 >s2 返回任一大于 0 的整数；
                                    //如果 s1 <s2 返回任一小于 0 的整数；如果 s1 ==s2 返回 0
{


}
```

✉ **说明**：书写上述语句如有困难，请查看网盘中的参考语句。

📁 **知识拓展：安全字符串函数**

C 语言提供的字符串函数存在一个典型安全问题：当向为某特定数据结构分配的内存空间（缓冲区）写入数据时，由于没有做边界检查，或是没有确保目标缓冲区大于或等于源串的大小，导致写入缓冲区的数据超过预先分配的边界，从而使溢出数据覆盖在合法数据上而引起系统异常。这就是常说的缓冲区溢出问题。

因此，在实现这些字符串函数功能时需要避免缓冲区溢出等错误。

微软在 Visual Studio 中提供了安全字符串函数，即为 C 语言中的所有字符串处理函数都对应提供了一个安全版本，前面的名称相同，但是最后添加了一个后缀_s（代表 secure），如 strcpy_s。安全字符串函数的安全性检查机制比较完善，例如，在处理传入的源数据时，使用 const 类型修饰的参数来接收；判断参数取值是否有效；判断指针是否为 NULL；判断目标缓冲区是否有足够容纳写入数据的空间等。更多内容可以参阅《C 和 C++安全编码》（Robert C. Seacord 著，卢涛，译，机械工业出版社，2014 年）。

在学习数据结构时，不仅要关注算法设计的技巧，考虑算法的时间和空间性能，还要关注其安全性。这实际上也是算法健壮性、正确性内容的延伸。

2. 字符串的简单模式匹配

字符串的模式匹配就是子串的定位操作，它是一种重要的串运算。给定两个串 $s=$" $s_0s_1\cdots s_{n-1}$" 和 $t=$" $t_0t_1\cdots t_{m-1}$"（其中 n 和 m 分别是串 s 和 t 的长度），在主串 s 中寻找子串 t 的过程称为<u>模式匹配</u>，t 称为<u>模式</u>。如果在 s 中找到等于 t 的子串，则称<u>匹配成功</u>，返回 t 在 s 中首次出现的下标；否则称<u>匹配失败</u>，返回 -1。

本小节中的串仍采用前述第 2 种顺序存储方式。为了与存储结构一致，串的表示从 0 开始标记。

这里介绍<u>蛮力</u>（Brute-Force，BF）<u>模式匹配算法</u>。算法的基本思想：从主串 s 中下标为 0 的字符开始，与模式串 t 中下标为 0 的字符进行比较。若相同，则继续逐个比较 s 和 t 中的后续字符；若不同，从主串 s 中下标为 1 的字符开始，与模式串 t 中下标为 0 的字符进行比较。以此类推，重复上述过程。若 t 中字符全部比较完，则说明匹配成功；否则匹配失败。

看一看：微课视频 4-2
BF 模式匹配算法

【**例 4-1**】设主串 $s=$" ababcabcacb"，模式 $t=$" abcac"，BF 模式匹配过程如图 4-6 所示。

BF 算法的具体实现如算法 4-1 所示。

算法 4-1　BF 算法

```
int BF(char * s, char * t)
{
    i = 0; j = 0;
    n = strlen(s); m = strlen(t);
    while (i < n && j < m)
    {
        if (s[i] == t[j])
        {
            i++; j++;
        }
        else
        {
            i = i-j+1; j = 0;
        }
    }
    if (j >= m)   return   i-j;    //匹配成功,返回子串在主串中首次出现的下标
        else return   -1;          //匹配不成功,返回-1
}
```

第1趟　ababcabcacb
　　　　abcac
　　　　　　　$j=2$　$i=2$

第2趟　ababcabcacb
　　　　abcac
　　　　$j=0$　$i=1$

第3趟　ababcabcacb
　　　　　abcac
　　　　　　　$j=4$　$i=6$

第4趟　ababcabcacb
　　　　　abcac
　　　　$j=0$　$i=3$

第5趟　ababcabcacb
　　　　　　abcac
　　　　$j=0$　$i=4$

第6趟　abab cabcacb
　　　　　　　abcac
　　　　　　　$j=5$　$i=10$

图 4-6　BF 模式匹配过程

下面分析该算法的时间复杂度,设串 s 的长度为 n,串 t 的长度为 m。匹配成功的情况下,考虑以下两种极端情况。

1) 在最好情况下,每趟不成功的匹配都发生在第一对字符比较时。例如:

$s =$ " aaaaabcd"
$t =$ " bcd"

设匹配成功发生在 s_i 处,则在前 i 趟比较中,匹配均不成功。每趟不成功的匹配都发生在第一对字符的比较时,因此前面 i 趟匹配共比较了 i 次,第 $i+1$ 趟匹配成功,共比较了 m 次,所以总共比较了 $i+m$ 次,所有匹配成功的可能共有 $n-m+1$ 种,设从 s_i 开始与 t 串匹配成功的概率为 p_i,在等概率情况下 $p_i = 1/(n-m+1)$,平均比较的次数是

$$\sum_{i=0}^{n-m} p_i \times (i+m) = \sum_{i=0}^{n-m} \frac{1}{n-m+1} \times (i+m) = \frac{n+m}{2}$$

因此,最好情况下 BF 算法的时间复杂度是 $O(n+m)$。

2) 在最坏情况下,每趟不成功的匹配都发生在 t 的最后一个字符。例如:

$s =$ " aaaaab"
$t =$ " aaab"

设匹配成功发生在 s_i 处,则在前面 i 趟匹配中共比较了 $i \times m$ 次,第 $i+1$ 趟匹配成功,共比较了 m 次,所以总共比较了 $(i+1) \times m$ 次,因此平均比较的次数是

$$\sum_{i=0}^{n-m} p_i \times ((i+1) \times m) = \sum_{i=0}^{n-m} \frac{1}{n-m+1} \times ((i+1) \times m) = \frac{m \times (n-m+2)}{2}$$

一般情况下,$m \ll n$,因此最坏情况下 BF 算法的时间复杂度是 $O(n \times m)$。

想一想:

BF 算法效率不高的主要原因是什么?如何改进?

✦ 算法思想：穷举法

穷举法（Exhaustive Algorithm）也称蛮力法，是一种简单直接的解决问题的方法，是指在问题的解空间范围内逐一测试，找出问题的解。

在使用穷举法时，需要明确问题的答案的范围，这样才可以在指定的范围内搜索答案。指定范围之后，就可以使用循环语句和条件语句逐步验证候选答案的正确性，从而得到需要的正确答案。

虽然可以依赖计算机的强大计算能力来穷尽每一种可能，但是在有运算时间要求和有限存储能力的约束条件下，还是应避免采用这种"蛮力"方法。

4.2 能力培养：导学案例的实现

本节运用4.1节所学的知识来解决导学案例问题。将网络文本信息作为主串，敏感词作为子串，使用BF模式匹配算法，当找到子串时，显示安全提示信息即可。主要代码如下：

```cpp
int main()
{
    char s[MAXSIZE], t[] = "转账";
    int flag;
    cout << "请输入文本信息：\n";
    cin >> s;
    flag = BF(s, t);
    if (flag != -1)
        cout << " ***安全提示：如果聊天中提及财产，请一定先核实好友身份！ ***\n";
    return 0;
}
```

✉ 说明：

1) 以上程序仅实现了查找一个敏感词的简单功能，如果需要查找多个敏感词，一种方法是采用多模式匹配算法。多模式匹配算法不在本书的讨论范围之内，有兴趣的读者可阅读《算法之美：隐匿在数据结构背后的原理》（左飞，电子工业出版社，2016）等参考书籍做进一步了解。

2) 4.1.3 小节中介绍的 BF 算法思想简单，易于实现，但由于每次字符不匹配时，都要回溯到开始位置，因此效率不高。4.3 节将介绍一种无回溯的模式匹配算法。

4.3 能力提高：KMP 模式匹配算法

看一看：微课视频4-3
KMP 模式匹配算法

BF 算法尽管简单但效率较低，克努特（D. E. Knuth）、莫里斯（J. H. Morris）和普拉特（V. R Pratt）共同设计了一种对 BF 算法做了很大改进的模式匹配算法，简称为 KMP 算法。该算法的改进之处在于取消了主串的回溯，从而使算法效率有了某种程度的提高。

1. KMP 算法的思想

分析 BF 算法的执行过程，造成 BF 算法速度慢的原因是回溯，即在某趟匹配失败后，对于 s 串要回到本趟开始字符的下一个字符，t 串要回到首字符。而这些回溯并不是必要的。

如图 4-6 所示的匹配过程，在第 3 趟匹配过程中，$s_2 \sim s_5$ 和 $t_0 \sim t_3$ 是匹配成功的，$s_6 \neq t_4$ 匹配失败，因此有了第 4 趟，其实这一趟是不必要的。由图 4-6 可看出，因为在第 3 趟中有 $s_3 = t_1$，而 $t_0 \neq t_1$，肯定有 $t_0 \neq s_3$。同理，第 5 趟也是没有必要的，所以第 3 趟之后可以直接到第 6 趟，进一步分析第 6 趟中的第一对字符 s_5 和 t_0 的比较也是多余的，因为第 3 趟中已经比较了 s_5 和 t_3，并且 $s_5 = t_3$，而 $t_0 = t_3$，必有 $s_5 = t_0$，因此第 6 趟的比较可以从第二对字符 s_6 和 t_1 开始进行。这就是说，第 3 趟匹配失败后，指针 i 不动，而是将模式串 t 向右"滑动"，用 t_1 "对准" s_6 继续进行匹配，以此类推。这样的处理方法，指针 i 是无回溯的。

综上所述，希望某趟在 s_i 和 t_j 匹配失败后，指针 i 不回溯，模式 t 向右"滑动"至某个位置 k 上，使得 t_k 对准 s_i 继续向右进行。显然，现在问题的关键是串 t "滑动"到哪个位置上。不妨设位置为 k，即 s_i 和 t_j 匹配失败后，指针 i 不动，模式 t 向右"滑动"，使 t_k 和 s_i 对准继续向右进行比较，如图 4-7 所示。

要满足这一假设，就要有如下关系成立：

$$"t_0 t_1 \cdots t_{k-1}" = "s_{i-k} s_{i-k+1} \cdots s_{i-1}" \qquad (4-1)$$

式（4-1）左边是 t_k 前面的 k 个字符，右边是 s_i 前面的 k 个字符。

而本趟匹配失败是在 s_i 和 t_j 之处，已经得到的部分匹配结果是

$$"t_0 t_1 \cdots t_{j-1}" = "s_{i-j} s_{i-j+1} \cdots s_{i-1}" \qquad (4-2)$$

因为 $k < j$，所以有

$$"t_{j-k} t_{j-k+1} \cdots t_{j-1}" = "s_{i-k} s_{i-k+1} \cdots s_{i-1}" \qquad (4-3)$$

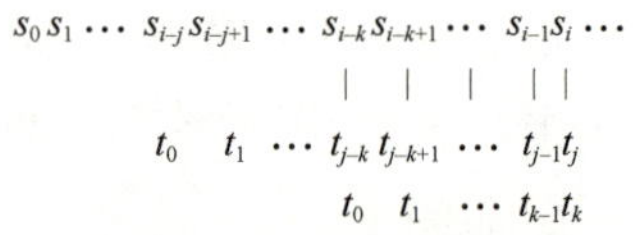

图 4-7　主串和模式串匹配的一般情况

式（4-3）左边是 t_j 前面的 k 个字符，右边是 s_i 前面的 k 个字符，通过式（4-1）和式（4-3）得到关系：

$$"t_0 t_1 \cdots t_{k-1}" = "t_{j-k} t_{j-k+1} \cdots t_{j-1}" \qquad (4-4)$$

因此，某趟在 s_i 和 t_j 匹配失败后，如果模式串中有满足式（4-4）的子串存在，即模式串中的前 k 个字符与模式串中 t_j 字符前面的 k 个字符相等时，模式串 t 就可以向右"滑动"致使 t_k 和 s_i 对准，继续向右进行比较即可。

2. 模式串 next 数组及计算

模式中的每一个 t_j 都对应一个 k 值，由式（4-4）可知，这个 k 值仅依赖于模式串 t 本身字符序列的构成，而与主串 s 无关。用 $next[j]$ 表示 t_j 对应的 k 值，next 数组的定义如下：

$$next[j] = \begin{cases} -1 & j = 0 \\ \max\{k \mid 1 \leq k < j \text{ 且 } "t_0 t_1 \cdots t_{k-1}" = "t_{j-k} t_{j-k+1} \cdots t_{j-1}"\} & \text{集合非空} \\ 0 & \text{其他} \end{cases}$$

求 next 数组的算法思想是利用递推，即已知 $next[0] = -1, \cdots, next[j] = k$，求 $next[j+1]$。

求 $next[j+1]$ 的步骤如下：

1）判断串的 t_j 是否等于串的 t_k。

2）若两者相等，有 $next[j+1] = k+1$，得解；否则由于 $t_j \neq t_k$ 失配，应将 $t_{next[k]}$ 与 t_j 再做比较，即取 $k = next[k]$，转第 1）步。

整个 next 数组的求法只需赋初值 $next[0] = -1$，j 由 0 开始逐次递增求 $next[j+1]$ 即可。

【例 4-2】 设有模式串 $t=$"abcaababc",则它的 next 数组见表 4-1。

表 4-1　模式串 $t=$"abcaababc"的 next 数组

j	0	1	2	3	4	5	6	7	8
模式串	a	b	c	a	a	b	a	b	c
next[j]	-1	0	0	0	1	1	2	1	2

注意：任何模式串的 next[0]=-1，next[1]=0。

求 next 数组的具体实现如算法 4-2 所示。

算法 4-2　求 next 数组

```
void getnext(char * t)
{
    j = 0; k = -1;
    m = strlen(t);
    next[0] = -1;
    while (j < m-1)      //只需循环 m-1 次,因为每次的 next 值由前面的决定
    {
        if (k == -1 || t[j] == t[k])
        {
            j++; k++; next[j] = k;
        }
        else   k = next[k];
    }
}
```

3. KMP 算法

在求得模式串的 next 数组之后，匹配的步骤如下：设以 i 和 j 分别指示主串和模式串中的比较字符的下标，令 i 的初值为 0，j 的初值也为 0。匹配过程中若 $s_i=t_j$，则 i 和 j 分别加 1，继续比较 s 和 t 的下一个字符；若 $s_i \neq t_j$，则 i 不变，j 退到 next[j] 位置再比较，若是 j 退到值为 -1（即模式的第一个字符失配），则此时 i 和 j 分别加 1，表明从主串的下一个字符起和模式串重新开始匹配。

【例 4-3】 仍以前面简单模式匹配中使用的主串 $s=$"ababcabcacb" 和模式 $t=$"abcac" 来说明 KMP 算法的匹配过程。

模式串 $t=$"abcac" 的 next 数组见表 4-2。

表 4-2　模式串 $t=$"abcac"的 next 数组

j	0	1	2	3	4
模式串	a	b	c	a	c
next[j]	-1	0	0	0	1

KMP 算法的匹配过程如图 4-8 所示，整个过程仅需 3 趟。

在已知 next 数组的情况下，KMP 模式匹配的具体实现如算法 4-3 所示。

第1趟　　　　　↓$i=2$
　　　　　a b a b c a b c a c b
　　　　　a b c a c
　　　　　　　↑next[2]=0

第2趟　　↓$i=2$　↓$i=6$
　　　　　a b a b c a b c a c b
　　　　　　　　a b c a c
　　　　　　　↑$j=0$　↑next[4]=1

第3趟　　　　　　　↓$i=6$　↓$i=10$
　　　　　a b a b c a b c a c b
　　　　　　　　　a b c a c
　　　　　　　　　↑$j=1$　↑$j=5$

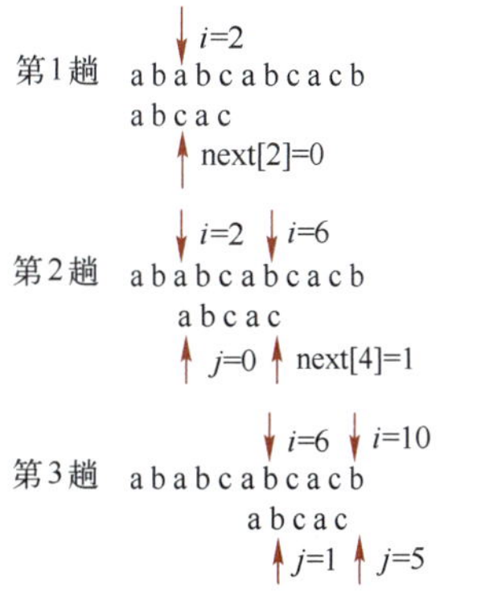

图 4-8　KMP 算法的匹配过程

算法 4-3　KMP 算法

```
int KMP(char * s, char * t)
{
```

```
    i = 0; j = 0;
    n = strlen(s); m = strlen(t);
    while (i < n && j < m)
    {
        if (j == -1 || s[i] == t[j])
        {
            i++; j++;
        }
        else   j = next[j];
    }
    if (j >= m)   return i-m;
    else   return -1;
}
```

根据算法 4-2 可知，求 next 数组算法的时间复杂度是 $O(m)$，所以 KMP 算法的时间复杂度是 $O(n+m)$。

利用 KMP 算法重新实现导学案例问题，主要代码如下：

```
const int MAXSIZE = 100;
int next[MAXSIZE];
int main()
{
    char s[MAXSIZE], t[] = "转账";
    int flag;
    cout << "请输入文本信息：\n";
    cin >> s;
    getnext(t);
    flag = KMP(s, t);
    if (flag != -1)
        cout << "***安全提示：如果聊天中提及财产，请一定先核实好友身份！***\n";
    return 0;
}
```

<u>想一想</u>：

利用模式串的 next 数组进行模式串和主串的匹配时，会不会还有多余的比较影响匹配效率？

4. next 数组的缺陷和改进

对于已知主串 $s=$"aaabaaaab" 和模式串 $t=$"aaaab"，利用 KMP 算法进行模式匹配。

模式串 t 的 next 数组值见表 4-3。

表 4-3 模式串 t 的 next 数组值

j	0	1	2	3	4
模式串 t	a	a	a	a	b
next[j]	-1	0	1	2	3
nextval[j]	-1	-1	-1	-1	3

根据 KMP 算法，当 $i=3$，$j=3$ 时，$s_3 \neq t_3$，由 next[j] 的指示还需要进行 $i=3$，$j=2$、$i=3$，$j=1$、$i=3$，$j=0$ 这 3 次比较。实际上，因为模式中下标为 0、1、2 的字符和下标为 3 的

字符都相等，因此不再需要和主串中下标为 3 的字符做比较，故可以将模式串直接向右滑动 4 个字符的位置进行 $i=4$，$j=0$ 的字符比较。

解决不必要重复比较的方法是对 next 数组加以修正，在算法中求得 next[j]=k 后，要继续判断 t_k 和 t_j 是否相等，若相等还需使 next[j]= next[k]。修正后的 next 数组称为 nextval 数组。

求 nextval 数组的具体实现如算法 4-4 所示。

算法 4-4 求 nextval 数组

```
void getnextval(char * t)
{
    j = 0; k = -1;
    m = strlen(t);
    nextval[0] = -1;
    cout << "nextval[0]=" << nextval[0] << endl;
    while (j < m-1)
    {
        if (k == -1 || t[j] == t[k])
        {
            j++;
            k++;
            if (t[j] != t[k])
                nextval[j] = k;
            else
                nextval[j] = nextval[k];
            cout << "nextval[" << j << "]=" << nextval[j] << endl;
        }
        else  k = nextval[k];
    }
}
```

在已知 nextval 数组的情况下，只需将算法 4-3 中的语句"j = next[j];"改为"j = nextval[j];"，即可对 KMP 算法做进一步的改进。

本章小结

字符串是数据元素为字符的特殊线性表。字符串的基本操作通常以串为整体进行操作。字符串的处理在计算机非数值处理中占有重要的地位。本章介绍了字符串的基本概念、基本操作，以及 BF 和 KMP 模式匹配算法。

思考与练习

一、单项选择题

1. 串是一种特殊的线性表，其特殊性体现在（　　）。
   A. 串可以顺序存储　　　　　　B. 数据元素是字符
   C. 串可以链式存储　　　　　　D. 串的长度必须大于 0
2. 字符串的长度是指（　　）。

A. 串中不同字符的个数　　　　B. 串中不同字母的个数
C. 串中不同数字的个数　　　　D. 串中所含字符的个数

3. 两个字符串相等的充要条件是（　　）。

A. 两个字符串的长度相等　　　　B. 两个字符串中对应位置上的字符相等
C. 同时具备 A 和 B 两个条件　　　D. 以上答案都不对

4. 设主串 s = "acbcabcacbab"，模式串 t = "abcac"，利用 BF 算法进行模式匹配，字符间比较的次数的总和为（　　）。

A. 8　　　　B. 9　　　　C. 10　　　　D. 11

5. 已知字符串 s 为"abaabaabacacaabaabcc"，模式串 t 为"abaabc"，采用 KMP 算法进行匹配，第一次出现失配（$s[i]$!= $t[j]$）时，$i=j=5$，则下次开始匹配时，i 和 j 的值分别是（　　）。

A. $i=1, j=0$　　B. $i=5, j=0$　　C. $i=5, j=2$　　D. $i=6, j=2$

6. 设主串 s = "abaabaabcabaabc"，模式串 t = "abaabc"，采用 KMP 算法进行模式匹配，到匹配成功时为止，在匹配过程中进行的单个字符之间的比较次数是（　　）。

A. 9　　　　B. 10　　　　C. 12　　　　D. 15

二、填空题

1. 设主串 s = "bcdcdcb"，模式串 t = "cdcb"，按 KMP 算法进行模式匹配，当"$s_1 s_2 s_3$" = "$t_0 t_1 t_2$"，而 $s_4 \neq t_3$ 时，s_4 应与_____比较。

2. 设模式串 t = "babac"，按照 KMP 算法进行串的模式匹配，其中 next 数组的值分别为_____。

3. 下列函数的功能是实现两个字符串的比较，试根据字符串比较运算的定义，完善该函数。

```
int strcmp( char s[ ], char t[ ])
{   int i;
    for (i=0; s[i]&&t[i]; i++)
        if (s[i]!=t[i]) _____;
}
```

三、简答题

1. 计算下列串的 next 数组。

(1) "abcdefg"

(2) "aaaaaaaa"

(3) "babbabab"

(4) "aaaaaab"

(5) "abcabdaaabc"

(6) "abcabdabeabcabdabf"

(7) "abbacxy"

2. 已知主串 s = "cbaacbcacbcaacbcbc"，模式串 t = "cbcaacbcbc"，求 t 的 next 数组和 nextval 数组，并画出 KMP 算法的匹配过程。

四、算法设计题

1. 不调用 C/C++ 的字符串函数，完成 StrStr 函数：把主串中子串及以后的字符全部返回。例如，主串是"12345678"，子串是"234"，那么函数的返回值就是"2345678"。

2. 编写输入两个字符串 s 和 t，统计串 s 包含串 t 个数的算法。

3. 编写从串 s 中删除所有与串 t 相同的子串的算法。

4. 编写求串 s 和串 t 的最大公共子串的算法。

5. 编写一个高效率的算法来颠倒单词在字符串里的出现顺序。例如，把字符串"Do or do not, there is no try. "转换为"try. no is there, not do or Do"。假设所有单词都以空格为分隔符，标点符号也当作字母来对待。请对你的设计思路做出解释，并对你设计的算法效率进行评估。

6. 编写一个高效率的算法来删除字符串里的给定字符。例如，这个算法的调用函数为

void RemoveChars(char str[ ] , char remove[ ]);

注意：remove 中的所有字符都必须从 str 中删除干净。例如 str = " Battle of the Vowels：Hawaii VS. Grozny"，remove = "aeiou"，函数 RemoveChars(str, remove) 将把 str 转换为"Bttl f th Vwls：Hw VS. Grzny"。请对你的设计思路做出解释，并对你设计的算法效率进行评估。

应用实战

1. 实现串的模式匹配算法。

（1）采用顺序存储方式存储串，建立两个字符串 s 和 t，利用 BF 算法求串 t 在串 s 中首次出现的次数。

（2）采用顺序存储方式存储串，建立两个字符串 s 和 t，利用 KMP 算法求串 t 在串 s 中首次出现的位置。

（3）采用顺序存储方式存储串，建立两个字符串 s 和 t，利用改进的 KMP 算法求串 t 在串 s 中首次出现的位置。

2. 利用凯撒密码对文件进行加解密。

凯撒密码是一种置换密码，它的原理是将字母替换为它后面的另一个字母，从而起到加密作用。假如有这样一段明文"security"，用偏移量为 3 的凯撒密码加密后，密文为"vhfxulwb"。

这种加密方法可以依据移位的不同产生新的变化。将明文记为 ch，密文记为 c，位移量（密钥）记作 key，更具一般性的凯撒密码加密过程可记为

$$c \equiv (ch+key) \bmod n \quad (其中 key 为位移量，n 为基本字符个数)$$

同样，解密过程可表示为

$$ch \equiv (c-key+n) \bmod n \quad (其中 key 为偏移量，n 为基本字符个数)$$

基本要求：

（1）输入一段英文（字符串），采用凯撒密码加密成密文，偏移量（密钥）由用户输入。

（2）读入密文字符串，解密成明文，偏移量（密钥）由用户输入。

（3）用文件实现加密输入和解密输出。

学习目标检验

请对照表 4-4，检验实现情况。

表 4-4　第 4 章学习目标列表

	学习目标	达到情况
知识	了解字符串是一种数据类型特殊的线性表	
	了解字符串的基本概念及存储结构	
	了解 C 语言中的字符串函数及其使用的局限性和安全隐患	
	了解 C++语言中的 String 串类	
	了解 BF 模式匹配算法，能够分析最好情况下和最坏情况下的时间复杂度	
	了解 KMP 模式匹配算法：①对 BF 模式匹配的改进着眼点；②为什么要用 next 数组；③next 数组的物理意义；④next 数组怎么用；⑤next 数组怎么求（包括手工（利用物理意义）和编程）；⑥ next 数组的改进	
能力	能够编码实现字符串的输入/输出、文件中字符串的输入/输出	
	能够编码实现 BF 模式匹配算法	
	能够编码实现 KMP 模式匹配算法、next 数组的求值	
	能理解并掌握穷举法编程思想及其优缺点	
素养	树立安全编码思维，使用安全字符串函数	
	为实际问题设计算法，给出算法的伪代码，并利用编程语言实现算法；要正确理解本章中一些伪代码中的 MAXSIZE	
	自主学习，通过查阅资料，获得解决问题的思路	
	实验文档书写整洁、规范，技术要点总结全面	
	学习中乐于与他人交流分享，善于使用生成式人工智能	
思政	从 C 语言字符串编程实现时存在的安全问题到 Visual Studio 采用的安全字符串函数，强调算法设计人员的安全意识和社会责任	
	从 BF 模式匹配算法到 KMP 模式匹配算法的改进，强调发现问题及解决问题的能力，养成探究精神、工匠精神	

第5章 数据元素扩展的线性表：矩阵和广义表

学习目标

1）了解矩阵、广义表这两类元素扩展的特殊线性表的概念与应用领域。

2）掌握对称矩阵、三角矩阵、对角矩阵这三种特殊矩阵的压缩存储方法，以及矩阵元素和压缩为一维数组元素之间的对应关系。

3）掌握稀疏矩阵的概念、三元组顺序表法和十字链表法这两种稀疏矩阵压缩存储方法，以及基于压缩存储的稀疏矩阵的基本操作算法。

4）掌握广义表的概念、存储结构及基本操作算法。

学习导图

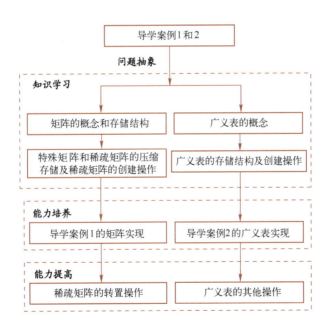

导学案例1：个性化推荐系统中的用户评分表

【案例1问题描述】

随着电子商务规模的扩大，商品信息呈爆炸式增长，用户面临着信息过载的问题，需要花费大量的时间和精力去搜索，才能找到自己想买的商品。因此，个性化推荐系统应运而生。

个性化推荐是根据用户的兴趣特点，向用户推荐其感兴趣的商品的信息。个性化推荐中最常用的是基于内容推荐、协同过滤推荐及两者的组合推荐。基于内容推荐是根据用户的历史行为，得到用户的兴趣，从而将满足其兴趣的商品推荐给用户；协同过滤推荐是找到与当前用户兴趣相似的其他用户集合，将该集合中用户感兴趣的而当前用户还没有关注过的商品推荐给他。无论哪种推荐方法，都是以用户已有兴趣为基础的，而商品购买活动中用户的兴趣与用户对商品的评分密不可分，因此，如何存储每个用户对商品的评分，成为个性化推荐系统需要考虑的首要问题。请为个性化推荐系统设计一种数据结构，用以存储每个用户为商品的评分，并显示评分。

【案例 1 问题分析】

在个性化推荐系统中，为了存储每个用户为商品的评分情况，可以采用二维表的方式，每个用户为一行，每个商品为一列，行列交叉处为该行用户为该列商品的评分，见表 5-1。

表 5-1 用户评分表

	商品 1	商品 2	商品 3	商品 4	…
用户 1	2				…
用户 2		3			
用户 3		1			
用户 4	4			1	
…	…	…	…	…	…

表 5-1 的形式很容易与矩阵联系起来，由于该表中的元素均为数值型，因此可将此结构作为二维数组来处理。

进一步地，本导学案例中，由于每个用户评分的商品只是大量商品中极少的一部分，使得该矩阵有较明显的稀疏性，运用二维数组来处理将浪费大量的存储空间。因此，在个性化推荐系统中，需要考虑如何存储和处理这类稀疏矩阵。

本章 5.1.1 小节将介绍矩阵的概念、存储结构、压缩存储及相关操作算法。

导学案例 2：本科生创新实践项目中的人员关系

【案例 2 问题描述】

为培养本科生的综合实践与研究创新能力，实施了大学生创新实践训练项目。在项目的实施过程中，教师要指导 n 个本科生，如果教师是硕导或博导，本科生可接收教师的直接指导，部分本科生也可以在硕士研究生或博士研究生的帮助下进行项目研究。本科生创新实践项目中的人员关系具有如下形式。

（1）若导师不带研究生

（导师,(本科生 1,…,本科生 k)）

（2）若导师带研究生

（导师,((研究生 1,(本科生 1,…,本科生 m)),(本科生 1,…,本科生 n),…)）

请设计一种数据结构，存储以上人员关系。为简单起见，各类人员信息仅保留姓名。

【案例 2 问题分析】

在线性表的定义中，要求表中每个数据元素具有相同的类型。例如：

(本科生 1, ⋯, 本科生 k)

可以看成由 k 个学生信息构成的线性表，但

(导师, (本科生 1, ⋯, 本科生 k))

或者

(导师, ((研究生 1, (本科生 1, ⋯, 本科生 m)), (本科生 1, ⋯, 本科生 n), ⋯))

均不再是传统意义上的线性表。在这类表中，数据元素可以是单个数据元素，也可以是由若干单个数据元素构成的一个相对小的线性表。

在(导师, (本科生 1, ⋯, 本科生 k))中，数据元素就有导师和本科生线性表两种。在本科生创新实践项目的人员关系中，无论导师带不带研究生，其中的师生关系都可看作对线性表的扩展。这种对线性表中数据元素进行扩展，但元素类型可以不同的线性表就是 广义表，属于一种 非线性结构。

本章 5.1.2 小节将介绍广义表的概念、存储方式及相关操作算法。

5.1 知识学习

本节首先介绍矩阵，尤其是稀疏矩阵等特殊矩阵的概念及压缩存储方式，然后，介绍广义表的概念、存储结构及基本操作算法。

5.1.1 矩阵

1. 矩阵的概念和存储结构

在实际应用中，数值经常会以表的形式出现。由 $m \times n$ 个数值 a_{ij} 排成的 m 行 n 列数表称为 m 行 n 列 矩阵，简称 $m \times n$ 矩阵，如图 5-1 所示。

在科学计算中，矩阵是一种常用的数学模型。矩阵一旦建立，其元素个数和元素间的关系就不再发生变化，即对矩阵一般不做插入和删除操作。因此，对矩阵的存储一般宜采用顺序存储方法。在用 C 语言编写程序时，常将一个矩阵用一个二维数组来存储，而在 C++语言中可以用容器类 vector 来存储。

$$A = \begin{pmatrix} a_{11} & a_{12} & \cdots & a_{1n} \\ a_{21} & a_{22} & \cdots & a_{2n} \\ \vdots & \vdots & & \vdots \\ a_{m1} & a_{m2} & \cdots & a_{mn} \end{pmatrix}$$

图 5-1　$m \times n$ 矩阵

✉ **说明**：在实际应用中，矩阵的下标通常从 1 开始，而 C/C++语言中的数组类型下标从 0 开始。因此，在不做特殊说明的情况下，本书中数组下标均从 0 开始，矩阵下标均从 1 开始。

在一些特殊情况下，可能只需要存储矩阵的部分元素，这时可以考虑采用一维数组。

下面讨论一般情况，即按某种次序将矩阵中的全部元素排成一个线性序列存放在一维数组中（存储器就是按地址访问的线性编址的一维结构）。以图 5-1 所示的矩阵 A 为例，通常有两种顺序存储方式。

1）行优先顺序：将矩阵的元素按行排列，第 $i+1$ 个行向量紧接在第 i 个行向量后面。例如，矩阵 A 按行优先存储的线性序列为

$a_{11}, a_{12}, \cdots, a_{1n}, a_{21}, a_{22}, \cdots, a_{2n}, \cdots, a_{m1}, a_{m2}, \cdots, a_{mn}$

2）列优先顺序：将矩阵的元素按列排列，第 $j+1$ 个列向量紧接在第 j 个列向量后面。

例如，矩阵 A 按列优先存储的线性序列为

$$a_{11}, a_{21}, \cdots, a_{m1}, a_{12}, a_{22}, \cdots, a_{m2}, \cdots, a_{1n}, a_{2n}, \cdots, a_{mn}$$

若要在一维数组中检索某个元素，只要记住第一个元素的地址（也称基地址）、每行或每列元素的个数，以及每个元素在内存中占用的单元数，就可以用元素的下标值通过简单的函数关系，计算出该元素在一维数组中的存放地址，从而实现对元素的<u>随机存取</u>。

例如，矩阵 A 按"行优先顺序"存储在内存以后，元素 a_{ij} 的地址计算公式为

$$\text{LOC}(a_{ij}) = \text{LOC}(a_{11}) + ((i-1) \times n + j - 1) \times d$$

式中，$\text{LOC}(a_{ij})$ 表示元素 a_{ij} 的存储地址，d 表示每个元素在内存中占用的单元数。

2. 特殊矩阵的压缩存储

看一看：微课视频 5-1
特殊矩阵的压缩存储

随着计算机应用的发展，出现了大量需要用计算机处理高阶矩阵的问题，有些矩阵已达到几十万阶、几千亿个元素，这远远超过了计算机内存的允许范围。但多数高阶矩阵中包含了大量的零元素或值相同的非零元素，因此，可以对这类特殊矩阵进行<u>压缩存储</u>：为多个相同的非零元素只分配一个存储空间；对零元素则不分配空间。

若矩阵中零元素或值相同的非零元素的分布具有一定的规律，则该矩阵称为<u>特殊矩阵</u>，主要有<u>对称矩阵</u>、<u>三角矩阵</u>、<u>对角矩阵</u>等。下面分别讨论它们的压缩存储方法。

（1）对称矩阵的压缩存储

在一个 n 阶矩阵 A 中，若元素以主对角线为对称轴对应相等，即满足

$$a_{ij} = a_{ji} \ (1 \leq i, j \leq n)$$

则称矩阵 A 为对称矩阵。图 5-2 所示为一个对称矩阵的例子。

由于对称矩阵中的元素关于主对角线对称相等，因此只要存储矩阵中上三角或下三角中的元素即可，这样，能节约近一半的存储空间。不失一般性，假设按行优先顺序存储图 5-3 所示的 n 阶方阵下三角部分的元素（*代表有元素）。

$$A = \begin{pmatrix} 2 & 6 & 3 & 5 & 8 \\ 6 & 1 & 4 & 8 & 3 \\ 3 & 4 & 2 & 4 & 7 \\ 5 & 8 & 4 & 9 & 2 \\ 8 & 3 & 7 & 2 & 6 \end{pmatrix} \qquad \begin{pmatrix} a_{11} & * & * & \cdots & * \\ a_{21} & a_{22} & * & \cdots & * \\ a_{31} & a_{32} & a_{33} & \cdots & * \\ \vdots & \vdots & \vdots & & \vdots \\ a_{n1} & a_{n2} & a_{n3} & \cdots & a_{nn} \end{pmatrix}$$

图 5-2　对称矩阵示例　　　　　　图 5-3　n 阶方阵的下三角部分

对于一个 n 阶矩阵，其下三角部分共有 $n \times (n+1)/2$ 个元素，按行优先顺序将这些元素存放在一维数组 $\text{sa}[n(n+1)/2]$ 中，如图 5-4 所示。

| a_{11} | a_{21} | a_{22} | a_{31} | a_{32} | a_{33} | $\cdots$ | a_{ij} | $\cdots$ | a_{n1} | a_{n2} | $\cdots$ | a_{nn} |

图 5-4　对称矩阵的压缩存储

为了能随机访问对称矩阵中的元素，需要给出 a_{ij} 和 $\text{sa}[k]$ 之间的对应关系。若 $i \geq j$，则下三角矩阵中位于元素 a_{ij} 前面的共有 $i-1$ 行非零元素，且本行位于 a_{ij} 前面的还有 $j-1$ 个非零元素；若 $i < j$，表明该元素位于上三角部分，根据对称性，求元素 a_{ji} 在一维数组 sa 中的位置即可。据此，可推出 a_{ij} 和 $\text{sa}[k]$ 之间的对应关系为

$$k = \begin{cases} i \times (i-1)/2 + j - 1 & i \geq j \\ j \times (j-1)/2 + i - 1 & i < j \end{cases}$$

（2）三角矩阵的压缩存储

三角矩阵分为上三角矩阵和下三角矩阵。上三角矩阵是指对角线左下方的数均为常数 c（通常为零）的矩阵，如图 5-5a 所示；下三角矩阵是指对角线右上方的数均为常数 c（通常为零）的矩阵，如图 5-5b 所示。

$$\begin{pmatrix} a_{11} & a_{12} & a_{13} & \cdots & a_{1n} \\ c & a_{22} & a_{23} & \cdots & a_{2n} \\ c & c & a_{33} & \cdots & a_{3n} \\ \vdots & \vdots & \vdots & & \vdots \\ c & c & c & \cdots & a_{nn} \end{pmatrix}$$

a) 上三角矩阵

$$\begin{pmatrix} a_{11} & c & c & \cdots & c \\ a_{21} & a_{22} & c & \cdots & c \\ a_{31} & a_{32} & a_{33} & \cdots & c \\ \vdots & \vdots & \vdots & & \vdots \\ a_{n1} & a_{n2} & a_{n3} & \cdots & a_{nn} \end{pmatrix}$$

b) 下三角矩阵

图 5-5　三角矩阵

存储三角矩阵的方法类似于对称矩阵的，只需将下（上）三角中的元素和一个常数 c 按行优先顺序存放在一维数组 sa$[n(n+1)/2+1]$中即可。

对于下三角矩阵，sa$[k]$和 a_{ij}的对应关系是

$$k=\begin{cases} i\times(i-1)/2+j-1 & i\geqslant j \\ n\times(n+1)/2 & i<j \end{cases}$$

对于上三角矩阵，sa$[k]$和 a_{ij}的对应关系是

$$k=\begin{cases} (i-1)\times(2n-i+2)/2+j-i & i\leqslant j \\ n\times(n+1)/2 & i>j \end{cases}$$

（3）对角矩阵的压缩存储

对角矩阵是指矩阵中所有的非零元素集中在以主对角线为中心的带状区域中，即除了主对角线和主对角线相邻两侧的若干条对角线上的元素，其余元素皆为零。其中以三对角矩阵较为常见，如图 5-6 所示。一个 k 对角矩阵（k 为奇数）$\boldsymbol{A}$ 是满足下述条件的矩阵：若$|i-j|>(k-1)/2$，则元素 $a_{ij}=0$。

$$\begin{pmatrix} a_{11} & a_{12} & & & \\ a_{21} & a_{22} & a_{23} & & \\ & \ddots & \ddots & \ddots & \\ & & \ddots & & a_{n-1,n} \\ & & & a_{n,n-1} & a_{n,n} \end{pmatrix}$$

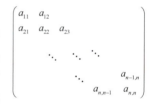

图 5-6　三对角矩阵

对角矩阵的压缩存储方法是：将位于以主对角线为中心的带状区域中的非零元素按某种顺序（如行优先顺序、列优先顺序或按对角线的顺序）压缩存储到一个一维数组中。

例如，可将三对角矩阵 $\boldsymbol{A}$ 中的非零元素按“行优先顺序”存放到数组 sa$[3n-2]$中。三对角矩阵 $\boldsymbol{A}$ 中，除第一行和最后一行只有两个非零元素外，其他每行中均有三个非零元素，可知矩阵中位于 a_{ij}之前的非零元素共有 $i-1$ 行，共包含 $3(i-1)-1$ 个非零元素，且 a_{ij}所在的第 i 行前面还有 $j-(i-1)$ 个非零元素。由此可推出，sa$[k]$与三对角矩阵中的元素 a_{ij}存在的对应关系为

$$k = 3\times(i-1)-1+j-(i-1) = 2\times i+j-3$$

3. 稀疏矩阵的压缩存储

上述几种特殊矩阵，由于元素的分布具有一定的规律，因此都可以找到一个相应的下标变换公式，从而可以按某种顺序压缩存储到一维数组中，并能够实现随机存取。但在科学计算中，还会遇到另一类高阶矩阵，其中的非零元素比零元素少很多，且在矩阵中的分布没有规律可循，这种矩阵称为稀疏矩阵。由于找不到下标变换的规律，因此对稀疏矩阵无法沿用特殊矩阵的方法进行压缩存储。

目前没有确切的定义来表明矩阵中存在多少个零元素就能称为稀疏矩阵。一般认为,假定 m 行 n 列矩阵 A 中有 s 个非零元素,若 s 远远小于矩阵元素的总数(即 $s \ll m \times n$),则称 A 为稀疏矩阵。

按照压缩存储的原则,可只存储稀疏矩阵中的非零元素。由于稀疏矩阵中的非零元素的分布是没有规律的,因此在存储非零元素值的同时,还必须同时记下它所在的行和列的位置。这样,稀疏矩阵中的一个非零元素 a_{ij} 需由一个三元组 (i, j, a_{ij}) 唯一确定。

例如,存储图 5-7 所示的稀疏矩阵 A 时,仅需存储如下 7 个三元组即可。

$$(1,2,2),(1,5,4),(2,6,5),(3,2,4),(4,3,5),(4,5,3),(6,4,1)$$

将这些三元组按"行优先顺序"排成一个线性表,线性表的元素即为三元组,这样的线性表称为三元组表。稀疏矩阵的压缩存储就转换成对三元组表的存储。三元组线性表的存储方法有顺序存储和链式存储,因此稀疏矩阵的压缩存储方法对应也有两种:三元组顺序表和十字链表。

(1)三元组顺序表

图 5-7 所示的稀疏矩阵 A 对应的三元组顺序表如图 5-8 所示。

图 5-7 稀疏矩阵

图 5-8 稀疏矩阵 A 对应的三元组顺序表

为了完整地表示一个稀疏矩阵的信息,除了存储稀疏矩阵中非零元素对应的三元组顺序表外,还需要保存该矩阵的行数、矩阵的列数、非零元素的个数等信息。

三元组顺序表类型定义如下:

```
const MAXSIZE = 100;
typedef int ElemType;
typedef struct        //三元组类型
{
    int i,j;
    ElemType e;
}Triple;
typedef struct
{
    Triple data[MAXSIZE];
    int mu,nu,tu;
}SparseMatrix;
```

稀疏矩阵的三元组表创建方法的具体实现如算法 5-1 所示。

算法 5-1 稀疏矩阵的三元组表创建

```
void CreateMatrix(SparseMatrix & M)
{
```

```
        cout<<"请输入矩阵的行数：";
        cin>>M.mu;
        cout<<"请输入矩阵的列数：";
        cin>>M.nu;
        cout<<"请输入非零元素的个数：";
        cin>>M.tu;
        cout<<"请输入非零元素（输入格式为：行号列号元素值）：\n";
        for(int p=0;p<M.tu;p++)
            cin>>M.data[p].i>>M.data[p].j>>M.data[p].e;
}
```

（2）十字链表

十字链表是一种常用的稀疏矩阵的链接存储结构。十字链表存储稀疏矩阵的基本做法是：链表中的每个结点由 5 个域组成，除行号 i、列号 j、和非零元素值 e 外，增加了两个指针域，即向右指针域 right（用于指向同一行中的下一个非零元素）、向下指针域 down（用于指向同一列中的下一个非零元素）。十字链表中的结点结构如图 5-9 所示。

稀疏矩阵中同一行的非零元素通过 right 指针域按列号顺序链接成一个线性链表，同一列的非零元素则通过 down 指针域按行号顺序链接成一个线性链表。这样，每个非零元素既是某个行链表中的一个结点，同时又是某个列链表中的一个结点，每个结点好像处在一个十字交叉口上，故称这种链表为十字链表。一个稀疏矩阵对应的十字链表由多个行链表和多个列链表组合而成。如何表示这样复杂结构的链表呢？一种有效的方法是引入两个一维指针数组分别存储各个行链表的头指针和各个列链表的头指针，然后用这两个指针数组表示十字链表。图 5-7 所示的稀疏矩阵 **A** 的十字链表结构如图 5-10 所示。

图 5-9 十字链表中的结点结构

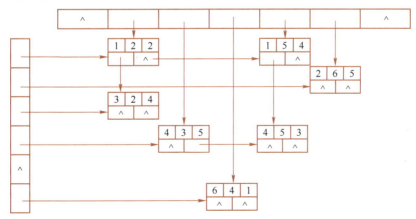

图 5-10 稀疏矩阵 **A** 的十字链表结构

十字链表的类型定义如下：

```
typedef int ElemType;
typedef struct Node        //结点类型
{
    int i,j;
    ElemType e;
    Node *right, *down;
```

```
}Node, *pNode;
typedef struct
{
    pNode *rowhead, *colhead;
    int mu,nu,tu;
}CrossMatrix;
```

5.1.2 广义表

看一看：微课视频 5-2
广义表的概念及存储

1. 广义表的概念

广义表是 $n(n \geq 0)$ 个数据元素组成的有限序列，一般记作

$$\text{GList} = (a_1, a_2, \cdots, a_i, \cdots, a_n)$$

式中，a_i 是广义表中第 i 个数据元素，它可以是单个数据元素（称为原子），也可以是广义表（称为子表）；n 是广义表的长度，若 $n=0$ 时，则称为空表。

通常用大写字母表示广义表，用小写字母表示原子。下面是一些广义表的例子。

$A = (\ )$

$B = (a, b, c)$

$C = (a, (b, c, d), e)$

$D = ((a, b), c, (d, (e, f), g))$

$E = (a, (\ ), ((\ ), (\ )), b)$

最简单的广义表结构其实就是线性表，如 A、B 表，其中 A 表示一个空表。较复杂的广义表结构，一般有更多的括号嵌套，如 C、D、E 表。其中，C 包含 3 个元素，第 2 个元素是子表；D 包含 3 个元素，第 1、3 个元素是子表，且第 3 个元素中又包含了子表；E 包含 4 个元素，其中第 2 个元素是空表，第 3 个元素是由两个空表组成的子表。

广义表的数据元素之间不仅有先后关系，更有元素内部的层次关系，这可以通过"长度"和"深度"两个概念来强化。广义表的长度是指广义表中数据元素的个数，数据元素可能是原子，也可能是子表。长度概念表达的是顺序关系中的元素个数，而非表中所有原子的个数。广义表的深度是指表中层次关系的最大深度。定义原子结点的深度是 0。广义表的深度是表中所有结点的深度的最大值加 1。作为特例，空表的深度记作 1。

广义表的另一对概念是"表头"和"表尾"，表头是指广义表中的第一个元素，表尾指除表头外其余元素组成的广义表。

表 5-2 列出了上述广义表的长度、深度、表头和表尾值。

表 5-2 广义表常用概念的计算

广 义 表	长 度	深 度	表 头	表 尾
A	0	1	空	( )
B	3	1	a	(b,c)
C	3	2	a	((b,c,d),e)
D	3	3	(a,b)	(c,(d,(e,f),g))
E	4	3	a	(( ),(( ),( )),b)

2. 广义表的存储结构

广义表中数据元素类型的不一致性，给顺序存储带来了困难，因此广义表一般采用链式

存储结构。

（1）广义表中结点的结构

由于广义表中每个结点可能是原子或子表，因此在广义表的链式存储中存在着两类结点：一类是原子结点，用于存储单个元素；另一类是子表结点，用于存储子表。为了在同一个结构体类型中区分出原子结点和子表结点，结点中还需设置一个标识域 type。广义表结点的结构如图 5-11 所示。

type	data/sublist	next

图 5-11　广义表结点的结构

引入枚举类型 GListNodeType，定义如下：

```
enum GListNodeType{ATOM, LIST};
```

若 type 域取值为 ATOM，则 data 域存储原子的值；若 type 域取值为 LIST，则 sublist 域存储子广义表的头指针。广义表的类型定义如下：

```
typedef char ElemType;
typedef struct GListNode
{
    GListNodeType type;
    union
    {
        ElemType data;
        GListNode * sublist;
    };
    GListNode  * next;
} GListNode, * GList;
```

可以用 GList 定义一个表头结点的指针，该指针就代表了一个广义表，例如：

```
GList  head;
```

（2）广义表的存储结构

在广义表的存储结构中，每个子表结点相当于子表的“头结点”，即每个子表是带头结点的链表。广义表的存储应与其子表存储一致，因此约定广义表是带头结点的链表。头结点的 type 域值取 LIST，其 sublist 域值指向广义表中的第一个数据结点。如此约定有利于简化程序结构，提高程序的可读性。图 5-12 所示是上述广义表 A、B、C、D、E 的存储结构。其中，type 域的 ATOM 以 0 表示，LIST 以 1 表示。

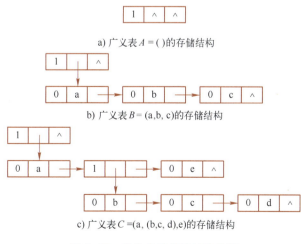

a) 广义表 A = ( )的存储结构

b) 广义表 B = (a,b, c)的存储结构

c) 广义表 C =(a, (b,c, d),e)的存储结构

图 5-12　广义表的存储结构示例

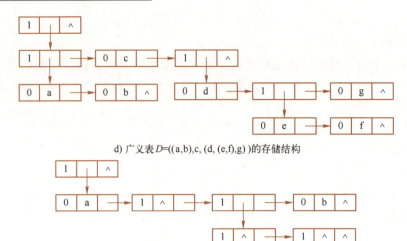

d) 广义表 D=((a,b),c,(d,(e,f),g))的存储结构

e) 广义表 E=(a,( ),(( ),( )),b)的存储结构

图 5-12 广义表的存储结构示例（续）

由于广义表的定义是递归的，因此广义表的操作也大多可以利用递归算法实现。广义表的创建方法的具体实现如算法 5-2 所示。

算法 5-2 广义表的创建

```
GList CreateGList(char *&s)
{
    GListNode *p;
    while(*s==' '||*s==',')  s++;      //滤掉串 s 中的空格与逗号
    char e=*s;                          //从串 s 中取出一个有效字符
    s++;
    if(e=='(')
    {
        p=new GListNode;
        p->type=LIST;
        p->sublist = CreateGList(s);
        p->next = CreateGList(s);
        return p;
    }
    if(e==')' || e=='\0')
        return NULL;
    p=new GListNode;
    p->type=ATOM;    p->data=e;
    p->next = CreateGList(s);
    return p;
}
```

通过提取字符串序列中的基本元素和括号层次，可依次创建结点，逐层构建广义表。这类似于线性链表的构造函数。

5.2 能力培养

本节用稀疏矩阵实现导学案例 1，用广义表实现导学案例 2。

5.2.1 导学案例 1 的矩阵实现

假设图 5-7 所示的稀疏矩阵 A 为用户评分表，其中行为用户，列为每个商品的评分，

采用三元组表存储这一稀疏矩阵，直接使用算法 5-1 即可创建用户评分表。

将三元组表存储的用户评分表信息按照矩阵形式显示的主要代码如下：

```cpp
void ShowMatrix(SparseMatrix M)
{
    int k=0;              //记录遍历到的非零元素个数
    for(int i=1; i<=M.mu; i++)
    {
        for (int j=1; j<=M.nu; j++)
        {
            if (k==M.tu)
                k=0;
            if (i==M.data[k].i && j==M.data[k].j && k<M.tu)  //从三元组中读取数据
            {
                cout<<M.data[k].e<<" \t";
                k++;
            }
            else
                cout << "0" << " \t";
        }
        cout << endl;
    }
}
```

导学案例 1 的完整代码请登录 www.cmpedu.com 下载。

5.2.2 导学案例 2 的广义表实现

根据导学案例 2 的要求，创建存放本科生创新实践项目中人员关系的广义表，由于此时广义表中的原子元素为人员的姓名，因此需将 ElemType 定义为字符数组类型：

```cpp
typedef char ElemType[10];
```

在给原子元素赋值时，也需要做相应的改变，主要代码如下：

```cpp
GList CreateGList(char *& s)    //创建广义表
{
    GListNode *p;
    ElemType name;
    int i;
    while(*s==' '||*s==',')  s++;
    char e=*s;
    s++;
    if(e=='(')
    {
        p=new GListNode;
        p->type=LIST;
        p->sublist = CreateGList(s);
        p->next = CreateGList(s);
        return p;
    }
    if(e==')' || e=='\0')
        return NULL;
    p=new GListNode;
    p->type=ATOM;
```

```
        i=0;
        s--;
        while( *s!=','&&*s!=')')
            name[i++] = *s++;
        name[i]='\0';
        strcpy_s(p->data,name);
        p->next = CreateGList(s);
        return p;
}
```

可以通过输出广义表的内容来查看建立的广义表正确与否,代码如下:

```
void ShowGList(GList gl)    //遍历广义表
{
    GListNode *p=gl;
    if(p!=NULL)
    {
        cout << '(';
        p=p->sublist;
        while(p)
        {
            if ( p->type==ATOM)
            {
                cout << p->data;
                if(p->next)
                    cout<<",";
            }
            else
            {
                ShowGList(p);
                if(p->next)
                    cout<<',';
            }
            p=p->next;
        }
        cout << ')';
    }
}
```

导学案例 2 的完整代码请登录 www.cmpedu.com 下载。

5.3 能力提高

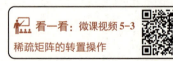
看一看:微课视频 5-3
稀疏矩阵的转置操作

本节拓展讨论稀疏矩阵的转置操作和广义表的其他操作。

5.3.1 稀疏矩阵的转置操作

对稀疏矩阵进行压缩存储后,由于无法直接对矩阵元素实现随机访问,因而可能会使一些矩阵运算的实现变得复杂。常用的矩阵运算包括矩阵转置、矩阵加、矩阵减、矩阵乘等。这里仅讨论基于三元组顺序表结构的矩阵转置运算的实现。

对于一个 $m×n$ 的矩阵 **A**,其转置矩阵 **B** 是一个 $n×m$ 的矩阵,且 $a_{ij}=b_{ji}(1≤i≤m,1≤j≤n)$。图 5-13 所示的矩阵 **A** 和 **B** 互为转置矩阵。下面来讨论以三元组顺序表为存储结构的稀疏矩阵转置的两种实现算法：朴素转置算法和快速转置算法。

$$A = \begin{pmatrix} 0 & 2 & 0 & 0 & 4 & 0 & 0 \\ 0 & 0 & 0 & 0 & 0 & 5 & 0 \\ 0 & 4 & 0 & 0 & 0 & 0 & 0 \\ 0 & 0 & 5 & 0 & 3 & 0 & 0 \\ 0 & 0 & 0 & 0 & 0 & 0 & 0 \\ 0 & 0 & 0 & 1 & 0 & 0 & 0 \end{pmatrix} \quad B = \begin{pmatrix} 0 & 0 & 0 & 0 & 0 & 0 \\ 2 & 0 & 4 & 0 & 0 & 0 \\ 0 & 0 & 0 & 5 & 0 & 0 \\ 0 & 0 & 0 & 0 & 0 & 1 \\ 4 & 0 & 0 & 3 & 0 & 0 \\ 0 & 5 & 0 & 0 & 0 & 0 \\ 0 & 0 & 0 & 0 & 0 & 0 \end{pmatrix}$$

图 5-13 稀疏矩阵及其转置

1. 朴素转置算法

在三元组顺序表的存储结构下，将矩阵 A 转置为矩阵 B 的主要任务和困难就是如何将存储矩阵 A 中非零元素的三元组表转换为矩阵 B 对应的三元组表，如图 5-14 所示。

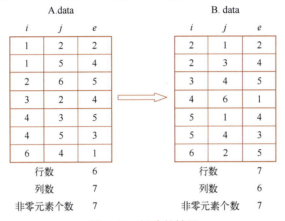

图 5-14 矩阵的转置

由于矩阵 A 的列是矩阵 B 的行，因此一种朴素的做法是：按矩阵 A 的列序依次找到矩阵 A 中每一列的非零元素，行列互换后，顺序存放到 B.data[ ] 中。这样所生成的矩阵 B 的三元组表必定是按行优先顺序存放的。具体实现如算法 5-3 所示。

算法 5-3 矩阵朴素转置

```
void TransposeMatrix(SparseMatrix A, SparseMatrix & B)
{
    int q = 0;
    B. mu = A. nu;   B. nu = A. mu;   B. tu = A. tu;
    if (B. tu)
    {
        for (int col = 1; col <= A. nu; col++)
        {
            for (int p = 0; p < A. tu; p++)
                if (A. data[p]. j == col)
                {
                    B. data[q]. i = A. data[p]. j;
                    B. data[q]. j = A. data[p]. i;
                    B. data[q]. e = A. data[p]. e;
                    q++;
                }
        }
    }
}
```

该算法为了在矩阵 A 的三元组表中依次寻找第 1 列,第 2 列,…,第 n 列的非零元素,需要对三元组表进行 n 趟重复的扫描。因此,对于一个 mu 行 nu 列且非零元素个数为 tu 的稀疏矩阵而言,该算法的时间复杂度为 $O(nu×tu)$。最坏情况是,若稀疏矩阵中的非零元素个数 tu 与 $mu×nu$ 同数量级时,上述算法的时间复杂度就为 $O(mu×nu^2)$。显然这种情况下,这种朴素算法的效率较低。

2. 快速转置算法

为提高算法 5-3 的效率,要减少对矩阵 A 的三元组表进行扫描的趟数。一种快速的矩阵转置思想是:通过扫描一趟矩阵 A 的三元组表,将每个非零元素行列互换后直接存入矩阵 B 的三元组表中的适当位置。

快速转置算法与算法 5-3 的主要区别是元素存入矩阵 B 的三元组表的方法,算法 5-3 是"顺序存",而快速转置是"直接存"。每次从矩阵 A 的三元组表中取出一个非零元素后,如何确定该元素转置后在矩阵 B 的三元组表中的相应位置,是快速转置算法要解决的关键问题。可以想到,如果能预先确定矩阵 A 的每一列的第一个非零元素在矩阵 B 的三元组表中的位置,每一列的其他非零元素应是依次排在该位置的后面,就可以直接对它们在矩阵 B 的三元组表中进行定位了。

为此,需要引入两个辅助数组:
- cnum[cols]:每个分量表示矩阵 A 的某一列的非零元素个数。
- cpot[cols]:每个分量的初始值,表示矩阵 A 的某一列的第一个非零元素在 B 中的位置。

显然,对数组 cnum 的各个元素值的初始化可以通过对矩阵 A 的三元组表扫描一趟完成。在数组 cnum 初始化的基础上,对数组 cpot 的初始化可按如下的递推关系给出:

$$\begin{cases} \text{cpot}[1]=0; \\ \text{cpot}[\text{col}]=\text{cpot}[\text{col}-1]+\text{cnum}[\text{col}-1] \quad 1<\text{col}\leqslant\text{cols} \end{cases}$$

例如,对于图 5-14 所示的矩阵 A 初始化数组 cnum 和 cpot 的值见表 5-3。

表 5-3 数组 cnum 和 cpot 的初始化值

col	1	2	3	4	5	6	7
cnum[col]	0	2	1	1	2	1	0
cpot[col]	0	0	2	3	4	6	7

综上所述,矩阵快速转置算法的具体实现如算法 5-4 所示。

算法 5-4 矩阵快速转置

```
void FastTransposeMatrix(SparseMatrix A, SparseMatrix & B)
{
    int * cnum, * cpot;
    int c, q;
    B.mu = A.nu;  B.nu = A.mu;  B.tu = A.tu;
    cnum = new int[A.nu + 1];
    cpot = new int[A.nu + 1];
    if (A.tu)
    {
        for (int col = 1; col <= A.nu; col++)   //初始化数组 cnum
            cnum[col] = 0;
```

```
            for (int t = 0; t < A.tu; t++)        //计算数组 cnum
                cnum[A.data[t].j]++;
            cpot[1] = 0;
            for (col = 2; col <= A.nu; col++)     //计算数组 cpot
                cpot[col] = cpot[col - 1] + cnum[col - 1];
            for (int p = 0; p < A.tu; p++)
            {
                c = A.data[p].j;                  //取当前非零元素的列号
                q = cpot[c];                      //取当前非零元素在 B 中的位置
                B.data[q].i = A.data[p].j;
                B.data[q].j = A.data[p].i;
                B.data[q].e = A.data[p].e;
                ++cpot[c];                        //预置本列的下一个非零元素在 B 中的位置
            }
        }
        delete[] cnum;
        delete[] cpot;
        cnum = cpot = NULL;
    }
```

该算法中有 4 个平行的 for 循环。对于一个 mu 行 nu 列且非零元素个数为 tu 的稀疏矩阵而言，循环次数分别为 nu 和 tu 两种，故此算法时间复杂度为 $O(nu+tu)$，显然优于朴素转置算法的时间复杂度。

5.3.2 广义表的其他操作

1. 求广义表的长度

计算广义表的长度时，仅需要考虑链表中的 next 域指针，因此，可以认为该算法是求线性链表长度算法在广义表结构上的应用。计算广义表长度的具体实现如算法 5-5 所示。

算法 5-5 计算广义表的长度

```
int Length(GList gl)
{
    GListNode *p;
    int n = 0;
    p = gl->sublist;
    while (p)
    {
        p = p->next;
        n++;
    }
    return n;
}
```

2. 计算广义表的深度

广义表的深度定义为：原子结点的深度是 0；广义表的深度是表中所有结点深度的最大值加 1。计算广义表深度必须先计算每个结点的深度，而子表结点深度的计算方法与整个表深度的计算方法相同，显然，这可以借助 5.2.2 小节中广义表遍历程序框架来实现。计算广义表深度的具体实现如算法 5-6 所示。

算法 5-6 计算广义表的深度

```
int Depth(GList gl)
{
    GListNode * q;
    int maxdepth = 0, depth;

    if (gl->type == ATOM)
        return 0;
    q = gl->sublist;
    while (q)
    {
        depth = Depth(q);
        if (depth >maxdepth)   maxdepth = depth;
        q = q->next;
    }
    return maxdepth + 1;
}
```

3. 销毁广义表

广义表对象的建立是一个动态申请空间的过程，因此，当程序运行结束前，需要释放所有结点空间，否则将造成<u>内存泄露</u>。每个结点必须被释放且仅被释放一次，因此，销毁广义表的算法也可以借助广义表遍历程序框架来实现。具体实现方法如算法5-7所示。

算法5-7 广义表的销毁

```
void DestroyGList(GList & p)
{
    GListNode *q;
    if (p==NULL)    return;
    q=p;                    //q 指向待释放结点
    p=p->sublist;           //p 指向第一个结点
    delete q;
    while(p)
    {
        q=p;                //q 指向待释放结点
        p=p->next;          //p 指向下一个结点
        if (q->type==ATOM) delete q;
        else
            DestroyGList(q);
    }
}
```

本章小结

矩阵是在科学与工程计算问题中一种常用的数学模型，存储矩阵的一种自然方法是使用二维数组，但当矩阵中的非零元素呈某种规律分布或者矩阵中出现大量的零元素的情况下，这对高阶矩阵会造成极大的存储空间浪费。本章讨论了对称矩阵、三角矩阵、对角矩阵等特殊矩阵的压缩存储方法。对于稀疏矩阵，通常采用三元组顺序表或十字链表结构进行存储。

广义表是一种非线性结构，本章阐述了广义表的原子、子表、长度、深度、表头、表尾等概念，同时也给出了广义表的创建、遍历等操作算法。

到本章为止，已经介绍了线性表、栈、队列、字符串、矩阵和广义表等数据结构。它们之间的关系如图5-15所示。

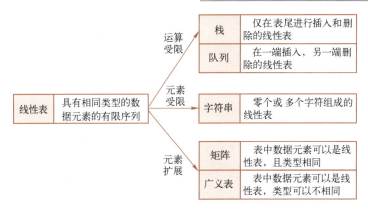

图 5-15 线性表及相关数据结构的关系

思考与练习

一、单项选择题

提示： 矩阵作为逻辑结构，起始下标为[1][1]。数组作为存储结构，按照 C/C++ 语言规定，起始下标为 0。起始下标不同，对计算结果也有影响。

1. 二维数组 $a[14][9]$ 采用行优先的存储方法，若每个元素占 2 个存储单元，第一个元素 $A[0][0]$ 的首地址为 1，则 $a[3][3]$ 的地址为（　　）。
   A. 63　　　　B. 62　　　　C. 61　　　　D. 60

2. 假设以一维数组 $s[n(n+1)/2]$ 作为 n 阶对称矩阵 A 的存储空间，以行序为主序存储 A 的下三角，则元素 $A[5][6]$ 的值存储在 $s[(　　)]$ 中。
   A. 16　　　　B. 17　　　　C. 18　　　　D. 19

3. 设有一个 10 阶的下三角矩阵 A（包括对角线），将其按照从上到下、从左到右的顺序存储到连续的存储单元中，每个数组元素占 1B 的存储空间，则 $A[5][4]$ 地址与第一个元素 $A[1][1]$ 的地址之差为（　　）。
   A. 10　　　　B. 13　　　　C. 28　　　　D. 55

4. 对特殊矩阵进行压缩存储的目的是（　　）。
   A. 表达简单　　　　　　　　B. 简化对矩阵元素的存取
   C. 去掉矩阵多余的元素　　　D. 减少不必要的存储空间

5. 若一个广义表的表头和表尾相同，则该广义表为（　　）。
   A. ( )　　B. (( ))　　C. (( ),( ))　　D. (( ),( ),( ))

6. 有一个 100 阶的三对角矩阵 M，其元素 $m_{i,j}(1 \leq i \leq 100, 1 \leq j \leq 100)$ 按行优先依次压缩存入下标从 0 开始的一维数组 N 中。元素 $m_{30,30}$ 在 N 中的下标是（　　）。
   A. 86　　　　B. 87　　　　C. 88　　　　D. 89

7. 有一个 12×12 的对称矩阵 M，将其上三角部分的元素 $m_{i,j}(1 \leq i \leq j \leq 12)$ 按行优先存入 C 语言的一维数组 N 中，元素 $m_{6,6}$ 在 N 中的下标是（　　）。
   A. 50　　　　B. 51　　　　C. 55　　　　D. 66

8. 已知二维数组 A 按行优先方式存储，每个元素占用 1 个存储单元。若第一个元素 $A[0][0]$ 的存储地址是 100，$A[3][3]$ 的存储地址是 220，则元素 $A[5][5]$ 的存储地址是（　　）。

A. 295　　　　B. 300　　　　C. 301　　　　D. 306

二、填空题

1. 稀疏矩阵的压缩存储方法主要有_____和_____。

2. 有一个n阶的下三角矩阵A，如果按照行的顺序将下三角矩阵中的元素（包括对角线上元素）存放在$n(n+1)$个连续的存储单元中，则$A[i][j]$与第一个元素$A[1][1]$之间有_____个数据元素。

3. 广义表(a,b,(c,d,(e,f,g)),h,(i,j)))的长度为_____，深度为_____。

4. 广义表((a),a)的表头为_____，表尾为_____。

三、简答题

1. 画出矩阵M的三元组顺序表和十字链表。

$$M = \begin{pmatrix} 8 & 0 & 0 & 0 & 2 & 0 & 0 \\ 0 & 0 & 0 & 0 & 0 & 12 & 0 \\ 0 & -5 & 0 & 0 & 0 & 0 & 0 \\ 0 & 0 & 6 & 0 & 5 & 0 & 0 \\ 0 & 3 & 0 & 0 & 0 & 0 & 0 \\ 0 & 0 & 0 & 0 & 7 & 0 & 0 \end{pmatrix}$$

2. 画出下列各广义表的存储结构，并分别求其长度、深度及表头和表尾。

$A = (a,b,c,d)$

$B = (a,(b,(c)),d)$

$C = ((a,b),(c,d))$

$D = (a,(b,(),c),((d),e))$

$E = ((((a),b)),(((c),(d)),(e,f)))$

四、算法设计题

1. 若在矩阵$A_{m \times n}$中存在一个元素$a_{ij}(1 \leq i \leq m, 1 \leq j \leq n)$满足：$a_{ij}$是第$i$行元素中的最小值，且又是第$j$列元素中的最大值，则称此元素值为该矩阵的一个马鞍点。假设以二维数组存储矩阵$A_{m \times n}$，试编写求矩阵中所有马鞍点的算法。

2. 编写算法计算一个稀疏矩阵的对角线元素之和，要求稀疏矩阵用三元组顺序表表示。

3. 编写算法计算两个稀疏矩阵的相加，要求稀疏矩阵用十字链表表示。

应用实战

1. 以三元组顺序表结构表示稀疏矩阵，实现矩阵转置和两个矩阵相加、相减的运算。

（1）稀疏矩阵的输入形式采用三元组表示，程序可以对三元组的输入顺序加以限制，如按行优先。

（2）矩阵转置、矩阵相加或相减所得的结果矩阵另外生成，不覆盖原始矩阵。

（3）结果矩阵以二维阵列形式输出。

2. 编程实现广义表的创建、遍历，求深度和长度。要求：main()函数中使用菜单选择各项功能。

学习目标检验

请对照表5-4检验实现情况。

表 5-4　第 5 章学习目标列表

	学 习 目 标	达 到 情 况
知识	了解矩阵是线性表的一种扩展，线性表中的每个数据元素都是线性表，且类型相同	
	了解广义表是线性表的一种扩展，线性表中的数据元素可以是线性表（嵌套），类型可以不相同	
	了解广义表是一种非线性结构	
	了解特殊矩阵（对称阵、三角阵、对角阵等）在一维数组中的存储，即 $(i,j) \to (k)$ 的映射的计算	
	了解稀疏矩阵的存储方式：三元组顺序表和十字链表	
	了解哪些问题可以抽象成广义表结构，广义表的基本概念（空表、长度、深度、表头、表尾等）、头尾存储方法	
能力	能够编码实现：①稀疏矩阵的朴素转置和快速转置，了解快速转置的预处理技巧；②稀疏矩阵的输出；③稀疏矩阵的加法；④稀疏矩阵的乘法	
	能够编码实现：①用头尾表示法定义广义表的结点结构（联合体应用）；②求广义表的深度、长度，以及广义表的复制等操作	
	能够使用容器类 vector	
素养	能对广义表头尾表示法绘图	
	能为实际问题设计算法，给出算法伪代码，并利用编程语言实现算法	
	自主学习，通过查阅资料，获得解决问题的思路	
	实验文档书写整洁、规范，技术要点总结全面	
	学习中乐于与他人交流分享，善于使用生成式人工智能工具	
思政	当前人工智能中矩阵有着广泛应用，简单了解人工智能的发展，激发对人工智能技术的兴趣，探索解决当前人工智能新技术中面临的新问题	

第 6 章
数据元素关系分层的非线性结构：树和二叉树

学习目标

1) 了解哪些问题可以抽象成树来解决。
2) 掌握树的概念及存储结构。
3) 掌握二叉树的相关概念、基本性质。
4) 了解二叉树的顺序和链式存储，重点掌握链式存储结构。
5) 掌握二叉树遍历算法，并能够利用遍历算法框架设计二叉树的其他操作算法。
6) 了解树、森林和二叉树间的转化方法。
7) 掌握线索二叉树的概念及基本操作。
8) 了解 Huffman 树的概念及应用，掌握 Huffman 树的创建及 Huffman 编码、译码算法。
9) 了解等价类问题并能运用并查集存储结构加以解决。

学习导图

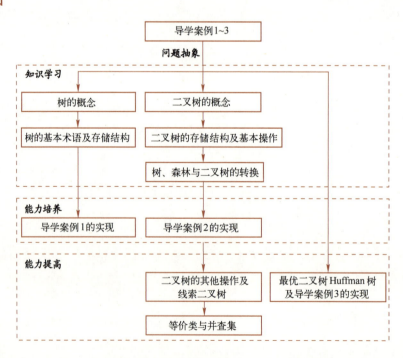

导学案例 1：查找 U 盘中文件的存储路径

【案例 1 问题描述】

假设一个 U 盘中有 3 个文件夹，每个文件夹中又有若干个文件，如图 6-1 所示。

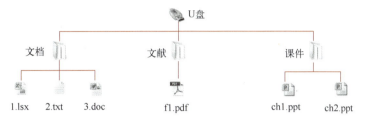

图 6-1　U 盘中的文件

请设计一种文件信息存储方法，当输入某个文件名称后，显示该文件在 U 盘中的存储路径；若 U 盘中无该文件，则显示"文件未找到"。

导学案例 2：对表达式树表示的算术表达式求值

【案例 2 问题描述】

已知算术表达式 6+(7-3)/2 对应的表达式树如图 6-2 所示，请求出该表达式的值。

【案例 1 和 2 问题分析】

前面章节讨论的线性表、栈、队列、串等数据结构都属于线性结构，<u>线性结构</u>主要描述具有单一前驱和后继关系的数据对象。

案例 1 和 2 中，图 6-1 所示为一种<u>树形结构</u>，图 6-2 所示为一种特殊的树形结构——二叉树。树是一种适合描述层次关系的<u>非线性结构</u>。树形结构在计算机领域有着广泛的应用，如操作系统中的文件管理、互联网中的域名系统、编译程序中源程序的语法结构等。

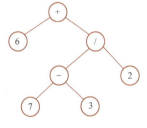

图 6-2　二叉树

为了利用树形结构解决实际问题，需要考虑如何存储树形结构所表达的层次关系，以及在树形结构上如何进行遍历等操作。

本章主要介绍树和二叉树这两种树形结构：6.1 节介绍树和二叉树的定义、性质、存储结构及基本操作；6.2 节完成对导学案例 1 和 2 的实现；6.3.1 和 6.3.2 小节拓展介绍二叉树的其他操作和线索二叉树。

导学案例 3：压缩编码

【案例 3 问题描述】

数据压缩在通信和计算机科学中经常涉及。在通信原理中，一般称为信源编码，在计算机科学里，一般称为数据压缩，两者在本质上没有区别，实质上都是寻找一种映射。

通信中将待传输的数据进行压缩，以减少对带宽的需求；计算机中对数据进行压缩，可以减少对磁盘容量的需求，提高磁盘 I/O 的访问效率。数据压缩在文件系统、数据库、消息传输、网页传输等领域有着广泛应用。

假设给定一个字符串"ADCBDABDCBDBCDCDCD",请对其中的字符进行编码,使得该字符串的编码存储空间最少,且从存储空间取出编码也能还原成唯一的原字符串。

【案例3问题分析】

对于字符编码大家最熟悉的应该是 ASCII 编码了,在计算机中存储时,每个字符占8 bit,这是一种定长编码,即每个符号的编码长度相等。这样,若对案例3问题中含有18个字符的字符串进行存储的话就需要144 bit。如果这个字符串很长,各个字符出现的概率又有较大的差别,还采用 ASCII 编码就不经济了。可不可以对编码进行压缩呢?

一种朴素的想法是不定长编码,即经常出现的符号的编码较短,不常出现的符号的编码较长,目的是使信息经过编码后的编码文件长度尽可能短。不定长编码相比于定长编码不仅节省了磁盘空间,还提高了传输和运算速度。

那么,如何进行不定长编码?什么样的不定长编码才是最优的呢?

因为信息编码是指将信息符号串转换为编码文件,其主要目标之一是提高信息的存储效率。为此,存储效率可以用编码系统的平均码长来衡量。设编码系统中有 n 个符号,每个符号的编码长度为 $L_1, L_2, \cdots, L_n$,各符号出现的频率分别是 $F_1, F_2, \cdots, F_n$,则

$$平均码长 = \sum_{i=1}^{n} L_i F_i$$

表 6-1 列出了导学案例3中的一种定长编码方式和一种不定长编码方式。

表 6-1 定长编码方式和不定长编码方式

编码方式	各字符编码	平均码长
定长	A:00, B:01, C:10, D:11	2
不定长	A:10, B:01, C:0, D:1	1.33

不定长编码的存储效率要优于定长编码的存储效率。但这种不定长编码由于码长不固定,在还原字符时,存在各符号的码串相互混淆的可能。例如,案例中原字符串前两个字符为"AD",用上述不定长编码,编码串为"101",进行还原时,可以解释为"AD"也可以解释为"DB",因此这样的编码方式不能还原成唯一的原字符串。

所以,不定长编码必须增加约束条件:在同一编码系统中,任何符号的编码不能是另一符号编码的前缀。满足此条件的编码也称为前缀编码。1952年,正在麻省理工攻读博士学位的 David A. Huffman 给出了最优解决方案——Huffman(哈夫曼)树构建算法。

6.3.3 小节将介绍最优二叉树——Huffman 树的构建思想,以及 Huffman 编码和译码算法。

6.1 知识学习

本节将介绍树的定义和存储结构,二叉树的定义、性质、存储方式以及遍历等基本操作,树、森林与二叉树的转换。

6.1.1 树

1. 树的概念

树(Tree)是由 $n(n \geq 0)$ 个结点组成的有限集合。若

看一看:微课视频 6-1
树的概念及存储

$n=0$,称为空树。对于任意一棵非空树,满足以下条件:

1)有且仅有一个特定的称为根(Root)的结点。

2)当 $n>1$ 时,除根结点以外的其余结点可划分为 $m(m>0)$ 个互不相交的有限子集 T_1, $T_2,\cdots,T_m$,其中每个子集又是一棵树,称为根结点的子树,T_i 为根结点的第 i 棵子树。

从以上定义可以看出,树的定义是递归的。它刻画了树的固有特性,即一棵树由若干棵子树构成,而一棵子树又由更小的若干棵子树构成。

图 6-3 是一棵含有 10 个结点的树,其中结点 a 是根结点,其余结点被分成 3 个互不相交的子集 $T_1=\{b,e,f,g\}$、$T_2=\{c,h\}$、$T_3=\{d,i,j\}$,T_1、T_2、T_3 称为结点 a 的子树。子树 T_1 的根结点是 b,b 结点又有三棵子树 $T_{11}=\{e\}$、$T_{12}=\{f\}$、$T_{13}=\{g\}$。以此类推,逐层分解,直到每棵子树只有一个根结点为止。

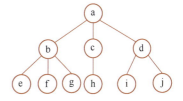

图 6-3 树的示例

可以看出,数据元素之间存在的关系是一对多的关系。显然,树是一种非线性结构,它具有以下特点:每个结点可以有零个或多个后继结点,但有且仅有一个前驱结点(根结点除外)。

✉ **说明**:有些结构看似树形结构,其实不是。如图 6-4 所示的两个非线性结构中出现了子树相交、构成回路的情况,因此它们不属于树形结构。

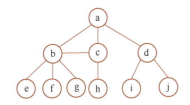 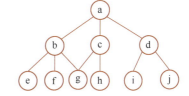

图 6-4 非树形结构

2. 树的基本术语

(1)孩子、双亲、兄弟结点

某结点的子树的根结点称为该结点的孩子结点,该结点则称为其孩子结点的双亲结点。具有同一个双亲结点的孩子结点互称兄弟结点。例如,在图 6-3 中,a 是 b、c、d 的双亲结点,b 是 e、f、g 的双亲结点,e、f、g 互称兄弟结点。

(2)子孙结点和祖先结点

某结点的所有子树中的结点称为该结点的子孙结点。从根结点到达某结点的路径上经过的所有结点(除自身外),被称为该结点的祖先结点。例如,在图 6-3 中,除根结点外的所有结点都是根结点的子孙结点,结点 g 的祖先结点是 b 和 a,所有结点共同的祖先结点是根结点。

(3)结点的度和树的度

某结点所拥有的子树个数称为该结点的度,树中所有结点的度的最大值称为该树的度。例如,在图 6-3 中,结点 a 的度为 3,结点 b 的度为 3,结点 c 的度为 1,结点 d 的度为 2,结点 e、f、g、h、i、j 的度均为 0,因此这棵树的度是 3。

(4)叶子结点和分支结点

度为 0 的结点称为叶子结点,度不为 0 的结点称为分支结点。例如,在图 6-3 中,e、f、g、h、i、j 是叶子结点,a、b、c、d 是分支结点。

（5）路径和路径长度

若树中存在一个结点序列 $n_1, n_2, \cdots, n_k$，使得 n_i 是 n_{i+1} 的双亲（$1 \leq i < k$），则称该结点序列是从 n_1 到 n_k 的**路径**；路径上经过的边（即连接两个结点的连线）的个数称为**路径长度**。显然，从根结点到每个结点的路径是唯一的。例如，在图 6-3 中，从根结点到结点 g 的路径是(a,b,g)，路径长度是 2。

（6）结点的层次和树的高度

结点的层次从根结点开始计算，规定根结点的层次是 1，其余结点的层次数等于其双亲结点的层次数加 1。树中所有结点的最大层次数称为该**树的高度**。例如，图 6-3 所示的树的高度是 3。

（7）有序树和无序树

如果一棵树中各结点的子树从左到右是有序的，则称这棵树为**有序树**，否则称为**无序树**。如图 6-5 所示，若两者为有序树，则图 6-5a 和图 6-5b 是两棵不同的树，即因交换了结点的相对位置从而构成了不同的树；若两者为无序树，则图 6-5a 和图 6-5b 为同一棵树。

图 6-5 有序树和无序树

除特殊说明外，在数据结构中讨论的树都是有序树。

（8）森林

$m(m \geq 0)$ 棵互不相交的树的集合称为**森林**。若将图 6-3 所示树的根结点 a 删去，则可得到一个由 3 棵树构成的森林。当 $m=1$ 时，森林就退化成了一棵树。当 $m=0$ 时，则表示一个空森林。

3. 树的存储结构

树中各结点孩子个数的多样性导致了其存储结构的复杂性。在实际应用中，可根据具体需求，采用顺序存储结构或是链式存储结构。但无论采用哪种存储结构，都要求同时存储各结点的数据信息及各结点之间的逻辑关系。下面介绍树的 4 种常用存储结构。

（1）双亲表示法

树中每个结点（除根结点外）有且仅有一个双亲结点，可根据此特征，采用双亲表示法，**在存储结点数据信息的同时附加存储该结点的双亲关系**。树中每个结点对应一个二元组（data, parent），所有二元组顺序存放于一维数组中。其中，data 存储树中结点的数据信息，parent 存储该结点双亲在数组中的下标。

树的双亲表示法存储结构定义如下：

```
const MAXSIZE = 100;
typedef struct
{
    ElemType data;
    int parent;
```

} Tuple;
typedef struct
{
    Tuple tree[MAXSIZE];   //存放结点数据信息
    int count;   //存放结点个数
} PTree;
```

例如，图 6-6b 是图 6-6a 所示的树的双亲表示法存储结构。

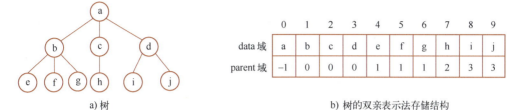

a) 树                b) 树的双亲表示法存储结构

图 6-6　树的双亲表示法

由于双亲表示法中仅存储了结点的双亲关系，这对于求结点双亲的操作很方便，但若要求结点的孩子，则需遍历整个数组，因此效率不高。

（2）多叉链表表示法

树的存储还可以采用链式存储结构：**每个结点包含一个数据域和若干个指针域**，其中数据域用于存储结点的数据信息，指针域用于存储结点间的逻辑关系，若树的度为 $k$，则在结点结构中设置 $k$ 个孩子指针域，使所有结点同构。树的多叉链表结点结构定义如下：

```
typedef struct TreeNode
{
    ElemType data;
    TreeNode * children[k];
} * Tree;
```

例如，图 6-7b 是图 6-7a 所示的树的多叉链表存储结构。

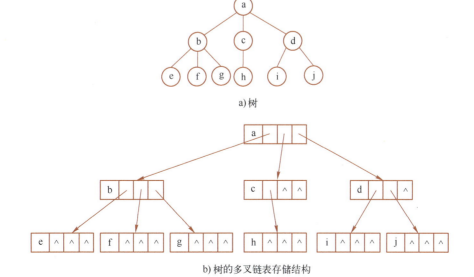

a) 树

b) 树的多叉链表存储结构

图 6-7　树的多叉链表表示法
```

这种存储结构容易理解，但由于树中各结点的孩子个数不尽相同，因此这种直接用多个指针域表示双亲与孩子关系的存储方式存在严重的缺陷：由于树的度是结点度的最大值，因此根据树的度确定结点指针域的个数，必然导致许多指针域的浪费。若树中结点个数是 n，树的度是 k，则共使用了 nk 个指针域，而这其中只有 $n-1$ 个非空指针域。因此，这种存储方式在实际应用中较少被采用。

（3）孩子链表表示法

考虑到以上顺序存储结构和链式存储结构都具有很大的局限性，可以考虑采用顺序与链式相结合的混合结构：用一个线性表存储树中结点的数据信息，称为结点表；为每个结点建立一个孩子链表，其中只存储孩子结点在结点表中的下标。这种存储结构称为孩子链表表示法。

树的孩子链表存储结构定义如下：

```c
const MAXSIZE = 100;
typedef struct CNode              //孩子链表中的结点结构
{
    int child;
    CNode * next;
} * ChildList;
typedef struct                    //结点表中的元素结构
{
    ElemType data;                //结点的数据
    ChildList firstchild;         //孩子链表的头指针
} Node;
typedef struct
{
    Node tree[MAXSIZE];
    int count;
} CTree;
```

例如，图 6-8b 是图 6-8a 所示的树的孩子链表存储结构。

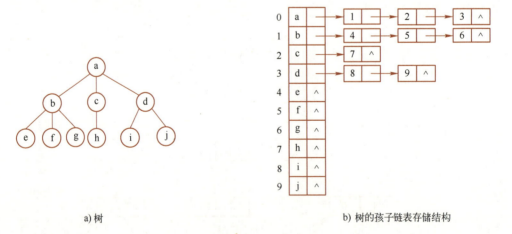

a) 树　　　　　　　　　　　　　　　b) 树的孩子链表存储结构

图 6-8　树的孩子链表表示法

与双亲表示法相反，孩子链表表示法中可以方便快捷地查找指定结点的孩子结点，但查找双亲结点，则需遍历所有的孩子链表，效率较低。

（4）孩子兄弟表示法

孩子兄弟表示法采用链式存储结构，链表中每个结点除存储结点信息的数据域外，还有两个指针域，分别指向该结点的第一个孩子结点和右兄弟结点。树的孩子兄弟表示法结点结构定义如下：

```
typedef struct TreeNode
{
    ElemType data;
    TreeNode *firstchild, *rightsib;
} *CSTree;
```

例如，图 6-9b 是图 6-9a 所示的树的孩子兄弟表示法存储结构。由于每个结点只有两个指针域，一般将其存储结构绘制成图 6-9c 所示的形式。

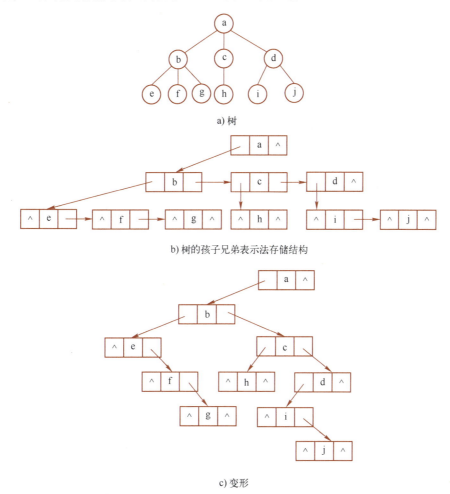

a) 树

b) 树的孩子兄弟表示法存储结构

c) 变形

图 6-9 树的孩子兄弟表示法

对于任意一棵树，采用了孩子兄弟表示法存储之后，其存储结构是一个二叉链表的形式，相比树的其他存储结构，孩子兄弟表示法既简化了存储结构，又与另一种树形结构——二叉树的链式存储结构类似，因此可将二叉树的一些算法应用到树中来。所以，**孩子兄弟表示法是树的一种较为普遍的存储结构**。

6.1.2 二叉树

二叉树是一种简化的树形结构。任何树都可以方便地转换成二叉树，因此二叉树是研究的重点。

1. 二叉树的概念

二叉树是由 $n(n \geq 0)$ 个结点组成的有限集合，该集合或者为空，或者是由一个根结点和两棵互不相交的称为左子树与右子树的二叉树组成。

图 6-10 所示的是 3 棵由简到繁的二叉树结构示例。

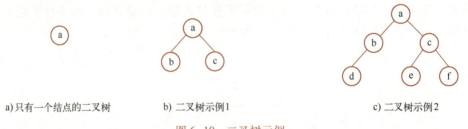

图 6-10　二叉树示例

二叉树具有如下特点：

1) 每个结点的度只可能是 0、1 或 2。
2) 二叉树是有序的，即使某结点只有一棵子树，也要区分该子树是左子树还是右子树。

图 6-11 所示的是两棵不同的二叉树。

二叉树具有 5 种基本形态：图 6-12a 所示的是空二叉树；图 6-12b 所示的二叉树只有一个根结点；图 6-12c 所示的二叉树的根结点只有左子树；图 6-12d 所示的二叉树的根结点只有右子树；图 6-12e 所示的二叉树的根结点既有左子树，也有右子树。

图 6-11　两棵不同的二叉树

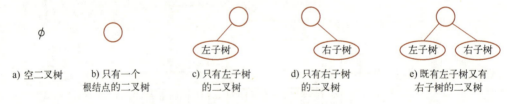

图 6-12　二叉树的 5 种基本形态

在实际应用中，经常会用到以下两种特殊的二叉树。

(1) 满二叉树

在一棵二叉树中，若所有分支结点的度均为 2，且叶子结点都位于同一层，则称该二叉树为**满二叉树**。

满二叉树的特点是：

- 只有度为 0 和 2 的结点。
- 叶子结点只可能在最底层出现。

如图 6-13 所示的是一棵满二叉树。

(2) 完全二叉树

若对一棵二叉树的结点从上到下、从左到右进行

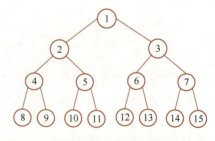

图 6-13　满二叉树

连续编号，约定编号从根结点为 1 开始，若该二叉树中任意一个结点 i 的位置与同样深度的满二叉树中编号为 i 的结点的位置完全相同，则称该二叉树为**完全二叉树**。

完全二叉树的特点是：
- 如果有度为 1 的结点，则只可能有一个，且该结点只有左孩子。
- 叶子结点只可能在最低两层出现。

显然满二叉树是完全二叉树的特殊情形。

例如，图 6-14a 所示的是完全二叉树，图 6-14b 所示的是非完全二叉树。

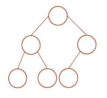
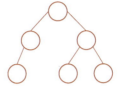

a) 完全二叉树　　　　　　　　　　b) 非完全二叉树

图 6-14　完全二叉树和非完全二叉树

2. 二叉树的基本性质

性质 1　非空二叉树中，第 i 层最多有 2^{i-1} 个结点（$i \geq 1$）。

证明：采用数学归纳法证明。

当 $i=1$ 时，第 1 层只有一个根结点，$2^{i-1}=2^0=1$，结论成立。

假设 $i=k$ 时，结论成立，即第 k 层至多有 2^{k-1} 个结点。

当 $i=k+1$ 时，由于二叉树中每个结点最多有 2 个孩子，所以第 $k+1$ 层上结点数最多为第 k 层上结点数的 2 倍，即 $2 \times 2^{k-1}=2^{(k+1)-1}$。由此可知结论成立。

性质 2　高度为 h 的二叉树中结点总数最多为 2^h-1。

证明：由性质 1 可知，高度为 h 的二叉树中最多的结点总数为

$$\sum_{i=1}^{h} 第 i 层上结点的最大个数 = \sum_{i=1}^{h} 2^{i-1} = 2^h - 1$$

性质 3　设某二叉树中叶子结点数为 n_0，度为 2 的结点数为 n_2，则 $n_0=n_2+1$。

证明：设二叉树中度为 0 的结点数是 n_0，度为 1 的结点数是 n_1，度为 2 的结点数是 n_2。

首先，考虑二叉树的结点总数。因为二叉树中所有结点的度只能是 0、1 或 2，因此结点总数 $n=n_0+n_1+n_2$。

其次，考虑二叉树的分支总数。将二叉树的分支总数记作 m。因为所有的分支是由度为 1 和度为 2 的结点发出的，所以 $m=n_1+2 \times n_2$。

由于二叉树中，除了根结点，其余各结点均有一个分支进入，因此，结点总数与分支总数之间存在如下关系：

$$n=m+1$$

即 $n_0+n_1+n_2=n_1+2 \times n_2+1$。

化简得：$n_0=n_2+1$。

性质 4　具有 n 个结点的完全二叉树的高度为 $\lfloor \log_2 n \rfloor +1$。

证明：在有 n 个结点的二叉树中，完全二叉树是高度最小的二叉树结构。设高度为 h，

由二叉树性质2和完全二叉树的定义可知

$$2^{h-1}-1<n\leqslant 2^h-1 \text{ 或 } 2^{h-1}-1\leqslant n<2^h$$

对不等式取对数得：$h-1\leqslant \log_2 n<h$，因为h是整数，所以$h=\lfloor \log_2 n \rfloor+1$。

性质5 对有n个结点的完全二叉树编号后，第i个结点（$1\leqslant i\leqslant n$）的编号有如下性质：

1）若$i>1$，i的双亲结点编号是$\lfloor i/2 \rfloor$。

2）若$2i\leqslant n$，i的左孩子结点编号是$2i$；否则，结点i无左孩子结点。

3）若$2i+1\leqslant n$，i的右孩子结点编号是$2i+1$；否则，结点i无右孩子结点。

✉ 说明：$\lfloor x \rfloor$表示小于或等于x的最大整数。例如，$\lfloor 5.2 \rfloor=5$，$\lfloor 5.8 \rfloor=5$。

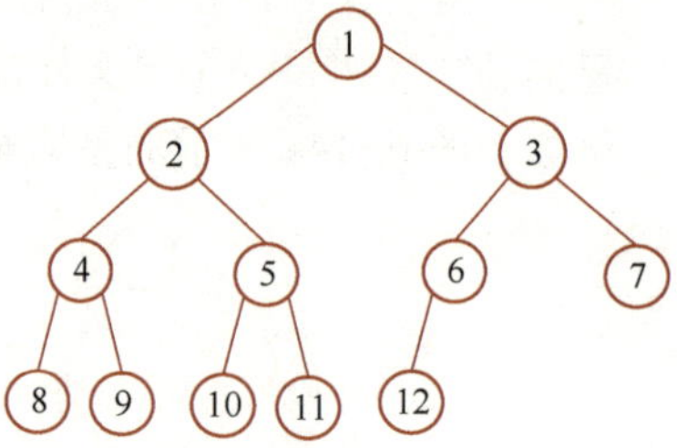

图6-15 二叉树性质5的示例

图6-15所示的是二叉树性质5的示例。

3. 二叉树的存储结构

（1）二叉树的顺序存储结构

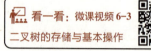

二叉树的顺序存储结构是用一组地址连续的存储单元来存放二叉树的结点，结点间的逻辑关系由结点存放的位置体现。因此，需要解决的关键问题是如何确定二叉树中各结点的存放次序。

二叉树的性质5给出了解决方法：按照完全二叉树的结点编号次序，依次存放各个结点。

✉ 说明：C/C++语言中数组的起始地址为0，为了关系对应，本书将编号为i的结点存储在下标为i的单元内。

如图6-16所示，图6-16a是一棵完全二叉树，图6-16b是其顺序存储结构，连续的存储空间共有7个单元，存储了6个数据元素。

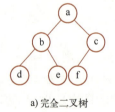

a) 完全二叉树

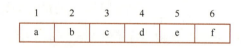

b) 完全二叉树的顺序存储结构

图6-16 完全二叉树及其顺序存储

二叉树的顺序存储结构定义如下：

```
const int MAXSIZE=100;
typedef struct
{
    ElemType Data[MAXSIZE];      //连续空间的起始地址
    int nodenum;                 //二叉树结点个数
    ...
}BiTreeSeq;
```

对于满二叉树、完全二叉树来说，顺序存储结构的存储效率是极高的。但对于非完全二叉树而言，如何利用完全二叉树的编号规则来存储呢？方法是添加虚结点，使之成为一棵完全二叉树，再对结点进行编号。如图 6-17 所示，图 6-17a 所示的不是完全二叉树，经过添加一些虚结点成为完全二叉树（见图 6-17b），其顺序存储结构如图 6-17c 所示。

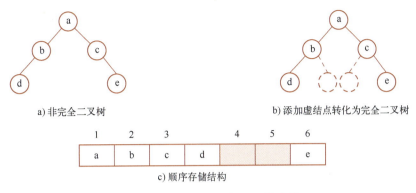

图 6-17　非完全二叉树的顺序存储

采用顺序存储结构，可以直接存取二叉树中的任意结点的数据信息，且双亲与孩子的关系计算也非常简单。因此，对于非完全二叉树，若空间浪费不多，采用顺序存储结构能获得直接存取的优点。但对于那些单分支结点较多、高度变化较大的二叉树而言，顺序存储结构显然是不合适的。如图 6-18a 所示的二叉树，每个结点只有右子树，添加虚结点，使之成为完全二叉树（见图 6-18b），顺序存储结构如图 6-18c 所示。为存储 4 个结点数据，需要占用 15 个存储空间，显然非常浪费空间。

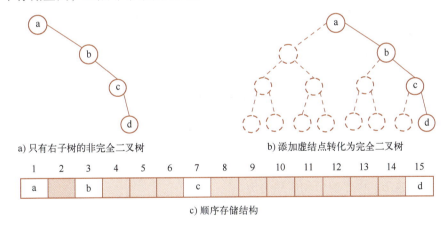

图 6-18　退化的二叉树的顺序存储

（2）二叉树的链式存储结构

常用的二叉树链式存储结构为二叉链表，链表中结点包含 3 个域：数据域用于存放二叉树结点的数据信息，两个指针域分别指向左、右孩子结点。结点结构如图 6-19a 所示。图 6-19b 所示是某二叉树的逻辑结构，图 6-19c 所示是其对应的二叉链表结构。

二叉链表结构定义如下：

```
typedef struct BiTNode
{
    ElemType data;
```

```
    struct BiTNode *lchild, *rchild;
}*BiTree;
```

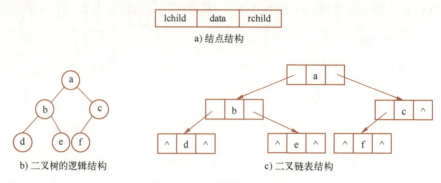

图 6-19 二叉树的链式存储

在下面的讨论中，除特殊说明外，二叉树均采用二叉链表的存储结构。

想一想：

观察图 6-19c 可以发现有许多空指针域。设二叉树有 n 个结点，则有 $2n$ 个指针域。由于除根结点外每个结点都有一个指针指向它，即只有 $n-1$ 个指针域不为空，因此共有 $n+1$ 个指针域为空。如何充分利用这些指针域呢？本书将在 6.3.2 小节线索二叉树中详细讨论此问题。

4. 二叉树的基本操作

二叉树中的很多算法均以遍历为基础，因此下面首先介绍二叉树的遍历操作。

（1）二叉树的遍历

遍历就是按某种次序访问二叉树中的每个结点，且仅访问一次。为简化操作，这里的"访问"简单处理为输出结点的数据信息。还可以在访问过程中完成其他操作。

显然在遍历过程中，次序很重要。根据二叉树的定义可知，二叉树由根结点、左子树和右子树 3 个部分组成，如果能按某种次序依次遍历这 3 个部分，也就遍历了整个二叉树。用 D、L、R 分别表示根结点、左子树和右子树，则可能有 6 种依次遍历的次序：DLR、LDR、LRD、DRL、RDL、RLD。进一步限定先左后右的次序，则仅剩下前 3 种，分别称为先序（也称作前序）遍历、中序遍历和后序遍历。

下面以图 6-19 所示的二叉树为例，对 3 种遍历分别加以说明。

先序遍历的步骤如下。

若二叉树为空，则遍历结束；否则，执行以下操作：

① 访问根结点。

② 先序遍历根结点的左子树。

③ 先序遍历根结点的右子树。

图 6-19 所示的二叉树先序遍历序列为 abdecf。

中序遍历的步骤如下。

若二叉树为空，则遍历结束；否则，执行以下操作：

① 中序遍历根结点的左子树。

② 访问根结点。

③ 中序遍历根结点的右子树。

图 6-19 所示的二叉树中序遍历序列为 dbeafc。

后序遍历的步骤如下。

若二叉树为空,则遍历结束;否则,执行以下操作:

① 后序遍历根结点的左子树。

② 后序遍历根结点的右子树。

③ 访问根结点。

图 6-19 所示的二叉树后序遍历序列为 debfca。

从上述遍历步骤的描述可知,这 3 种二叉树遍历的过程是递归的,因此采用递归算法可以很容易地实现。

1)先序遍历算法。将二叉树先序遍历步骤中的"若二叉树为空,则遍历结束,否则执行以下操作"转换为:"若二叉树不空,则依次执行以下操作",这样能很容易写出对应的先序遍历算法,如算法 6-1 所示。

算法 6-1 二叉树的先序遍历

```
void Preorder( BiTree T)
{
    if (T)
    {
        cout<< T->data << " ";      //①
        Preorder(T->lchild);         //②
        Preorder(T->rchild);         //③
    }
}
```

抓住大问题可以转化为小问题这一递归编程的重要原则,可以较容易地实现和理解本算法。

重新编排语句①、②、③的顺序,便可得到中序遍历和后序遍历的递归算法。

2)中序遍历算法如算法 6-2 所示。

算法 6-2 二叉树的中序遍历

```
void Inorder( BiTree T)
{
    if (T)
    {
        Inorder(T->lchild);
        cout<< T->data << " ";
        Inorder(T->rchild);
    }
}
```

3)后序遍历算法如算法 6-3 所示。

算法 6-3 二叉树的后序遍历

```
void Postorder( BiTree T)
{
    if (T)
    {
        Postorder(T->lchild);
        Postorder(T->rchild);
```

```
            cout<< T->data << " ";
    }
}
```

下面来分析先序、中序和后序遍历算法的时间复杂度。从程序流程来看，因为每个结点访问且仅访问一次，所以假设二叉树中有 n 个结点，在若干次递归调用中，结点的访问操作必然进行了 n 次。因此，这 3 种遍历算法的时间复杂度均为 $O(n)$。

（2）二叉树的建立

由上述遍历算法建立的任何一种遍历序列，均不能唯一确定一棵二叉树。以先序遍历为例，图 6-20 给出了 5 棵各不相同的二叉树，但它们的先序序列均为 abc。

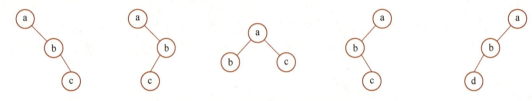

图 6-20 同一个遍历序列对应的多种二叉树

这是因为在输出遍历序列时，忽略了空结点，从而导致无法确定在遍历序列中的后继结点是左孩子还是右孩子。如果将"若二叉树为空，则遍历结束"改为"若二叉树为空，则输出字符#"，则上述 5 棵二叉树的先序遍历序列将不尽相同。

改变后的遍历序列，称为带空指针标记的遍历序列。根据带空指针标记的遍历序列，可唯一地确定一棵二叉树。

以先序遍历为例，表 6-2 列出了按先序序列建立二叉树的步骤。

表 6-2 先序遍历步骤与按先序序列建立二叉树的步骤

先序遍历的步骤	按先序序列建立二叉树的步骤
若二叉树为空，则遍历结束；否则，执行以下操作：	若结点为空，则构建空指针；否则，执行以下操作：
① 访问根结点	① 建立根结点
② 先序遍历根结点的左子树	② 先序建立根结点的左子树
③ 先序遍历根结点的右子树	③ 先序建立根结点的右子树

图 6-19 所示的二叉树的带空指针标记的先序遍历序列为 abd##e##cf###，利用算法 6-4 便可建立对应的二叉树。

算法 6-4 由带空指针标记的先序序列构建二叉树

```
void CreateBiTree( BiTree & T)
{
    char ch;
    cin>>ch;
    if ( ch == '#')    T = NULL;
    else
    {
        T = new BiTNode;   T->data = ch;
        CreateBiTree( T->lchild );
```

```
            CreateBiTree(T->rchild);
        }
    }
```

(3) 二叉树的销毁

二叉链表对象的建立是一个动态申请空间的过程，因此，当程序结束时需要释放二叉链表中的所有结点。每个结点必须被释放，且只能被释放一次。二叉树的销毁即释放二叉链表中的所有结点。显然，销毁的过程与遍历的过程非常相似。利用后序遍历算法，将遍历算法中的"访问"转换成"释放空间"，即可得到销毁算法，如算法 6-5 所示。

算法 6-5 二叉树的销毁

```
void DestroyBiTree(BiTree & T)
{
    if (T)
    {
        DestroyBiTree(T->lchild);
        DestroyBiTree(T->rchild);
        delete T;
        T = NULL;
    }
}
```

🧠 **想一想:**

销毁函数能否采用先序遍历或是中序遍历的框架来实现？

提示：销毁函数之所以利用后序遍历的框架，是因为要将左、右子树释放后才能释放根结点。若用先序或中序遍历的程序框架，在根结点释放后才释放左、右子树，将导致左、右孩子指针值无效的情形。

6.1.3 树、森林与二叉树的转换

由 6.1.1 小节的介绍可知，孩子兄弟表示法是较为普遍的一种树的存储结构。这种存储方式实质就是一个二叉链表。因此，采用孩子兄弟表示法也就是<u>将一棵树转换成二叉树进行存储</u>。这样，<u>对树的操作就可以利用二叉树的基本操作来实现</u>。本小节将介绍树、森林与二叉树之间的转换方法。

1. 树转换为二叉树

(1) 树转换为二叉树的方法

将一棵树转换为二叉树的方法如下。

1) 连线：树中所有相邻兄弟之间加一条连线。

2) 去线：对树中的每个结点，只保留它与第一个孩子结点间的连线，删去其与其他孩子结点之间的连线。

3) 旋转：以树的根结点为轴心，将整棵树顺时针转动一定的角度，使所得二叉树的层次更分明。

图 6-21 所示为树转换为二叉树的过程。

从图 6-21 可以看出，一棵树采用孩子兄弟表示法所建立的存储结构与它所对应的二叉树的二叉链表存储结构是完全相同的。

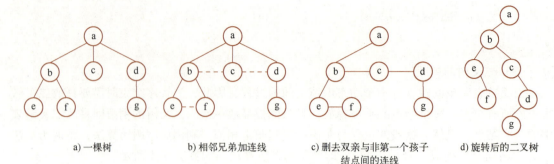

a) 一棵树　　b) 相邻兄弟加连线　　c) 删去双亲与非第一个孩子结点间的连线　　d) 旋转后的二叉树

图 6-21　树转换为二叉树的过程

（2）树的遍历

树的遍历通常有两种方式：先序遍历和后序遍历。

1）树的先序遍历步骤。

① 访问根结点。

② 按照从左到右的顺序先序遍历根结点的每一棵子树。

2）树的后序遍历步骤。

① 按照从左到右的顺序后序遍历根结点的每一棵子树。

② 访问根结点。

表 6-3 列出了图 6-22 所示的树和二叉树的遍历序列。

表 6-3　树和二叉树的遍历序列

遍历方式	树	二叉树
先序	abefcdg	abefcdg
中序	—	efbcgda
后序	efbcgda	fegdcba

可以看出，树的遍历序列与树转换成的二叉树遍历序列间存在着如下对应关系。

- 树的先序遍历序列与其转化为的二叉树的先序遍历序列相等。
- 树的后序遍历序列与其转化为的二叉树的中序遍历序列相等。

因此，树的遍历算法可以采用相应二叉树的遍历算法来实现。

🏋 练一练：

请完成本章应用实战中的第 2 题，实现树的先序和后序遍历等算法。

2. 森林转换为二叉树

（1）森林转换为二叉树的方法

观察树转换成的二叉树，不难发现，转换得到的二叉树的根结点的右孩子必为空。这是由于在转换过程中，左分支上的各结点在原来的树中是双亲与孩子的关系，而右分支上的各结点在原来的树中是兄弟的关系。树的根结点是没有兄弟的，因此造成了转换得到的二叉树必没有右孩子。

森林是若干棵树的集合，因此只要将森林中各棵树的根视为兄弟，每棵树又可以用二叉树表示，这样，森林也同样可以用一棵二叉树来表示。

森林转换为二叉树的方法如下。

1）将森林中的每棵树转换成相应的二叉树。
2）第一棵二叉树不动，从第二棵二叉树开始，依次将后一棵二叉树的根结点作为前一棵二叉树根结点的右孩子。所有二叉树连起来后，便构成了一棵由森林转换得到的二叉树。

图 6-22 所示为森林转换为一棵二叉树的过程。

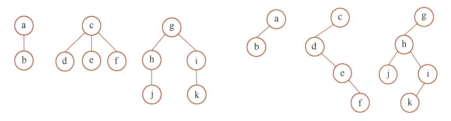

a) 一个森林　　　　　　　　　　b) 森林的每棵树均转换为二叉树

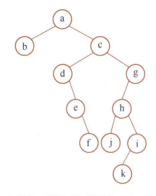

c) 所有二叉树连接后形成一棵二叉树

图 6-22　森林转换为一棵二叉树的过程

（2）森林的遍历

森林的遍历通常有两种方式：先序遍历和中序遍历。

1）森林的先序遍历步骤。

① 访问森林中第一棵树的根结点。

② 先序遍历第一棵树的根结点的子树。

③ 先序遍历去掉第一棵树后的子森林。

2）森林的中序遍历步骤。

① 中序遍历森林中第一棵树的根结点的子树。

② 访问森林中第一棵树的根结点。

③ 中序遍历去掉第一棵树后的子森林。

表 6-4 列出了图 6-22 所示的森林和二叉树的遍历序列。

表 6-4　森林和二叉树的遍历序列

遍历方式	森　　林	二　叉　树
先序	abcdefghjik	abcdefghjik
中序	badefcjhkig	badefcjhkig
后序	—	bfedjkihgca

不难看出,森林的先序遍历和中序遍历与转换得到的二叉树的先序遍历和中序遍历的序列相同。因此,森林的遍历算法也可以采用相应二叉树的遍历算法来实现。

6.2 能力培养

本节将运用 6.1 节学习的树和二叉树的存储结构和基本操作,分别完成对导学案例 1 和导学案例 2 的实现。

6.2.1 导学案例 1 的实现

导学案例 1 中要求能查找 U 盘中文件的存储路径,该问题可转换为在二叉树中已知叶子结点,求其双亲结点,即求从根结点到该结点的路径。显然,根据 6.1.1 小节的介绍,采用双亲表示法存储较为合适。将图 6-1 所示的文件夹和文件抽象成一个个结点,则图 6-6 所示的就是其相应的逻辑结构和双亲表示法存储结构。由于每个结点需要存放的是文件夹或文件的名称,因此将数据类型定义为字符数组。实现查找路径的主要代码如下:

```cpp
typedef char ElemType[50];
const int MAXSIZE = 100;
typedef struct
{
    ElemType data;
    int parent;
}Tuple;
typedef struct
{
    Tuple tree[MAXSIZE];
    int count;
}PTree;

void FindPath(PTree&FileTree, char * filename)
{
    int i, p, k;
    char tmppath[10][50], path[100] = "";

    for (i = 0; i<FileTree.count; i++)
        if (strcmp(filename, FileTree.tree[i].data) == 0)
        {
            p = FileTree.tree[i].parent;
            break;
        }
    if (i == FileTree.count)
    {
        cout<<"文件未找到!\n";
        return;
    }

    k = 0;
    do
    {
        strcpy_s(tmppath[k++], FileTree.tree[p].data);
        p = FileTree.tree[p].parent;
```

```
    } while (p != -1);
    for (i = k - 1; i>= 0; i--)
    {
        strcat_s(path, tmppath[i]);
        strcat_s(path, "\\");
    }
    strcat_s(path, filename);

    cout<< "文件路径为:";
    cout<< path <<endl;
}
```

导学案例 1 的完整代码请登录 www.cmpedu.com 下载。

6.2.2　导学案例 2 的实现

为简化讨论，假设表达式中仅有 4 种双目操作符：+、-、*、/。显然，图 6-2 所示的表达式树是一棵二叉树，其中叶子结点是操作数，非叶子结点是操作符。对该表达式树进行先序、中序和后序遍历，便可得到表达式相应的前缀、中缀和后缀表示。

基于表达式树的求值过程实际上是一个后序遍历的过程，实现的主要代码如下：

```
double Value(BiTree & T)
{
    double lv, rv, v;

    if (T == NULL)
        return 0;
    if (T->lchild == NULL && T->rchild == NULL)
        return T->data - '0';
    lv = Value(T->lchild);
    rv = Value(T->rchild);
    switch (T->data)
    {
        case '+':
            v = lv + rv; break;
        case '-':
            v = lv - rv; break;
        case '*':
            v = lv * rv; break;
        case '/':
            v = lv / rv;
    }
    return v;
}
```

导学案例 2 的完整代码请登录 www.cmpedu.com 下载。

想一想：

本书仅讨论已知表达式树的情况下如何求值，读者可以进一步思考根据表达式创建表达式树的方法。

提示： 参阅《数据结构（第 2 版）》（陈越编著，高等教育出版社，2016）。

6.3 能力提高

本节拓展介绍4个内容：在二叉树遍历的算法框架下设计实现计算二叉树的结点数、高度、层次遍历等算法；利用二叉链表中空的指针域构建线索二叉树；最优二叉树——Huffman树的构建和应用；等价类的概念与并查集的应用。

6.3.1 二叉树的其他操作

看一看：微课视频6-4
二叉树的其他操作

1. 计算二叉树的结点数

计算二叉树的结点总数等于其左、右子树结点个数加上1（根结点），因此可利用后序遍历框架，将对整个二叉树结点的计数分解成对左、右子树的计数。

算法6-6 计算二叉树的结点数

```
int BiTreeCount( BiTree T)
{
    if ( !T)
        return 0;
    int left = BiTreeCount(T->lchild);
    int right = BiTreeCount(T->rchild);
    return left + right + 1;
}
```

练一练：

将该算法稍做调整，可计算满足某些特定条件的结点数。例如，计算单双分支结点数、叶子结点数，以及统计等于某关键值的结点数等。

2. 计算二叉树的高度

二叉树中任意一结点的高度是其左、右子树高度的最大值加1，而根结点的高度就是整棵二叉树的高度。因此，要计算根结点的高度，必须要先求得左、右子树的高度。这可以利用后序遍历实现。

算法6-7 计算二叉树的高度

```
int BiTreeDepth( BiTree T)
{
    if ( !T)
        return 0;
    int left = BiTreeDepth(T->lchild);
    int right = BiTreeDepth(T->rchild);
    if (left > right)
        return left + 1;
    else
        return right + 1;
}
```

3. 层次遍历

二叉树的层次遍历是指，从根结点开始从上到下逐层遍历，同一层中，则按从左到右的顺序对结点依次访问。图6-19所示的二叉树的层次遍历序列是abcdef。

层次遍历的结果很直观，但算法实现较为复杂。其基本思想是：对某层结点访问结束后,再按访问它们的次序对其左、右孩子进行访问,这样一层一层地进行下去。先访问的结点,其左、右孩子也先被访问,这种特性与队列的操作特性相吻合。因此,层次遍历算法可借助一个指针队列作为辅助,队列中存储着曾经访问过的结点的指针,以便实现对这些结点的孩子结点的依次访问。

二叉树层次遍历的步骤如下。

① 若二叉树为空,遍历结束。
② 将根结点指针加入指针队列。
③ 若指针队列不为空,执行步骤④;若指针队列为空,则遍历结束。
④ 队首元素出队,记作 p,p 所指向的结点称为当前结点,访问当前结点。
⑤ 若当前结点的左孩子结点指针不为空,将左孩子结点指针入队;若当前结点的右孩子结点指针不为空,右孩子结点指针入队。
⑥ 转步骤③。

二叉树的层次遍历的具体实现如算法 6-8 所示。

算法 6-8 二叉树的层次遍历

```
void LevelOrder( BiTree & T)
{
    BiTree p;
    LinkQueue q;

    InitQueue(q);
    if (T)
    {
        EnQueue(q, T);                  //将根结点指针入队
        while (!QueueEmpty(q))          //指针队列不为空则循环
        {
            p = DeQueue(q);             //出队,得到当前结点指针 p
            cout<< p->data;             //访问当前结点
            if (p->lchild)
                EnQueue(q, p->lchild);  //左孩子结点指针不为空,将左孩子结点指针入队
            if (p->rchild)
                EnQueue(q, p->rchild);  //右孩子结点指针不为空,将右孩子结点指针入队
        }
    }
    cout<<endl;
    DestroyListQueue(q);
}
```

算法 6-8 中的队列可使用第 3 章介绍的循环队列或链队列,只要将循环队列或链队列的定义和实现作为一个头文件,并将文件包含进来即可。二叉树层次遍历的完整代码请登录 www.cmpedu.com 下载。

4. 由两个遍历序列构建二叉树

对于结点值均不相同的二叉树,若已知先序、中序和后序遍历序列中的任意两种,是否可以唯一确定一棵二叉树呢?

要唯一确定一棵二叉树,关键在于确定根结点并区分出左、右子树。根据先序和中序遍历的定义可知,在先序遍历序列中第一个出现的一定是根结点;而在中序遍历序列中,已知根结点的位置很容易确定出左、右子树,排在根结点左侧的一定是根结点的左子树结点,排

在根结点右侧的一定是根结点的右子树结点。这样就确定了根结点、左子树和右子树。再分别观察左、右子树的先序和中序遍历序列，可进一步生成规模更小的二叉子树。按此思想递归下去，就可以唯一地确定一棵二叉树。

【**例 6-1**】设已知某二叉树的先序遍历序列是 abhfdeckg，中序遍历序列是 hbdfaekcg，试构建出该二叉树。

解： 图 6-23 所示为该二叉树的构建过程。

第 1 步如图 6-23a 所示，根据先序序列知道 a 是根结点，结合中序序列可知，a 的左子树的先序序列是 bhfd，中序序列是 hbdf；a 的右子树的先序序列是 eckg，中序序列是 ekcg。

第 2 步如图 6-23b 所示，根据 a 的左子树先序序列知道 b 是 a 的左子树的根结点，结合中序序列可知，b 的左子树的先序序列和中序序列都是 h；b 的右子树的先序序列是 fd，中序序列是 df。

第 3 步如图 6-23c 所示，根据 a 的右子树先序序列知道 e 是 a 的右子树的根结点，结合中序序列可知，e 的左子树的先序序列和中序序列都是空；e 的右子树的先序序列是 ckg，中序序列是 kcg。

第 4 步如图 6-23d 所示，根据 b 的右子树先序序列知道 f 是 b 的右子树的根结点，结合中序序列可知，f 的左孩子结点是 d，右孩子结点为空。

第 5 步如图 6-23e 所示，根据 e 的右子树先序序列知道 c 是 e 的右子树的根结点，结合中序序列可知，c 的左孩子结点是 k，右孩子结点是 g。

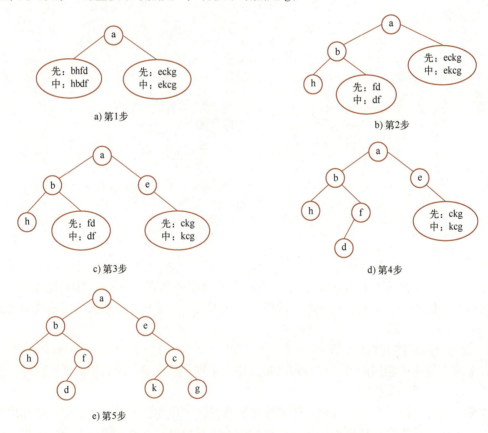

图 6-23　根据先序序列和中序序列构建二叉树的过程

根据先序和中序遍历序列构建二叉树实际上就是先建立根结点，然后建立左子树和右子树的递归过程。该过程与先序遍历类似，因此可利用先序遍历的框架实现。在创建根结点之后，在中序序列中查找根元素的位置，以此为依据确定左、右子树遍历序列的范围，然后递归创建左、右子树。具体实现如算法 6-9 所示。

算法 6-9　由先序序列和中序序列构建二叉树

```
BiTreePreInCreate(char pre[ ], char in[ ], int ipre, int imid, int n)
{
    int i;
    if(n = = 0)
        return NULL;
    BiTree p=new BiTNode;           //创建根结点
    p->data=pre[ipre];
    for(i=0; i<n; i++)              //在中序序列中查找根结点的位置
        if(pre[ipre] = = in[imid+i])
            break;
    p->lchild = PreInCreate(pre, in, ipre+1, imid, i);           //创建左子树
    p->rchild = PreInCreate(pre, in, ipre+i+1, imid+i+1, n-i-1); //创建右子树
    return p;
}
```

该算法完成了根据数组 pre 和 in 中存储的二叉树先序和中序遍历序列，构建一棵二叉树的功能。其中，参数 ipre 表明先序序列在 pre 数组中的起始位置，参数 imid 表明中序序列在 in 数组中的起始位置，参数 n 表明先序、中序序列中元素的个数（即二叉树结点数）。

练一练：

实际上，只要已知遍历序列能确定根结点并区分左、右子树，就能唯一地确定一棵二叉树。因此，若已知后序序列和中序序列，同样也可以构建唯一的二叉树结构，方法与算法 6-9 类似，读者可自行完成。

5. 根据关键值查找结点

在二叉树中查找结点值等于待查找元素的操作是二叉树的常见操作之一。查找操作只需依次检查二叉树中每个结点，若发现某结点值与待查找元素相等，则返回该结点指针。

由于在查找过程中需要依次检查各结点，因此可利用遍历的框架实现。算法 6-10 实现了利用先序遍历框架进行查找的功能。查找过程分解为：检查根结点、在左子树查找、在右子树查找 3 个部分。查找成功，则终止查找过程，返回相应结点的指针；若所有结点都与待查找元素值不相等，则返回 NULL。

算法 6-10　二叉树的查找

```
BiTree Search( BiTree T, ElemType x)
{
    BiTree  q;
    if (T = = NULL)
        return NULL;
    if (T->data = = x)              //查找成功
        return T;
    q = Search(T->lchild, x);
    if (q != NULL)   return q;      //若在左子树中查找成功，则返回查找结果
    return Search(T->rchild, x);    //返回在右子树中的查找结果
}
```

6. 查找结点的双亲结点

在二叉链表结构中,已知某结点的指针,可以很方便地查找它的子孙结点,但要查找其双亲结点则需要利用遍历算法,检查每个结点的左、右孩子结点是否符合条件。

算法 6-11 实现了已知某结点指针,查找该结点双亲结点的功能。若查找成功,返回双亲结点的指针;否则,返回 NULL。

算法 6-11　二叉树中查找结点的双亲结点

```
BiTreeSearchParent(BiTree T, BiTree child)
{
    BiTree q;
    if(T==NULL || child==NULL)
        return NULL;
    if(T->lchild==child || T->rchild==child)      //查找成功
        return T;
    q = SearchParent(T->lchild, child);            //若在左子树中查找成功,则返回查找结果
    if(q!=NULL)    return q;
    return SearchParent(T->rchild, child);         //返回在右子树中的查找结果
}
```

在实际使用时,可以根据给定的结点值,联合使用算法 6-10 和算法 6-11 查找该结点的双亲结点。

6.3.2　线索二叉树

看一看:微课视频 6-5
线索二叉树

1. 线索二叉树的概念和存储结构

对二叉树进行遍历操作,可以将树形结构转换为线性序列。在实际应用时,有时需要访问二叉树的结点在某种遍历序列中的前驱和后继。如果通过遍历来访问,时间复杂度将等同于遍历算法的时间复杂度 $O(n)$,显然效率太低。

实际上,可以利用二叉链表中空的指针域保存某种遍历序列中结点的前驱、后继的信息。这些指向前驱和后继的指针称为**线索**。加入了线索的二叉树称为**线索二叉树**。

常见的线索二叉树结构:

- 结点中非空的指针域保持不变。
- 结点中空的左孩子指针域 lchild 指向该结点的前驱。
- 结点中空的右孩子指针域 rchild 指向该结点的后继。

为了区分孩子指针域指向的结点是孩子结点还是前驱/后继,在结点结构中增加两个标记域:左标记域 ltype 和右标记域 rtype。标记域取值的含义如下:

$$ltype = \begin{cases} 0 & lchild \text{ 指向该结点的左孩子} \\ 1 & lchild \text{ 指向该结点的前驱} \end{cases}$$

$$rtype = \begin{cases} 0 & rchild \text{ 指向该结点的右孩子} \\ 1 & rchild \text{ 指向该结点的后继} \end{cases}$$

图 6-24 所示是增加了标记域后的线索二叉树的结点结构。

ltype	lchild	data	rchild	rtype

图 6-24　增加了标记域后的线索二叉树的结点结构

由于标记域只能取两种值，因此可将其定义为枚举类型，线索二叉树中结点的结构定义如下：

```
enum flag { Child, Thread };
typedef struct BiThrNode
{
    ElemType  data;
    struct  BiThrNode * lchild, * rchild;
    flag  ltype, rtype;
} * BiThrTree;
```

根据结点中存储的遍历序列的种类，线索二叉树可分为先序、中序、后序线索二叉树。图 6-25a 所示的是尚未线索化的线索二叉树，其中 ltype 域和 rtype 域的值均为 0；图 6-25b、图 6-25c、图 6-25d 分别是其先序、中序和后序线索二叉树。

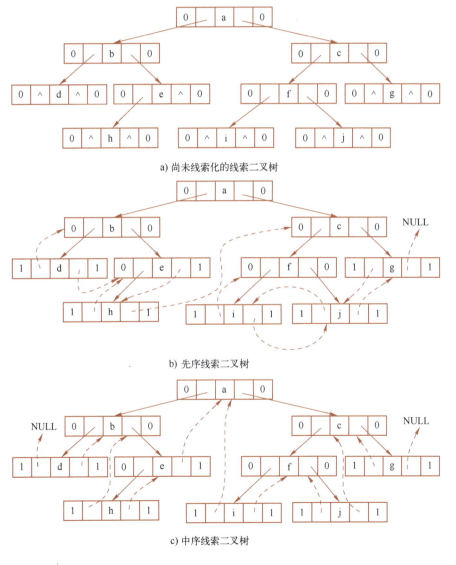

图 6-25　线索二叉树的存储结构

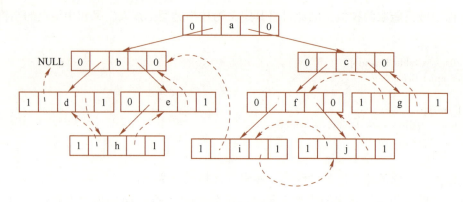

d) 后序线索二叉树

图 6-25　线索二叉树的存储结构（续）

图中实线箭头表示指向孩子结点的指针，虚线箭头表示指向前驱/后继的指针。为简单起见，图中用 0 表示 Child，用 1 表示 Thread。

2. 线索二叉树的操作

下面以中序线索二叉树为例介绍线索二叉树的基本操作。

（1）线索化算法

创建线索二叉树的总框架是：先创建二叉树，再进行线索化。

创建时生成的结点具有 5 个域，其中所有结点的 ltype 域和 rtype 域的值都初始化为 0。

线索化的任务是：根据遍历顺序，依次修改每个结点的空指针，以建立前驱线索和后继线索。

建立前驱线索：若结点的 lchild 为空，则将 lchild 置为前驱结点的指针，ltype 置为 1；否则，保持 lchild 和 ltype 不变。

建立后继线索：若结点的 rchild 为空，则将 rchild 置为后继结点的指针，rtype 置为 1；否则，保持 rchild 和 rtype 不变。

显然，每一次建立线索应该是在一对互为前驱、后继的结点之间进行。

算法 6-12 利用二叉树中序遍历的框架，将整个二叉树的线索化分解成 3 部分。设置指针 T 指向当前进行线索化的结点，并设置全局指针变量 prenode 指向刚刚访问过的结点。

① 如果二叉链表 T 为空，则返回空操作。

② 对 T 的左子树建立线索。

③ 对 T 所指向结点建立线索：

- 若 T 没有左孩子，则为 T 加上前驱线索。
- 若 T 没有右孩子，则将 T 的 rtype 置为 1。
- 若结点 prenode 的 rtype 值为 1，则为 prenode 加上后继线索。
- 将 prenode 指向刚刚访问的结点 T。

④ 对 T 的右子树建立线索。

算法 6-12　二叉树的中序线索化

```
void InThreaded( BiThrTree & T)
{
    if(T= =NULL)              //如果二叉链表 p 为空，则空操作返回
        return;
```

```
        InThreaded(T->lchild);           //线索化左子树

        if(T->lchild==NULL)              //对 p 的左指针进行处理
        {
            T->ltype=Thread;
            T->lchild=prenode;
        }
        if(T->rchild==NULL)              //对 p 的右指针进行处理
            T->rtype=Thread;
        if(prenode!=NULL)
        {
            if(prenode->rtype==Thread)   //设置全局变量 prenode 的后继线索
                prenode->rchild=T;
        }
        prenode = T;

        InThreaded(T->rchild);           //线索化右子树
    }
```

(2) 查找前驱、后继的算法

在线索二叉树中查找任意结点的前驱、后继，可充分利用线索树中的线索。如果 ltype 为 1，则说明 lchild 指向的就是前驱；同样，如果 rtype 为 1，则说明 rchild 指向的就是后继。但当 ltype 或 rtype 为 0 时，就需要充分利用二叉树遍历的特点来查找结点的前驱和后继。表 6-5 根据图 6-25c 所示的中序线索二叉树，列出了在中序线索二叉树中查找结点（指针 p 指向）的前驱、后继的条件，具体实现如算法 6-13、算法 6-14 所示。

表 6-5 在中序线索二叉树中查找结点（指针 p 指向）的前驱、后继的条件

	结点 p	条　件
前驱	lchild 所指结点	p->ltype==Thread
	左子树中最右下方的结点	p->ltype==Child
后继	rchild 所指结点	p->rtype==Thread
	右子树中最左下方的结点	p->rtype==Child

算法 6-13 中序线索二叉树中查找结点的后继

```
BiThrTreeGetNext(BiThrTree T)
{
    if(T->rtype==Thread)
        return T->rchild;
    T=T->rchild;
    while(T->ltype==Child)
        T=T->lchild;
    return T;
}
```

算法 6-14 中序线索二叉树中查找结点的前驱

```
BiThrTreeGetPrev(BiThrTree T)
{
    if(T->ltype==Thread)
```

```
            return T->lchild;
    T = T->lchild;
    while(T->rtype = = Child)
        T = T->rchild;
    return T;
}
```

✏️ **写一写**：

请在下面空白框中尝试写出先序线索二叉树和后序线索二叉树查找结点（指针 p 指向）的前驱、后继的条件，并给出相应的代码。

📩 **说明**：书写上述语句如有困难，请查看网盘中的参考语句。

（3）遍历算法

对中序线索二叉树进行中序遍历，只要找到中序遍历中的第一个结点（二叉树最左下方的结点），然后依次访问各结点的后继即可。具体步骤如下。具体实现如算法 6-15 所示。

① 找到中序遍历的起点，将其作为当前结点。
② 访问当前结点。
③ 找到当前结点的后继结点，将其置为当前结点。
④ 当前结点指针不为空，转步骤②；否则，遍历结束。

算法 6-15 中序遍历中序线索二叉树

```
void Travese(BiThrTree T)
{
    while(T->ltype = = Child)         //查找遍历的起点
        T = T->lchild;
    while( T )
    {
        cout<<T->data<<" ";
        T = GetNext(T);
    }
}
```

🏃 **练一练**：

先序、中序和后序遍历具有相似性，其他线索二叉树的操作与此类似，请读者自行实现。

6.3.3 Huffman 树与 Huffman 编码

1. Huffman 树

（1）Huffman 树的定义

在二叉树结构中，设有 n 个叶子结点，每个叶子结点有一个权值，记作 $w_i(1 \leq i \leq n)$，从根结点到各叶子结点的路径长度记作 l_i，则该二叉树的**带权路径长度**（Weighted Path Length，WPL）。

$$WPL = \sum_{i=1}^{n} w_i l_i$$

在带权值的叶子结点集合确定的前提下，二叉树可以有许多不同的形态，每种形态都对应着一棵树的带权路径长度。例如，已知 4 个叶子结点 A、B、C、D 的权值分别是 2、4、5、7，图 6-26 列举了利用它们构造的 3 种不同形态的二叉树。其中，图 6-26a 所示二叉树的 WPL=36，图 6-26b 所示二叉树的 WPL=46，图 6-28c 所示二叉树的 WPL=41。

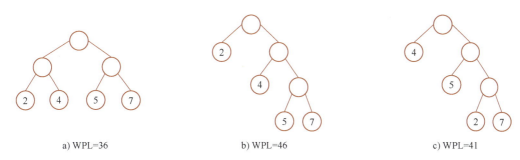

图 6-26 带权路径长度的计算示例

Huffman（哈夫曼）树是指在带权值的叶子结点集合确定的前提下，所有可能的二叉树形态中，树的带权路径长度最小的二叉树。Huffman 树也称最优树，由它产生的编码就称为 **Huffman 编码**。

图 6-26 中有 Huffman 树吗？如何快速地构建一棵 Huffman 树？这些问题的解决依赖于 Huffman 树的构建算法。

（2）Huffman 树的构建

设已知 n 个结点的权值为 $w_1, w_2, \cdots, w_n$，Huffman 算法的基本思想如下。

1）构建初始森林。根据 $(w_1, w_2, \cdots, w_n)$ 构建由 n 棵二叉树组成的森林 $F=(T_1, T_2, \cdots, T_n)$，其中每棵二叉树 T_i 有且只有一个根结点，权值为 w_i，左、右子树为空。

2）选取与合并。在森林 F 中选取根结点的权值最小的两棵二叉树 T_i、T_j，权值为 w_i、w_j，作为左、右子树合成一棵新的二叉树 T_k，T_k 的根结点的权值 $w_k = w_i + w_j$。

3）删除与加入。在 F 中删除 T_i、T_j，加入 T_k。

4）重复第 2）和第 3）步，循环 $n-1$ 次，F 中最终剩下的一棵二叉树即为 Huffman 树。

【例 6-2】用导学案例 3 问题中的字符串构建一棵 Huffman 树。

解：由导学案例 3 问题中的字符串统计得到 4 种字符的出现频率，作为叶子结点，如图 6-27a 所示。图 6-27b~图 6-27d 给出了一棵 Huffman 树的构建过程。

图 6-27d 所示的 Huffman 树的 WPL=35。

观察图 6-27d 中 Huffman 树的形态和树的带权路径长度，可以得出其特点：

- 权值越大的叶子结点离根结点越近，而权值越小的叶子结点离根结点越远，这样使得树的带权路径长度越小。
- 只有度为 0（叶子结点）和度为 2（分支结点）的结点，不存在度为 1 的结点。

（3）Huffman 树的存储结构

设叶子结点数为 n，由 Huffman 算法可知，Huffman 树中的分支结点数一定是 $n-1$，因此该 Huffman 树共有 $2n-1$ 个结点。可定义一个数组来存放 Huffman 树中各结点的

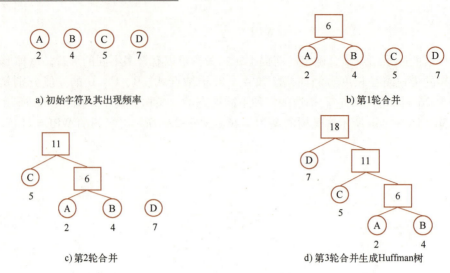

图 6-27 Huffman 树的构建过程

信息。

在 Huffman 树的构建过程中,需要反复选取根结点权值最小的二叉树进行合并,因此各结点信息除了要包含左、右孩子结点的位置,还应包含双亲结点的位置。Huffman 树结点的定义如下:

```
typedef struct HuffmanNode
{
    char data;                  //待编码的符号
    double weight;              //符号出现的频率
    int parent,lchild,rchild;   //双亲结点及左、右孩子结点的位置
}HTNode, * HuffmanTree;
```

(4) Huffman 树的构建算法

以图 6-27 所示的构建过程为例,表 6-6 是图 6-27a 的存储结构。初始时,数组中存储了 4 个结点,它们的根结点及左、右孩子域值均为-1,表示这些结点既是叶子结点也是根结点,由它们组成了一个包含 4 棵二叉树的森林。

表 6-6 Huffman 树初始化时的存储结构

	0	1	2	3	4	5	6
data 域	'A'	'B'	'C'	'D'			
weight 域	2	4	5	7			
parent 域	-1	-1	-1	-1			
lchild 域	-1	-1	-1	-1			
rchild 域	-1	-1	-1	-1			

表 6-7 是图 6-27d 的存储结构,在建树过程中,数组中被陆续添加了 3 个分支结点,最终构成了一棵 Huffman 树,最后的分支结点就是根结点。

表 6-7 Huffman 树构建完成时的存储结构

	0	1	2	3	4	5	6
data 域	'A'	'B'	'C'	'D'			
weight 域	2	4	5	7	6	11	18
parent 域	4	4	5	6	5	6	−1
lchild 域	−1	−1	−1	−1	0	2	3
rchild 域	−1	−1	−1	−1	1	4	5

算法 6-16 实现了 Huffman 树的构建。

算法 6-16 Huffman 树的构建

```
void CreateHuffmanTree(HuffmanTree & HT, int n)
{
    int i, m, s1, s2;
    char * node;
    double * w;
    node = new char[n];
    w = new double[n];
    cout<< "请依次输入" << n << "个叶子结点的字符:";
    for (i = 0; i<= n - 1; i++)
        cin>> *(node + i);
    cout<< "请依次输入" << n << "个权值:";
    for (i = 0; i<= n - 1; i++)
        cin>> *(w + i);
    m = 2 * n - 1;
    HT = new HTNode[m];
    for (i = 0; i< n; i++)              //初始化 Huffman 树
    {
        HT[i].data = node[i];
        HT[i].weight = w[i];
        HT[i].parent = -1;
        HT[i].lchild = -1;
        HT[i].rchild = -1;
    }
    for ( ; i< m; i++)
        HT[i].parent = -1;

    for (i = n; i< m; i++)              //构造 Huffman 树
    {
        select(HT, i, s1, s2);
        HT[s1].parent = HT[s2].parent = i;
        HT[i].lchild = s1;
        HT[i].rchild = s2;
        HT[i].weight = HT[s1].weight + HT[s2].weight;
    }
    delete[] node;
    delete[] w;
}
```

函数参数 HT 为存储 Huffman 树中各结点信息的动态数组，n 为叶子结点个数。由于在构建树时，需要进行 $n-1$ 次的合并操作，每次需要在森林中选取权值最小的两个根结点，因此引入了函数 select(HT,i,s1,s2)，在 HT 数组的前 i 个元素范围内，找到最小的根结点下标 s1 和次小的根结点下标 s2。

2. Huffman 编码和译码

Huffman 编码是一种不定长编码方式，其基本方法是：以需要编码的字符作为叶子结点，根据各字符在字符串中出现的频率构建相应的 Huffman 树；规定在 Huffman 树中左分支记作编码 0，右分支记作编码 1，则从根结点到每个叶子结点的路径所构成的 0/1 串就是该叶子结点对应字符的 Huffman 编码。

图 6-28 给出了图 6-27d 所示的 Huffman 树和各字符的 Huffman 编码。

图 6-28　Huffman 树及各字符的 Huffman 编码

（1）Huffman 编码算法

Huffman 编码算法是在构建的 Huffman 树中求各叶子结点的编码。

从叶子结点开始，沿结点的双亲域回退到根结点，每回退一步，就走过了 Huffman 树的一个分支，左分支记为 0，右分支记为 1，这样就得到了 0/1 序列的编码。

算法 6-17 实现了在具有 n 个叶子结点的 Huffman 树中，求第 n 个叶子结点字符的 Huffman 编码。需要注意的是，由于编码过程是从叶子结点向根结点回退的，因此求编码时的顺序是 Huffman 编码的逆序。

算法 6-17　Huffman 编码

```
void Code(HuffmanTree & HT, int n, int i, char * code)//求第 i 个字符的编码
{
    int p, parent, start;
    char * cd;
    cd = new char[n];
    cd[n - 1] = '\0';
    start = n - 1;
    p = i;                              //p 是当前结点的下标
    parent = HT[i].parent;              //parent 是当前结点的双亲结点的下标
    while (parent != -1)                //只有根结点的 parent 域为-1
    {
        if (HT[parent].lchild == p)
            cd[--start] = '0';
        else
            cd[--start] = '1';
        p = parent;
        parent = HT[parent].parent;     //沿双亲域回退
    }
```

```
        strcpy_s(code, n, & cd[start]);
    }
    delete[] cd;
}
```

利用该算法，可在已知需要编码的字符串的情况下，对字符串中的字符逐个编码，得到编码串。如按图 6-28 中的 Huffman 编码，设需编码的字符串是" ADCBDABDCBDBCDCDCD "，则编码串是"110010111011011101011101111100100100"。

（2）Huffman 译码算法

当已知编码要求还原字符时，需要依据编码时的原 Huffman 树进行译码。对每个字符的译码都是从 Huffman 树的根结点向叶子结点的下行过程。逢 0 沿左分支下行，逢 1 沿右分支下行。当下行遇到叶子结点时，该叶子结点中的 data 域的值就是译码字符。

算法 6-18 实现了在已知具有 n 个叶子结点的 Huffman 树时，对编码串（source）进行译码的功能，decode 用于存放译码串。

算法 6-18　Huffman 译码

```
void Decode(HuffmanTree & HT, int n, char * source, char * decode)
{
    int root = 2 * n - 2;                          //根结点下标
    int p = root;                                  //将当前结点下标 p 置为根结点
    int i = 0, k = 0;
    while (source[i])
    {
        if (source[i] == '0')
            p = HT[p].lchild;                      //逢 0 沿左分支下行
        else
            p = HT[p].rchild;                      //逢 1 沿右分支下行
        if (HT[p].lchild == -1 && HT[p].rchild == -1)  //HT[p]是叶子结点
        {
            decode[k++] = HT[p].data;              //在目标串末尾添加译码字符
            p = root;                              //将当前结点再次置为根结点
        }
        i++;
    }
    decode[k] = '\0';
}
```

练一练：

读者可以将 Huffman 树的构建、编码和译码算法结合起来，实现本章导学案例 3。

算法思想：贪心法

Huffman 树构建算法是**贪心算法（Greedy Algorithm）思想**的典型应用，第 7 章图中 Prim（普里姆）和 Kruskal（克鲁斯卡尔）最小生成树算法，以及 Dijkstra（迪杰斯特拉）单源最短路径算法都是使用了贪心算法思想。

贪心算法是一种对某些求最优解问题的更简单、更迅速的设计技术。贪心算法的特点是一步一步地进行，常以当前情况为基础根据某个优化测度做最优选择，而不考虑各种可能的整体情况，省去了为找最优解要穷尽所有可能而必须耗费的大量时间。贪心算法采用自顶向下，以迭代的方法做出相继的贪心选择，每做一次贪心选择，就将所求问题简化为一个规模更小的子问题，通过每一步贪心选择，最终得到问题的一个最优解。虽然每一步都要保证能获得局部最优解，但由此产生的全局解有时不一定是最优的。

6.3.4　等价类与并查集

1. 等价类

（1）实际问题

学过某种编程语言的读者应该知道，某些编程环境允许声明两个等价的变量名（如指向同一个对象的多个引用）。在一系列这样的声明之后，系统需要能够判别两个给定的变量名是否等价。

再看一些更复杂的问题，一个大型计算机网络中分布了很多台计算机，用整数来表示它们的编号，用整数对 p 和 q 表示该网络中编号为 p 和 q 的两台计算机之间是连接的。如何判断该网络中某两台计算机之间是否连接？

类似的问题还有，一个社交网络中活跃着大量的用户，用整数表示各个用户，用整数对 p 和 q 表示用户 p 和 q 之间是朋友关系。如何判断该社交网络中某两个用户之间是朋友关系？

在上述的问题中，可能需要处理数百万的对象和数十亿的连接。

（2）问题抽象

对上述的几个类似的问题进行抽象，每个整数都表示某种类型的一个对象，初始时可以将所有整数（即对象）看作属于不同的数学集合，在处理一个整数对 p 和 q 时，实际需要判断它们是否属于相同的集合。如果是，说明 p 和 q 已经在一个集合中了，可以忽略数据对 p 和 q；如果不是，就将 p 所属的集合和 q 所属的集合归并到同一个集合中。

（3）等价类的概念

把整数对 p 和 q 理解为"p 和 q 是相连的"，这里的"相连"就是一种等价关系。**等价关系**具有如下特性。

- 自反性：p 和 p 是相连的。
- 对称性：如果 p 和 q 是相连的，那么 q 和 p 也是相连的。
- 传递性：如果 p 和 q 是相连的且 q 和 r 是相连的，那么 p 和 r 也是相连的。

等价关系能够将对象分为多个**等价类**。在这里，当且仅当两个对象相连时它们才属于同一个等价类。

【例 6-3】设有一个集合初始为 S={0,1,2,3,4,5,6,7,8,9,10,11}，等价对有 0 和 4、3 和 1、6 和 10、8 和 9、7 和 4、6 和 8、3 和 5、2 和 11、11 和 0。请写出读入上述等价对后的等价集合。

解：每读入一个等价对后的集合状态如下（用 { } 表示一个等价集合）。

初始：{0},{1},{2},{3},{4},{5},{6},{7},{8},{9},{10},{11}。
0 和 4：{0,4},{1},{2},{3},{5},{6},{7},{8},{9},{10},{11}。
3 和 1：{0,4},{1,3},{2},{5},{6},{7},{8},{9},{10},{11}。
6 和 10：{0,4},{1,3},{2},{5},{6,10},{7},{8},{9},{11}。
8 和 9：{0,4},{1,3},{2},{5},{6,10},{7},{8,9},{11}。
7 和 4：{0,4,7},{1,3},{2},{5},{6,10},{8,9},{11}。
6 和 8：{0,4,7},{1,3},{2},{5},{6,8,9,10},{11}。

3 和 5：{0,4,7}，{1,3,5}，{2}，{6,8,9,10}，{11}。
2 和 11：{0,4,7}，{1,3,5}，{2,11}，{6,8,9,10}。
11 和 0：{0,2,4,7,11}，{1,3,5}，{6,8,9,10}。

等价类问题的关键是过滤掉序列中所有无意义的整数对（两个整数均来自同一个等价类中），即当程序从输入中读取了整数对 p 和 q 时，如果已知的数据能说明 p 和 q 是相连的，那么程序应该忽略整数对 p 和 q，如果已知的所有整数对都不能说明 p 和 q 是相连的，那么将这一对整数写入输出中。

为此，需要设计一个数据结构来保存程序已知的所有整数对及相关信息，并用它们来判断一对新对象是否是相连的。并查集就是这样一个巧妙的结构。

2. 并查集

（1）并查集的概念

并查集（Union-Find Set）是一种树形的数据结构，用于处理一些不相交集合（Disjoint Sets）的合并及查询问题。常常在使用中通过一个一维数组来维护一个森林。开始时森林中的每一个结点都是孤立的，各自形成一棵树。经过查询，若属于同一棵树则不做处理，若不属于同一棵树则将所在的两棵树合并为一棵更大的树。

并查集常用于判断无向图的连通性、最小生成树中判回路和解决等价类问题。7.1.4 小节 Kruskal 算法中判断所选的边加入后是否会产生回路即采用了并查集。

（2）并查集的存储结构

可以采用 6.1.1 小节中介绍的树的双亲表示法，设置一个 parent 数组，其大小为结点数，parent[p]的值为结点 p 的双亲结点。如果一个结点没有双亲，则 parent[p]=-1。图 6-29 所示为一个并查集结构及其 parent 数组存储情况。

图 6-29　并查集结构及其 parent 数组存储情况

（3）并查集的基本操作

1）查找（Find）。查找的作用是找出给定结点所在树的根结点。

实现方法：对 parent 数组向上寻找，直到 parent[p]=-1 为止。

算法 6-19　并查集的查找

```
Find(p)
{
    while (parent[p] != -1)
        p = parent[p];
    return p;
}
```

2）合并（Union）。合并的作用是将给定的两个结点所在的树进行合并，如果给定的两个结点已在同一棵树中，则不进行任何操作。

实现方法：先通过查找操作找到两个结点对应的根结点，如果两个根结点不相同则让其中一个根结点成为另一个根结点的子结点即可；如果两个结点的根结点相同，则说明它们是连通的，不做处理。

算法 6-20 并查集的合并

```
Union(p, q)
{
    rootP = Find(p);
    rootQ = Find(q);
    if (rootP == rootQ)
        return;
    parent[rootQ] = rootP;
}
```

对于图 6-29 所示的并查集，若输入数据对 2 和 4，也就是进行合并操作 Union(2,4)，则根据算法 6-20，分别查找 2 所在树的根结点和 4 所在树的根结点，因为两者的根结点不相同，最后将两棵树合并，如图 6-30 所示。

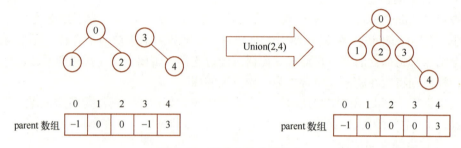

图 6-30 并查集的合并操作

（4）并查集的优化

经过对上述并查集的算法进行分析可以知道，并查集的 Find 操作的时间复杂度与树的高度成正比。所以，优化的思路是尽可能地降低树的高度。

1) 按秩合并。以一个结点为根结点的树的高度称为该结点的秩（Rank）。应该将矮的树向高的树上合并，这样合并后，到根结点距离变长的结点的个数会比较少。

2) 路径压缩。即使使用了按秩合并的优化方法，随着合并操作次数的增加，形成的树的高度依然会增加。路径压缩优化的思想是在 Find 操作查找根结点的过程中扁平化树结构，也就是将结点尽量靠近根结点，以减少树的层数。例如，在执行 Find(3) 的过程中将图 6-31a 所示的树压缩成图 6-31b 所示的结构。

图 6-31 路径压缩

（5）算法性能分析

上述并查集操作算法的空间复杂度为 $O(n)$，因为使用了一个包含 n 个结点信息的 parent 数组。

无优化情况下的并查集操作的时间复杂度为 $O(n)$，n 为结点个数，最坏情况下树的高度为 n。优化后的时间复杂度可以为 $O(\log n)$。

经过按秩合并和路径压缩优化后，并查集的查找和合并操作的平均时间复杂度已经接近于常数级别。

本章小结

树形结构在计算机领域有着广泛的应用。二叉树是一种简化的树形结构。任何树都可以方便地转换成二叉树，因此二叉树是本章研究的重点。

在二叉树的多种存储结构中，二叉链表结构最为重要。二叉树遍历的程序框架具有很好的示范性，许多二叉树算法可以基于这个程序框架实现。线索二叉树中线索的利用，提高了检索结点的效率。本章还介绍了最优二叉树——Huffman 树的概念、构建和应用，以及等价类的概念和并查集这一存储结构的应用。

思考与练习

一、单项选择题

1. 树形结构最适合用来表示（　　）。
   A. 有序的数据　　　　　　　　　　B. 无序的数据
   C. 元素之间具有分支层次关系的数据　　D. 元素之间无联系的数据

2. 二叉树的第 k 层的结点数最多为（　　）。
   A. 2^k-1　　　B. 2^k+1　　　C. $2k-1$　　　D. 2^{k-1}

3. 设某棵二叉树中有 2000 个结点，则该二叉树的最小高度为（　　）。
   A. 9　　　　　B. 10　　　　　C. 11　　　　　D. 12

4. 设一棵二叉树的高度为 k，则该二叉树中最多有（　　）个结点。
   A. 2^k-1　　　B. 2^k　　　C. 2^{k-1}　　　D. $2k-1$

5. 设某二叉树中度数为 0 的结点数为 n_0、度数为 1 的结点数为 n_1、度数为 2 的结点数为 n_2，则下列等式成立的是（　　）。
   A. $n_0=n_1+1$　　B. $n_0=n_1+n_2$　　C. $n_0=n_2+1$　　D. $n_0=2n_1+1$

6. 设一棵二叉树中只有度数为 0 和度数为 2 的结点，且度数为 0 的结点数为 n，则这棵二叉树中共有（　　）个结点。
   A. $2n$　　　　B. $n+1$　　　C. $2n-1$　　　D. $2n+1$

7. 在一棵度为 4 的树中，若有 20 个度为 4 的结点、10 个度为 3 的结点、1 个度为 2 的结点、10 个度为 1 的结点，则该树的叶子结点个数是（　　）。
   A. 41　　　　　B. 82　　　　　C. 113　　　　　D. 122

8. 设一棵完全二叉树中有 17 个结点，则该完全二叉树的深度为（　　）。
   A. 5　　　　　B. 6　　　　　C. 7　　　　　D. 8

9. 已知一棵完全二叉树的第 6 层有 8 个叶子结点，则该完全二叉树的结点个数最多是（　　）。
   A. 39　　　　　B. 52　　　　　C. 111　　　　　D. 119

10. 若一棵完全二叉树有 768 个结点，则该二叉树中叶子结点的个数是（　　）。

A. 257　　　　B. 258　　　　C. 384　　　　D. 385

11. 设按照从上到下、从左到右的顺序从1开始对完全二叉树进行编号,则编号为 i 的结点的左孩子结点的编号为(　　)。

　　A. $2i+1$　　B. $2i$　　C. $i/2$　　D. $2i-1$

12. 给定二叉树如图6-32所示。设 N 代表二叉树的根、L 代表根结点的左子树、R 代表根结点的右子树。若遍历后的结点序列为 3,1,7,5,6,2,4,则其遍历方式是(　　)。

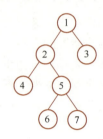

图 6-32　给定二叉树

　　A. LRN　　B. NRL　　C. RLN　　D. RNL

13. 若非空二叉树的先序遍历序列和中序遍历序列相同,则该二叉树满足的条件是(　　)。

　　A. 空或只有一个结点　　　　B. 高度等于其结点数
　　C. 任一结点无左孩子　　　　D. 任一结点无右孩子

14. 若一棵二叉树的先序遍历序列和后序遍历序列分别是 1,2,3,4 和 4,3,2,1,则该二叉树的中序遍历序列不会是(　　)。

　　A. 1,2,3,4　　B. 2,3,4,1　　C. 3,2,4,1　　D. 4,3,2,1

15. 若一颗二叉树的先序遍历序列为 a,e,b,d,c,后序遍历序列为 b,c,d,e,a,则根结点的孩子结点(　　)。

　　A. 只有 e　　B. 有 e、b　　C. 有 e、c　　D. 无法确定

16. 先序序列为 a,b,c,d 的不同二叉树的个数是(　　)。

　　A. 13　　B. 14　　C. 15　　D. 16

17. 将森林转换为对应的二叉树,若在二叉树中,结点 u 是结点 v 的父结点的父结点,则在原来的森林中,u 和 v 可能具有的关系是(　　)。

　Ⅰ. 父子关系

　Ⅱ. 兄弟关系

　Ⅲ. u 的父结点与 v 的父结点是兄弟关系

　　A. 只有Ⅱ　　B. Ⅰ和Ⅱ　　C. Ⅰ和Ⅲ　　D. Ⅰ、Ⅱ和Ⅲ

18. 将森林 F 转换为对应的二叉树 T,F 中叶子结点的个数等于(　　)。

　　A. T 中叶子结点的个数　　　　B. T 中度为 1 的结点个数
　　C. T 中左孩子指针为空的结点个数　　D. T 中右孩子指针为空的结点个数

19. 已知一棵有 2011 个结点的树,其叶子结点的个数为 116,该树对应的二叉树中无右孩子的结点个数是(　　)。

　　A. 115　　B. 116　　C. 1895　　D. 1896

20. 下列线索二叉树中(用虚线表示线索),符合后序线索树定义的是(　　)。

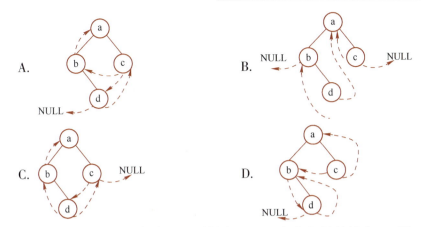

21. 若 x 是后序线索二叉树中的叶子结点，且 x 存在左兄弟结点 y，则 x 的右线索指向的是（　　）。

    A. x 的父结点　　　　　　　　B. 以 y 为根的子树的最左下结点

    C. x 的左兄弟结点 y　　　　　　D. 以 y 为根的子树的最右下结点

22. 若对如图 6-33 所示的二叉树进行中序线索化，则结点 x 的左、右线索指向的结点分别是（　　）。

    A. c,c　　　　B. c,a　　　　C. d,c　　　　D. b,a

23. 若森林 F 有 15 条边、25 个结点，则 F 包含树的棵数是（　　）。

    A. 8　　　　　B. 9　　　　　C. 10　　　　D. 11

24. 已知一棵二叉树的树形如图 6-34 所示，其后序序列为 e,a,c,b,d,g,f，树中与结点 a 同层的结点是（　　）。

    A. c　　　　　B. d　　　　　C. f　　　　　D. g

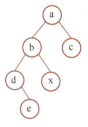
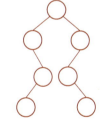

图 6-33　二叉树　　　　图 6-34　二叉树的树形

25. 设一棵非空完全二叉树 T 的所有叶子结点均位于同一层，且每个非叶子结点都有 2 个子结点。若 T 有 k 个叶子结点，则 T 的结点总数是（　　）。

    A. $2k-1$　　B. $2k$　　　C. k^2　　　D. 2^k-1

26. 若将一棵树 T 转化为对应的二叉树 BT，则下列对 BT 的遍历中，其遍历序列与 T 的后序遍历序列相同的是（　　）。

    A. 先序遍历　　B. 中序遍历　　C. 后序遍历　　D. 按层遍历

27. 对于任意一棵高度为 5 且有 10 个结点的二叉树，若采用顺序存储结构保存，每个结点占一个存储单元（仅存放结点的数据信息），则存放该二叉树需要的存储单元数量至少是（　　）。

    A. 31　　　　B. 16　　　　C. 15　　　　D. 10

28. 已知森林 F 及与之对应的二叉树 T，若 F 的先序遍历序列是 a,b,c,d,e,f，中序遍历序列是 b,a,d,f,e,c，则 T 的后序遍历序列是（　　）。

    A. b,a,d,f,e,c　　　　　　　　B. b,d,f,e,c,a

    C. b,f,e,d,c,a　　　　　　　　D. f,e,d,c,b,a

29. 某森林 F 对应的二叉树为 T，若 T 的先序遍历序列是 a,b,d,c,e,g,f，中序遍历序列是 b,d,a,e,g,c,f，则 F 中树的棵数是（　　）。

    A. 1　　　　　B. 2　　　　　C. 3　　　　　D. 4

30. 若某二叉树有 5 个叶子结点，其权值分别为 10,12,16,21,30，则其最小的带权路径长度（WPL）是（　　）。

    A. 89　　　　　B. 200　　　　　C. 208　　　　　D. 289

31. 设一组权值集合 W={2,4,5,7}，则由该权值集合构建的 Huffman 树中带权路径长度之和为（　　）。

    A. 20　　　　　B. 25　　　　　C. 30　　　　　D. 35

32. 5 个字符有如下 4 种编码方案，不是前缀编码的是（　　）。

    A. 01,0000,0001,001,1　　　　　B. 011,000,001,010,1

    C. 000,001,010,011,100　　　　　D. 0,100,110,1110,1100

33. 设某 Huffman 树有 199 个结点，则该 Huffman 树有（　　）个叶子结点。

    A. 99　　　　　B. 100　　　　　C. 101　　　　　D. 102

34. 对 n(n≥2) 个权值均不相同的字符构成 Huffman 树，关于该树的叙述中，错误的是（　　）。

    A. 该树一定是一棵完全二叉树

    B. 树中一定没有度为 1 的结点

    C. 树中两个权值最小的结点一定是兄弟结点

    D. 树中任一非叶子结点的权值一定不小于下一层任一结点的权值

35. 下列选项给出的是从根分别到达两个叶子结点路径上的权值序列，能属于同一棵 Huffman 树的是（　　）。

    A. 24,10,5 和 24,10,7　　　　　B. 24,10,5 和 24,12,7

    C. 24,10,10 和 24,14,11　　　　　D. 24,10,5 和 24,14,6

36. 已知三叉树 T 中 6 个叶子结点的权分别是 2,3,4,5,6,7，T 的带权路径长度最小是（　　）。

    A. 27　　　　　B. 46　　　　　C. 54　　　　　D. 56

37. 已知字符集{a,b,c,d,e,f,g,h}，若各字符的哈夫曼编码依次是 0100,10,0000,0101,001,011,11,0001，则编码序列 01000110010010011110101 的译码结果是（　　）。

    A. acgabfh　　B. adbagbb　　C. afbeagd　　D. afeefgd

38. 下列关于并查集的叙述中，错误的是（　　）。

    A. 并查集是用双亲表示法存储的树

    B. 并查集可用于实现克鲁斯卡尔算法

    C. 并查集可用于判断无向图的连通性

    D. 在长度为 n 的并查集中进行查找操作的时间复杂度为 $O(\log_2 n)$

39. 并查集中的两个主要操作是：①查找，查找两个元素是否属于同一个集合；②合并，如果两个元素不属于同一个集合，且所在的两个集合互不相交，则合并这两个集合。假设初始长度为 10（0~9）的并查集，按 1-2、3-4、5-6、7-8、8-9、1-8、0-5、1-9 的数据对进行查找和合并操作，最终并查集有（　　）个集合。

A. 1　　　　　　B. 2　　　　　　C. 3　　　　　　D. 4

二、填空题

1. 设二叉树中度数为 0 的结点数为 30、度数为 1 的结点数为 20，则该二叉树结点的总数为_____个。

2. 字符串 "alibaba" 的二进制 Huffman 编码有_____位。

3. 设一棵完全二叉树有 128 个结点，则该完全二叉树的深度为_____，有_____个叶子结点。

4. 设有 n 个结点的完全二叉树，如果按照从自上到下、从左到右从 1 开始顺序编号，则第 i 个结点的双亲结点编号为_____，右孩子结点的编号为_____。

5. 设二叉树中结点的两个指针域 lchild 和 rchild 分别指向该结点的左、右孩子，则判断指针变量 p 所指向的结点为叶子结点的条件是_____。

6. 用二叉链表存储一棵具有 n 个结点二叉树时，则共有指针域_____，其中有_____个指针域是存放了地址，有_____个指针是空指针。

7. 设某二叉树的先序和中序序列均为 ABCDE，则它的后序序列是_____。

8. 设一棵完全二叉树的顺序存储结构中存储数据元素为 ABCDEF，则该二叉树的先序遍历序列为_____，中序遍历序列为_____，后序遍历序列为_____。

9. 一棵二叉树的先序遍历序列为 ABC，则有_____种不同的二叉树可以得到这种序列。

10. 若二叉树的先序和后序遍历序列正好相反，则该二叉树满足的条件是_____。

11. 线索二叉树的左线索指向其_____，右线索指向其_____。

12. 若以 {6,14,53,15,12} 作为叶子结点的权值构建 Huffman 树，则该 Huffman 树的根结点权值为_____。

13. 设用于通信的电文仅由 8 个字母组成，字母在电文中出现的频率分别为 7,19,2,6,32,3,21,10，根据这些频率作为权值构建 Huffman 树，则树的高度为_____。

14. 设 Huffman 树中共有 n 个结点，则该 Huffman 树中有_____个度数为 1 的结点。

15. 设 Huffman 树中共有 69 个结点，则该树中有_____个叶子结点；若采用二叉链表作为存储结构，则该树中有_____个空指针域。

16. 下面程序段的功能是根据输入的带空指针标记的先序遍历序列建立二叉树，其中空指针标记为 *。请在下画线处填上正确的内容。

```
typedef struct node
{
    int data;
    struct node *lchild;
    _____;
} *bitree;
void createbitree(bitree&bt)
{
    scanf("%c",&ch);
```

```
        if(ch==' * ')
            _____;
        else
        {
            bt=new node;
            bt->data= ;
            _____;
            createbitree(bt->rchild);
        }
    }
```

三、简答题

1. 若一棵 m 叉树中，度为 1 的结点有 n_1 个、度为 2 的结点有 n_2 个、…、度为 m 的结点有 n_m 个，问该树的叶子结点有多少个？

2. 画出图 6-35 所示的二叉树的顺序存储结构和二叉链表存储结构，写出其先序、中序、后序遍历序列，并画出二叉树的先序、中序、后序线索树的存储结构。

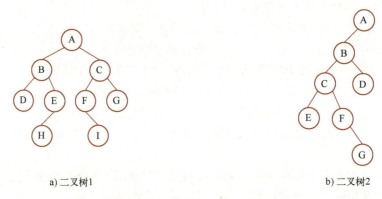

图 6-35　简答题 2 的二叉树

3. 试找出分别满足下列条件的所有二叉树。
   （1）先序序列和中序序列相同。
   （2）中序序列和后序序列相同。
   （3）先序序列和后序序列相同。

4. 已知某二叉树的后序序列是 GEFCDBA、中序序列是 AEGCFBD，请画出该二叉树的二叉链表结构图，并写出先序遍历序列。

5. 设有 168 个结点的完全二叉树，请问叶子结点、单分支结点、双分支结点各有多少个？

6. 设有图 6-36 所示的森林。

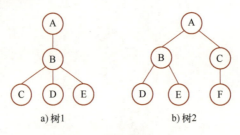

图 6-36　简答题 6 的森林

（1）分别画出图 6-36a 和图 6-36b 所示树的双亲表示法和孩子链表示法存储结构。

（2）分别画出图 6-36a 和图 6-36b 所示树的先序遍历序列和后序遍历序列。

（3）求森林先序遍历序列和中序遍历序列。

（4）将此森林转换为相应的二叉树。

7. 已知在一份电文中只使用了 7 个字符 A、B、C、D、E、F、G，其统计频率分别为 3%、31%、7%、8%、6%、20%、25%，构建一棵 Huffman 树（要求左孩子的权值小于或等于右孩子的权值），并给出每个字符所对应的 Huffman 编码。

8. 如果一棵非空 $k(k \geq 2)$ 叉树 T 中每个非叶子结点都有 k 个孩子，则称 T 为正则 k 叉树。请回答下列问题并给出推导过程。

（1）若 T 有 m 个非叶子结点，则 T 中的叶子结点有多少个？

（2）若 T 的高度为 h（单结点的树 $h=1$），则 T 的结点数最多为多少个？最少为多少个？

9. 若任一字符的编码都不是其他字符编码的前缀，则称这种编码具有前缀特性。现有某字符集（字符个数≥2）的不等长编码，每个字符的编码均为二进制的 0、1 序列，最长为 L 位，且具有前缀特性。请回答下列问题。

（1）哪种数据结构适宜保存上述具有前缀特性的不等长编码？

（2）基于所设计的数据结构，简述从 0/1 串到字符串的译码过程。

（3）简述判定某字符集的不等长编码是否具有前缀特性的过程。

四、算法设计题

1. 设计判断两个二叉树是否相同的算法。

2. 已知一棵二叉树的顺序存储结构，试编写算法创建该对象的二叉链表结构。

3. 已知二叉树采用二叉链表结构存储，p 和 q 是二叉树中两个结点的指针。试编写算法，求与它们最近的共同祖先结点的地址。

4. 设计计算二叉树中所有结点值之和的算法。

5. 二叉树的带权路径长度（WPL）是二叉树中所有叶子结点的带权路径长度之和，给定一棵二叉树 T，采用二叉链表存储，结点结构为

其中，叶子结点的 weight 域保存该结点的非负权值。设 root 为指向 T 的根结点的指针，设计求 T 的 WPL 的算法。

6. 请设计一个算法，将给定的表达式树（二叉树）转换为等价的中缀表达式（通过括号反映操作符的计算次序）并输出。例如，图 6-37 所示的两棵表达式树作为算法的输入时，输出的等价中缀表达式分别为(a+b)*(c*(-d))和(a*b)+(-(c-d))。

二叉树结点定义如下：

```
typedef struct node
{
    char data[10];          //存储操作数或操作符
    struct node * left, * right;
} BTree;
```

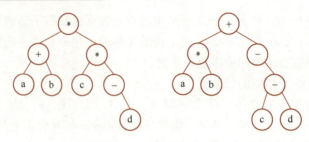

图 6-37 两棵表达式树

要求:
(1) 给出算法的基本设计思想。
(2) 根据设计思想,采用 C 或 C++语言描述算法,在关键之处给出注释。

应用实战

1. 编写程序,实现二叉树的若干应用算法。要求采用二叉链表结构实现以下功能。
(1) 二叉树的建立函数:根据带空指针标记的先序遍历序列构建;根据带空指针标记的先序和中序遍历序列构建。
(2) 销毁函数:释放所有结点空间。
(3) 先序、中序、后序、层次遍历算法。
(4) 统计叶子结点、单分支结点、双分支结点的个数。
(5) 计算二叉树的高度。
(6) 交换每个结点的左、右孩子。
(7) 输出根结点到每个叶子结点的路径。

2. 编写程序,实现树的若干应用算法。要求采用孩子兄弟表示法实现以下功能。
(1) 树的建立函数:根据序偶集合建立。
(2) 销毁函数:释放所有结点空间。
(3) 先序、后序遍历算法。
(4) 计算每个结点的度。
(5) 计算树的高度。
(6) 输出根结点到每个叶子结点的路径。

3. 编写程序,实现 Huffman 编码。要求实现以下功能。
(1) 输入字符串,统计各字符出现的频率,根据各个字符出现的频率构建 Huffman 树。
(2) 输出该字符串中各字符的 Huffman 编码,以及该字符串的编码。
(3) 输入相关编码串进行译码并输出。

学习目标检验

请对照表 6-8 检验实现情况。

表 6-8　第 6 章学习目标列表

	学 习 目 标	达到情况
知识	了解哪些问题可以抽象成树结构	
	了解树的定义、递归特性、常用术语（包括结点的度、叶子结点、分支结点、树的度、路径、孩子、双亲、祖先、子孙、兄弟、层数、高度等）	
	了解二叉树的有序性，研究二叉树的意义	
	了解二叉树的 5 个主要性质及其推广结论	
	了解二叉树的顺序存储方式，该方式适宜满二叉树或完全二叉树	
	了解二叉树的链式存储方式，即二叉链表存储方式	
	了解二叉树的遍历方式（先（前）序、中序、后序、层序）、创建方式（先序+扩展标记、后序+扩展标记、层序+中序、先序+中序、后序+中序）。中序+扩展标记仍有二义性	
	了解为什么要线索二叉树，线索二叉树中"线索"的含义	
	了解树的存储结构、树的遍历与二叉树遍历的关系、树转化成二叉树的方法、森林转化成二叉树的方法	
	了解 Huffman 编码是一种编码压缩方式，是一种不等长码、前缀码，以及 Huffman 编码的应用	
	了解等价类与并查集的概念及作用	
能力	能够编码实现二叉树及主要操作	
	能够利用二叉树先序（中序、后序）遍历的递归基本结构实现二叉树的求高度、统计结点个数、根据关键值查找结点、查找结点的双亲结点等操作	
	能够编码实现线索二叉树及主要操作：利用线索二叉树和二叉树关系实现线索二叉树的构建、线索化、求前驱、求后继、求双亲结点等操作	
	能够编码实现 Huffman 树构建、编码、译码等主要操作	
	能够理解并掌握贪心算法思想	
素养	为实际问题设计算法，给出算法的伪代码，并利用编程语言实现算法	
	自主学习，通过查阅资料，获得解决问题的思路	
	实验文档书写整洁、规范，技术要点总结全面	
	学习中乐于与他人交流分享，善于使用生成式人工智能工具	
思政	树描述了结点之间的辈分层级关系，通过类比映射到现实世界中，深入理解中华优秀传统文化	
	Huffman 树及编码是二叉树的典型应用，与信息编码、压缩软件有极密切的关系，促进理论与实践相结合	
	科学人物和科学精神：算法大师 Huffman（哈夫曼）	

第 7 章
数据元素关系任意的非线性结构：图

学习目标

1) 了解哪些问题可以抽象成图结构。
2) 掌握图的基本概念和常用术语。
3) 掌握两种图的存储结构——邻接矩阵和邻接表，并掌握基于这两种存储结构的图的建立算法。
4) 掌握图的深度优先遍历与广度优先遍历的思想与算法实现。
5) 掌握最小生成树的两种构建算法——Prim 算法和 Kruskal 算法的基本思想与算法实现，并能应用它们解决实际问题。
6) 掌握求解单源最短路径问题的 Dijkstra 算法，以及求解每对顶点之间最短路径的 Floyd 算法的思想与算法实现，并能应用它们解决实际问题。
7) 了解 AOV 网和拓扑排序的概念，掌握拓扑排序算法的思想与算法实现。
8) 了解 AOE 网和关键路径的概念，掌握在 AOE 网中求关键路径的基本过程。

学习导图

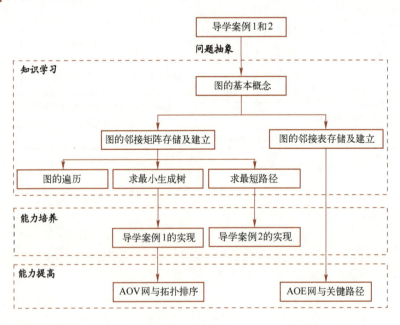

导学案例 1：构建最小造价通信网

【案例 1 问题描述】

假设要在 n 个城市之间建立一个通信网络，且每两个城市之间架设一条通信线路的成本不尽相同。要连通 n 个城市只需要架设 $n-1$ 条通信线路，请设计一个施工方案使得总造价最低。

导学案例 2：设计简单的旅游交通费用查询软件

【案例 2 问题描述】

某城市中 n 个旅游景点间由旅游交通线相连，所花费的代价不尽相同。请设计一个简单的旅游线路查询系统，便于游客查询从任一个景点到另一个景点之间的最低交通费用。

【案例 1 和 2 问题分析】

对于案例 1 问题，将每个城市抽象成一个结点元素，城市间的通信线路抽象成结点间的连线，则该问题数据元素间的关系可以抽象成一个图结构，如图 7-1 所示。

对于案例 2 问题，将每个景点抽象成一个结点元素，景点间的旅游交通线抽象成结点间的连线，则该问题数据元素间的关系可以同样抽象成一个图结构，如图 7-2 所示。

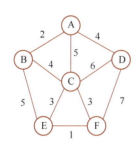
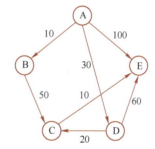

图 7-1　城市间的通信线路抽象成的一个图结构　　　图 7-2　景点间的旅游交通线抽象成的一个图结构

图是一种比树形结构更为复杂的非线性结构，树形结构中的每个结点可以有多个直接后继（即孩子结点），但仅有一个直接前驱（即双亲结点），且结点之间没有回路。在图中任意两个结点之间都有可能相关。因此，图具有更强的表达能力，可以描述更为复杂的关系。

图的应用非常广泛，日常生活中的很多问题都可抽象成图的问题，如计算机网络、通信网络、社交网络、超文本链接、交通路网等。为了实现案例的需求，需要考虑如何存储图结构并进行相应的操作。

7.1 节介绍图的基本概念、图的存储结构、图的遍历、求最小生成树和最短路径等；7.2 节完成对导学案例 1 和 2 的实现；7.3 节拓展介绍 AOV 网与拓扑排序、AOE 网与关键路径。

7.1　知识学习

本节分别介绍图的基本概念、存储结构及图的遍历、求最小生成树和最短路径等操作算法。

7.1.1 图的基本概念

1. 图的定义

图由非空的有限顶点集合和顶点间的关系集合组成,通常记为

$$G=(V, E)$$

其中,V 是顶点的有限非空集合;E 是顶点间关系的有穷集合,称为 边集。

若顶点 v_i 与 v_j 之间的边无方向性,则用无序偶对 (v_i,v_j) 表示;若顶点 v_i 与 v_j 之间的边有方向性,则用有序偶对 $<v_i,v_j>$ 表示,其中顶点 v_i 称为 弧尾,顶点 v_j 称为 弧头,此时"边"也可称为"弧"。

如果图中任意两个顶点间的边均无方向性,则称该图为 无向图;任意两个顶点间的边均有方向性,则称该图为 有向图。图 7-3a 所示的是一个无向图 G_1,图 7-3b 所示的是一个有向图 G_2,图中用线段表示无向的边,用带箭头的线段表示弧。

$G_1=(V_1,E_1)$,其中,$V_1=\{A, B, C, D, E\}$,$E_1=\{(A,B),(A,C),(A,D),(B,C),(B,E),(C,E),(D,E)\}$。

$G_2=(V_2,E_2)$,其中,$V_2=\{A, B, C, D, E\}$,$E_2=\{<A,B>, <A,D>, <B,E>, <C,A>, <C,B>, <C,E>, <E,D>\}$。

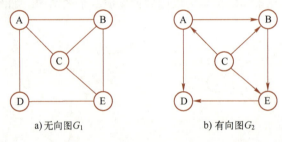

图 7-3 无向图与有向图示例

☒ **说明**:本章仅讨论简单图,不考虑顶点带自身环或两个顶点之间存在重复边的非简单图。

2. 图的基本术语

(1) 邻接点

在一个无向图中,如果 (v_i,v_j) 是图中的一条边,则称该边的两个顶点 v_i 与 v_j 互为 邻接点;在一个有向图中,如果 $<v_i,v_j>$ 是图中的一条弧,则称顶点 v_i 邻接到顶点 v_j,或顶点 v_j 邻接自顶点 v_i。

(2) 顶点的度、入度与出度

在无向图中,一个顶点 v 的 度(Degree)是指与它相连的边的条数,即以 v 为端点的边的数量,记作 $TD(v)$。

在有向图中,顶点的度等于该顶点的入度与出度之和。顶点 v 的 入度 是指以 v 为弧头的弧的条数,记作 $ID(v)$。顶点 v 的 出度 是指以 v 为弧尾的弧的条数,记作 $OD(v)$。顶点 v 的度 $TD(v)=ID(v)+OD(v)$。

若一个图中有 n 个顶点和 e 条边,则有

$$e=\frac{1}{2}\sum_{i=1}^{n}TD(v_i)$$

(3) 完全图

在无向图中，若任意两个顶点之间均存在一条边，则该图称为**无向完全图**（Undirected Complete Graph）；在有向图中，若任意两个顶点之间都存在方向相反的两条弧，则称该图为**有向完全图**（Directed Complete Graph）。

图 7-4a 所示的是一个无向完全图，图 7-4b 所示的是一个有向完全图。含有 n 个顶点的无向完全图有 $n(n-1)/2$ 条边，含有 n 个顶点的有向完全图有 $n(n-1)$ 条边。

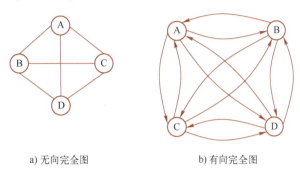

a) 无向完全图　　　　b) 有向完全图

图 7-4　完全图示例

(4) 路径和路径长度

在图 $G=(V, E)$ 中，若从顶点 v_i 出发，经过一系列顶点 $v_{p1}, v_{p2}, \cdots, v_{pm}$，最后到达顶点 v_j，则称顶点序列 $(v_i, v_{p1}, v_{p2}, \cdots, v_{pm}, v_j)$ 为从顶点 v_i 到顶点 v_j 的**路径**（Path）。若该图是无向图，则边 $(v_i, v_{p1}), (v_{p1}, v_{p2}), \cdots, (v_{pm}, v_j)$ 应属于 E；若该图是有向图，则有向边 $<v_i, v_{p1}>, <v_{p1}, v_{p2}>, \cdots, <v_{pm}, v_j>$ 应属于 E。

路径长度则是指此路径上经过的边或弧的数量。

例如，图 7-3a 中的 (A, C, E) 和图 7-3b 中的 (A, B, E) 就是从结点 A 到结点 E 的长度为 2 的路径。

(5) 简单路径和回路

如果路径中不存在重复的顶点，则称这样的路径为**简单路径**。如图 7-5a 所示，(A, B, D, C) 是一条长度为 3 的简单路径；如图 7-5b 所示，(A, B, D, A, B, C) 是一条非简单路径。

如果路径上的第一个顶点与最后一个顶点相同，则称这样的路径为**回路**或**环**。第一个顶点与最后一个顶点相同的简单路径，称为**简单回路**。图 7-5c 中的 (A, B, D, A) 就是一条简单回路。

a) 简单路径　　　　b) 非简单路径　　　　c) 简单回路

图 7-5　简单路径和回路

（6）权和网

有时根据实际需求，可以为图中每条边附加一个具有某种实际意义的数值，称为**权**（Weight）。这种带权的图也称为**网**（Network）。

（7）子图

对于图 $G=(V,E)$ 和图 $G'=(V',E')$。若满足 $V'\subseteq V$ 且 $E'\subseteq E$，则称图 G' 是图 G 的**子图**（Subgraph）。

（8）连通图与连通分量

在无向图中，若顶点 v_i 与顶点 v_j 之间存在一条路径，则称顶点 v_i 与 v_j 是连通的。如果图中任意一对顶点都是连通的，则称此图是**连通图**。非连通图的极大连通子图叫作**连通分量**。显然，一个连通图只含有一个连通分量。图 7-6 所示的非连通图有两个连通分量。

（9）强连通图与强连通分量

在有向图中，若任意两个顶点 v_i 和 v_j 之间既有从 v_i 到 v_j 的路径，又有从 v_j 到 v_i 的路径，则称此图是**强连通图**。非强连通图的极大强连通子图叫作**强连通分量**。图 7-7a 所示的图 G_3 是一个非强连通图，它包含图 7-7b 所示的两个强连通分量。

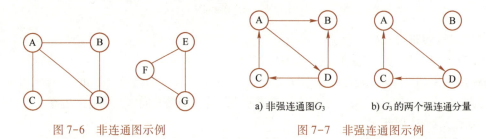

图 7-6 非连通图示例　　　　图 7-7 非强连通图示例

（10）生成树与生成森林

一个连通图 G 的**生成树**（Spanning Tree）是具有 G 中全部顶点的一个极小连通子图。一棵含有 n 个顶点的生成树，必然含有 $n-1$ 条边。例如，图 7-8b 所示的是图 7-8a 所示的连通图 G_4 的一棵生成树。

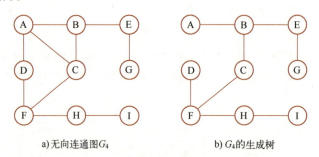

图 7-8 无向连通图及其生成树示例

非连通图的每个连通分量分别可以得到一棵生成树，各个连通分量的生成树则组合构成了一个**生成森林**（Spanning Forest）。例如，图 7-9b 所示的是图 7-9a 所示的非连通图 G_5 的一个生成森林。

在一个有向图中，如果恰有一个顶点的入度为 0，其余顶点的入度均为 1，则该有向图是一棵有向树。一个有向图的生成森林是由若干棵有向树组成的，含有图中全部顶点，但只

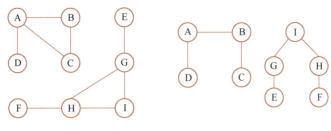

a) 无向非连通图 G_5 　　　　b) G_5 的生成森林

图 7-9　无向非连通图及其生成森林示例

有构成若干棵不相交的有向树的弧。例如，图 7-10b 所示的是图 7-10a 所示的有向图 G_6 的一个生成森林。

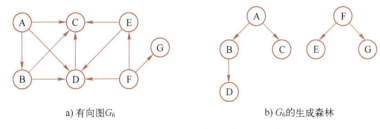

a) 有向图 G_6 　　　　b) G_6 的生成森林

图 7-10　有向图及其生成森林示例

7.1.2　图的存储结构

图是一种较为复杂的数据结构，要存储图结构，必须存储以下两部分信息。

① 图的结点信息。

② 表示结点间关系的边（或弧）的信息。

这里介绍两种常用的图的存储结构：邻接矩阵和邻接表。

1. 邻接矩阵

（1）基本思想

邻接矩阵是一种顺序存储方式，其基本思想是：引入两个数组，一个是用于存储图的顶点信息的一维数组，称为**顶点表**；另一个是用于存储顶点间关系的二维数组，称为**邻接矩阵**。

设图 $G=(V, E)$ 有 $n(n>0)$ 个顶点，则图 G 所对应的邻接矩阵 arcs 是一个 n 阶方阵，矩阵中的元素定义为

$$\text{arcs}[i][j] = \begin{cases} 1 & 若(v_i, v_j)或<v_i, v_j> \in E \\ 0 & 其他 \end{cases}$$

对于带权图（网），邻接矩阵中的元素定义为相应顶点之间的边的权值，即

$$\text{arcs}[i][j] = \begin{cases} w_{ij} & 若(v_i, v_j)或<v_i, v_j> \in E \\ 0 & i=j \\ \infty & 其他 \end{cases}$$

其中，∞ 符号可用计算机中的一个足够大的数代替，以与边的权值相区别。

表 7-1 列出了无向图、有向图、无向网及有向网所对应的邻接矩阵存储结构。

表 7-1 图及其邻接矩阵存储结构

图	邻接矩阵存储	
	顶点表	邻接矩阵
(无向图 A-B-C-D-E)	A B C D E	$\begin{pmatrix} 0 & 1 & 1 & 1 & 0 \\ 1 & 0 & 1 & 0 & 1 \\ 1 & 1 & 0 & 0 & 1 \\ 1 & 0 & 0 & 0 & 1 \\ 0 & 1 & 1 & 1 & 0 \end{pmatrix}$
(有向图 A-B-C-D-E)	A B C D E	$\begin{pmatrix} 0 & 1 & 0 & 1 & 0 \\ 0 & 0 & 0 & 0 & 1 \\ 1 & 1 & 0 & 0 & 1 \\ 0 & 0 & 0 & 0 & 0 \\ 0 & 0 & 0 & 1 & 0 \end{pmatrix}$
(无向网 A-F)	A B C D E F	$\begin{pmatrix} 0 & 2 & 5 & 4 & \infty & \infty \\ 2 & 0 & 4 & \infty & 5 & \infty \\ 5 & 4 & 0 & 6 & 3 & 3 \\ 4 & \infty & 6 & 0 & \infty & 7 \\ \infty & 5 & 3 & \infty & 0 & 1 \\ \infty & \infty & 3 & 7 & 1 & 0 \end{pmatrix}$
(有向网 A-E)	A B C D E	$\begin{pmatrix} 0 & 10 & \infty & 30 & 100 \\ \infty & 0 & 50 & \infty & \infty \\ \infty & \infty & 0 & \infty & 10 \\ \infty & \infty & 20 & 0 & 60 \\ \infty & \infty & \infty & \infty & 0 \end{pmatrix}$

（2）算法实现

从表 7-1 中可以看出，无向图的邻接矩阵是一个对称矩阵，因此当图的规模极其庞大时，可采用只存储上三角矩阵或下三角矩阵的压缩存储方式。通常情况下，用二维数组表示更为方便。

图的邻接矩阵类型定义如下：

```
const int MAX = 100;
enum GraphType { DG, UG, DN, UN };    //图的类型定义：有向图、无向图、有向网、无向网
typedef char VertexType;
typedef struct
{
    VertexType vexs[MAX];             //顶点表
    int arcs[MAX][MAX];               //邻接矩阵
    int vexnum, arcnum;               //顶点数和边数
```

```
    GraphType kind;                          //图的类型
} MGraph;
```

邻接矩阵建立的算法就是对图的顶点表和邻接矩阵进行初始化。算法 7-1 给出了无向图的邻接矩阵建立算法。

算法 7-1 建立无向图的邻接矩阵

```
void CreateMGraph(MGraph& G)
{
    int i, j, va, vb;
    G. kind = UG;                            //无向图
    cout<< "请输入图的顶点数:";
    cin>>G. vexnum;
    cout<< "请输入图的边数:";
    cin>>G. arcnum;
    cout<< "请输入顶点的信息:";
    for (i = 0; i<G. vexnum; i++)
        cin>>G. vexs[i];
    for (i = 0; i<G. vexnum; i++)
        for (j = 0; j <G. vexnum; j++)
            G. arcs[i][j] = 0;
    cout<< "请输入边的信息:";                 //输入一条边邻接的两个顶点的序号
    for (i = 0; i<G. arcnum; i++)
    {
        cin>>va>>vb;
        G. arcs[va][vb] = 1;
        G. arcs[vb][va] = 1;
    }
}
```

练一练：

有向图、无向网、有向网的邻接矩阵建立算法与无向图类似，请读者自行完成。

基于邻接矩阵存储结构也容易求出各个顶点的度。对于无向图，邻接矩阵的第 i 行（或第 i 列）中非零元素（或非∞元素）的个数即为第 i 个顶点的度。对于有向图，邻接矩阵的第 i 行中非零元素（或非∞元素）的个数即为第 i 个顶点的出度，第 i 列中非零元素（或非∞元素）的个数即为第 i 个顶点的入度。请读者自行设计计算顶点度的算法。

（3）存在的问题

邻接矩阵存储的缺点是：邻接矩阵占用的存储单元个数只与图中的顶点个数有关，而与边的数目无关。这样，对于顶点数较多但边稀疏的图，其对应的邻接矩阵中会存在大量的无用单元，从而导致存储空间的浪费。若采用压缩存储，则会影响计算效率。

2. 邻接表

（1）基本思想

邻接表是一种顺序存储与链式存储相结合的存储方式，类似于树的孩子链表表示法。基本思想是：对图中的每个顶点 v_i，将所有邻接自顶点 v_i 的顶点链接成一条单链表，称为**边表**。边表中的每个结点至少包含两个域：数据域和指针域。其中，数据域存储邻接自 v_i 的顶点存储位置，指针域指向与 v_i 邻接的顶点。有向网边表的结点含有 3 个域：数据域、权值域和指针域。其中，权值域用于存放相应弧上的权值。

每个边表均设置一个头结点，头结点的数据域存放相应的顶点信息，指针域指向边表的第一个结点。为了便于管理和访问任一顶点的边表，将所有边表的头结点组成一个一维数组，称为**顶点表**。

表 7-2 列出了无向图、有向图、无向网及有向网所对应的邻接表存储结构。

表 7-2 图及其邻接表存储结构

图	邻接表存储
无向图 ABCDE	0 A → 1 → 2 → 3 ^ 1 B → 0 → 2 → 4 ^ 2 C → 0 → 1 → 4 ^ 3 D → 0 → 4 ^ 4 E → 1 → 2 → 3 ^
有向图 ABCDE	0 A → 1 → 3 ^ 1 B → 4 ^ 2 C → 0 → 1 → 4 ^ 3 D ^ 4 E → 3 ^
无向网 ABCDEF（带权）	0 A → 1 2 → 2 5 → 3 4 ^ 1 B → 0 2 → 2 4 → 4 5 ^ 2 C → 0 5 → 1 4 → 3 6 → 4 3 → 5 3 ^ 3 D → 0 4 → 2 6 → 5 7 ^ 4 E → 1 5 → 2 3 → 5 1 ^ 5 F → 2 3 → 3 7 → 4 1 ^
有向网 ABCDE（带权）	0 A → 1 10 → 3 30 → 4 100 ^ 1 B → 2 50 ^ 2 C → 4 10 ^ 3 D → 2 20 → 4 60 ^ 4 E ^

（2）算法设计

邻接表的类型定义如下：

```
const int MAX = 100;
enum GraphType { DG, UG, DN, UN };    //图的类型定义：有向图、无向图、有向网、无向网
typedef char VertexType;
typedef struct EdgeNode           //边表的结点类型
{
    int adjvex;                   //邻接点存储位置
    EdgeNode * next;              //指向下一个邻接点
} * EdgeList;
```

```
typedef struct                                  //顶点表的元素类型
{
    VertexType data;                            //顶点信息
    EdgeList firstedge;                         //边表的头指针
} VexNode;
typedef struct
{
    VexNode adjlist[MAX];                       //顶点表
    int vexnum, arcnum;                         //顶点数和边数
    GraphType kind;                             //图的类型
} ALGraph;
```

在存储一个网时，可在边表的每个结点结构中增加一个权值域（如 weight 域），以存储相应边所关联的权值。算法 7-2 给出了建立无向图邻接表的算法。

算法 7-2　建立无向图的邻接表

```
void CreateALGraph(ALGraph& G)
{
    int i, va, vb;
    EdgeList p;
    G.kind = UG;                                //无向图
    cout<<"请输入图的顶点数:";
    cin>>G.vexnum;
    cout<<"请输入图的边数:";
    cin>>G.arcnum;
    cout<<"请输入顶点的信息:";
    for (i = 0; i<G.vexnum; i++)
    {
        cin>>G.adjlist[i].data;
        G.adjlist[i].firstedge = NULL;
    }
    cout<<"请输入边的信息:";
    for (i = 0; i<G.arcnum; i++)                //依次输入所有的边的信息
    {
        cin>>va>>vb;                            //输入一条边邻接的两个顶点的序号
        p = new EdgeNode;                       //产生第一个边表结点
        p->adjvex = vb;
        p->next = G.adjlist[va].firstedge;      //插在表头
        G.adjlist[va].firstedge = p;
        p = new EdgeNode;                       //产生第二个边表结点
        p->adjvex = va;
        p->next = G.adjlist[vb].firstedge;      //插在表头
        G.adjlist[vb].firstedge = p;
    }
}
```

练一练：

有向图、无向网、有向网的邻接表建立算法请读者自行完成。

（3）优缺点分析

采用邻接表存储图的优点是，在边稀疏的情况下，能够节省存储空间。对于有向图，采用邻接表存储易于确定图中任一顶点的出度，但需要遍历整个邻接表才能确定任一顶点的入度。为此，可以设计有向图的<u>逆邻接表</u>，即为顶点 v_i 建立以 v_i 为弧头的单链表。有向图及其

逆邻接表的示例如图 7-11 所示。

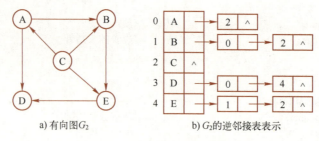

a) 有向图 G_2　　　　　　b) G_2 的逆邻接表表示

图 7-11　有向图及其逆邻接表表示

7.1.3　图的遍历

1. 图遍历的概念

图的遍历操作是指从图中某一顶点出发，沿着某条路径对图中所有的顶点进行访问且仅访问一次。图的遍历在概念上和树的遍历类似，但图的遍历比树的遍历要复杂，图的遍历算法需要着重考虑如下问题。

1）图中可能存在回路，从而会造成某些结点被重复访问，因此图的遍历算法必须避免陷入一个死循环。

2）对于非连通图，从图中某个顶点出发，不能访问到所有顶点，因此图的遍历算法必须解决如何访问图的所有顶点的问题。

3）图中某些顶点的相邻顶点可能不止一个，因此图的遍历算法必须决定访问相邻顶点的次序。

对于问题1），可设置一个标记数组 visited [ ]，初始状态为 0，在图的遍历过程中，一旦某顶点 v_i 被访问，就立即置 visited [i] 为 1，以防止顶点被多次访问。

对于问题2），当一次遍历未访问到所有顶点时，只需从未被访问的某一顶点出发再次遍历，重复遍历多次，直到所有顶点均被访问为止。

对于问题3），根据不同的邻接点遍历次序，图的遍历方法主要分为两种：深度优先遍历与广度优先遍历。

2. 深度优先遍历

（1）遍历步骤

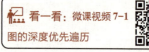
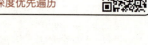

图的深度优先遍历（Depth First Traverser，DFS）类似于树的先序遍历。遍历步骤如下。

① 假设初始状态是图中所有顶点都未被访问，则可从图中某个顶点 v 出发，访问此顶点。

② 依次从 v 的未被访问的邻接点出发深度优先遍历图，直至所有与 v 有路径相连的顶点都被访问到。

③ 若此时图中还有顶点未被访问到，则选择一个未被访问的顶点作为起点，重复步骤①，直到图中所有顶点均被访问过。

【例 7-1】试给出无向图 G_7 从顶点 A 开始的深度优先遍历过程。

解：无向图 G_7 从顶点 A 开始的深度优先遍历过程如图 7-12a 所示。

① 从顶点 A 出发访问，将其标记为已访问。

② 从顶点 A 未被访问的邻接点 C 出发继续深度优先遍历，访问顶点 C 并将其标记为已访问。

③ 从顶点 C 未被访问的邻接点 B 出发继续深度优先遍历，访问顶点 B 并将其标记为已访问。

④ 从顶点 B 未被访问的邻接点 G 出发继续深度优先遍历，访问顶点 G 并将其标记为已访问。

⑤ 从顶点 G 未被访问的邻接点 F 出发继续深度优先遍历，访问顶点 F 并将其标记为已访问。

⑥ 从顶点 F 未被访问的邻接点 D 出发继续深度优先遍历，访问顶点 D 并将其标记为已访问。

⑦ 顶点 D 不存在未被访问的邻接点，则回退到上一步刚访问过的顶点 F，从顶点 F 未被访问的邻接点 E 出发继续深度优先遍历，访问顶点 E 并将其标记为已访问。

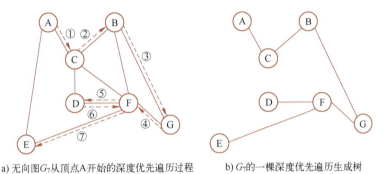

a) 无向图G_7从顶点A开始的深度优先遍历过程　　b) G_7的一棵深度优先遍历生成树

图 7-12　图的深度优先遍历

然后依次回退到 F,G,B,C,A，这些顶点均不存在未被访问的邻接点，则一次遍历结束。

由于该图是连通图，一次遍历便可得到从顶点 A 出发的深度优先遍历序列：A,C,B,G,F,D,E。

在遍历过程中，从出发点开始，由于每访问一个新的顶点，必将经过一条边。这样，为访问图中除出发点以外的 $n-1$ 个顶点，将经过 $n-1$ 条不同的边。若将所访问的 n 个顶点和经过的 $n-1$ 条边都记录下来，就得到了一棵生成树，称为**深度优先遍历生成树**，如图 7-12b 所示。

（2）算法设计

从上述遍历步骤可知，图的深度优先遍历算法是递归的。算法 7-3 给出了该递归算法，图的存储结构是邻接矩阵。

算法 7-3　连通图的深度优先遍历

```
bool visited[MAX] = { false };
void DFS(MGraph G, int v)
{
    cout<<G.vexs[v];
    visited[v] = true;
    for (int i = 0; i<G.vexnum; i++)
    {
        if (G.arcs[v][i] != 0 && ! visited[i])
```

```
            DFS(G, i);
    }
}
```

对于无向图，若此图是非连通图，则执行一次上述的 DFS 算法，只能访问初始出发点 v 所在的连通分量的所有顶点，而访问不到其他连通分量中的顶点。为此，需要从各个连通分量中选择一个出发点，多次调用 DFS 算法进行深度优先遍历。

对于有向图，若从初始出发点到图中的其余各个顶点都有路径存在，则执行一次上述的 DFS 算法即可访问图中的所有顶点；否则，需要从未被访问的顶点中选择新的顶点作为出发点，再次调用 DFS 算法继续进行深度优先遍历，直到图中所有顶点均被访问到。对一般图的深度优先遍历算法描述如算法 7-4 所示。

算法 7-4　图的深度优先遍历

```
void DFSTraverse(MGraph G)
{
    int i;
    for (i = 0; i < G.vexnum; i++)
        if (!visited[i])
            DFS(G, i);          //对尚未访问的顶点调用 DFS 算法
}
```

（3）算法性能分析

设图中有 n 个顶点、e 条边。算法 7-4 时间主要花费在对 DFS( ) 函数的调用上。图中的每个顶点最多调用一次 DFS( ) 函数，因为只要顶点被访问过，就不会再以它作为起始点进行深度优先遍历了，因此总的调用次数是 n 次。而每次调用 DFS( ) 函数的时间花费是从当前出发点查找其邻接点的过程，因此，图的遍历实际上是对每个顶点查找其邻接点的过程，其时间花费取决于采用的存储结构。因此，在邻接矩阵存储结构中，深度遍历算法的时间复杂度为 $O(n^2)$；在以邻接表作为图的存储结构中，深度遍历算法的时间复杂度为 $O(n+e)$。

⚛ 算法思想：回溯法

回溯法（**Backtracking Algorithm**）是一个类似穷举的搜索尝试过程，主要是在搜索尝试过程中寻找问题的解，当发现已不满足求解条件时，就"回溯"，返回尝试别的路径。可以参考走迷宫的过程，一开始会随机选择一条道路前进，走不通时就会回头，找到另外一条没有试过的道路前进。实际上，走迷宫就是回溯法的经典问题。

换言之，回溯法从初始状态出发，在图中以深度优先的方式搜索问题的解。当发现不满足求解条件时，就回溯，并尝试其他路径。通俗地讲，回溯法是一种"能进则进，进不了则换，换不了则退"的基本搜索方法。

3. 广度优先遍历

（1）遍历步骤

图的广度优先遍历（Breadth First Traverser，BFS）类似于树的层次遍历。遍历步骤如下。

看一看：微课视频 7-2
图的广度优先遍历

① 假设初始状态是图中所有顶点都未被访问，则可从图中某个顶点 v 出发，访问此顶点。

② 依次访问 v 的各个未曾访问过的邻接点 $w_1, w_2, \cdots, w_t$。

③ 分别从 $w_1, w_2, \cdots, w_t$ 出发，依次访问它们各自未被访问过的邻接点，直至图中所有与初始出发点 v 有路径相连的顶点都被访问过为止。

【例 7-2】试给出无向图 G_7 从顶点 A 开始的广度优先遍历过程。

解：无向图 G_7 从顶点 A 开始的广度优先遍历过程如图 7-13a 所示。

① 访问从顶点 A 出发，将其标记为已访问。

② 依次访问 A 的邻接点 C、E，并置上相应的访问标记，进入下一层。

③ 先访问顶点 C 的未被访问的邻接点 B、D、F，再访问顶点 E 的未被访问的邻接点，由于顶点 E 的邻接点均已被访问，所以继续进入下一层。

④ 先访问顶点 B 的未被访问的邻接点 G。此时，由于所有顶点均已被访问过，所以遍历过程结束。

因此从顶点 A 出发得到的广度优先遍历序列为 A、C、E、B、D、F、G。

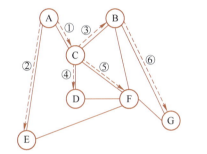
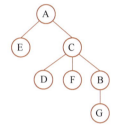

a) 无向图 G_7 从顶点A开始的广度优先遍历过程　　b) G_7 的一棵广度优先遍历生成树

图 7-13　图的广度优先遍历

类似于图的深度优先遍历过程，若把广度优先遍历过程中所访问的顶点与所经过的边都记录下来，就得到了一棵**广度优先遍历生成树**，如图 7-13b 所示。

（2）算法设计

广度优先遍历是一种分层的遍历过程，每向前走一步可能访问一批顶点，不像深度优先遍历那样有往回退的情况。因此，广度优先遍历不是一个递归过程，其算法也不是递归的。

广度优先遍历算法要解决的关键问题是：在进入下一层访问时，如何保证"在上一层先被访问的顶点的邻接点"先于"在上一层后被访问的顶点的邻接点"被访问。显然，这样的特点适合采用队列。为了实现逐层按序访问，算法中可设置一个队列来存储被访问过的顶点，利用队列"先进先出"的特点，以实现按序逐层访问。为避免重复访问，同样需要一个标记数组 visited[ ]，给已访问过的顶点加标记。

算法 7-5 给出了图的广度优先遍历算法，图的存储结构是邻接矩阵。算法中使用了第 3 章定义的循环队列。

算法 7-5　图的广度优先遍历

```
void BFSTraverse(MGraph G, int v)
{
    bool * visited = new bool[G.vexnum];
    SeqQueue q;
    int i, j, u;
    InitQueue(q);
```

```
        for (i = 0; i<G.vexnum; i++)
            visited[i] = false;
        for (i = 0; i<G.vexnum; i++)
        {
            if (!visited[i])
            {
                cout<<G.vexs[i] << " ";
                visited[i] = true;
                EnQueue(q, i);
                while (!QueueEmpty(q))
                {
                    u = DeQueue(q);
                    for (j = 0; j <G.vexnum; j++)
                    {
                        if (G.arcs[u][j] == 1 && ! visited[j])
                        {
                            cout<<G.vexs[j] << " ";
                            visited[j] = true;
                            EnQueue(q, j);
                        }
                    }
                }
            }
        }
        delete[ ] visited;
    }
```

(3) 算法性能分析

算法 7-5 中广度优先遍历的时间花费与深度优先遍历的类似，也是对每个顶点分别查找其邻接点的过程，因此广度优先遍历算法的时间复杂度与深度优先遍历算法的相同。

❂ 算法思想：分支限界法

与回溯法类似，**分支限界法**（Branch and Bound Algorithm）也是一种在问题的解空间中寻找问题解的方法。两者最大的不同在于，回溯法是要寻找解空间中满足约束条件的所有解，而分支限界法只是要找到解空间中满足约束条件的一个解，或者在满足约束条件的解中找一个使目标函数极大或极小的解。

由于出发点不同，回溯法需要利用深度优先策略在解空间中搜索，而分支限界法需要以广度优先策略在解空间中搜索。

7.1.4 最小生成树

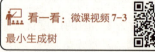
看一看：微课视频 7-3
最小生成树

1. 最小生成树的概念及其性质

设 $G=(V,E)$ 是一个无向连通网，生成树上各边的权值之和称为该生成树的代价，在 G 的所有生成树中，代价最小的生成树称为**最小生成树**（Minimum Spanning Tree，MST）。

由 7.1.1 小节中的定义可知，含有 n 个顶点的连通图的生成树必然含有 $n-1$ 条边。由

7.1.3 小节可知，生成树可以在树的遍历过程中得到。显然，不同的遍历算法可以得到不同的生成树，也就是说，一个连通图的生成树是不唯一的。

对于导读案例 1，如果用一个无向连通网来表示 n 个城市及 n 个城市之间可能设置的通信线路，其中网的顶点表示城市，边的权值表示两个城市之间架设一条通信线路的代价。对于 n 个顶点的连通网可以建立许多棵不同的生成树，每一棵生成树都可以是一个通信网。这样，导读案例 1 的问题就转化为构建连通网的最小生成树的问题。

构建最小生成树时，如何选择 $n-1$ 条边是关键所在。下面将介绍两种最小生成树的构建算法：Prim（普里姆）算法和 Kruskal（克鲁斯卡尔）算法。

为方便描述，设 $G=(V, E)$ 是一个含有 n 个顶点的无向连通网，$T=(U, TE)$ 是 G 的一棵最小生成树，其中 U 是 T 的顶点集，TE 是 G 的边集。

2. Prim 算法

（1）算法思想

Prim 算法的基本思想如下：

① 初始时从 V 中任取一个顶点（如 v_0），将其加入 U 中，使得 T 的初始状态为 $U=\{v_0\}$，$TE=\phi$。初始状态的最小生成树可以看成一棵只含一个顶点的树。

② 重复执行如下操作：选择一条权值最小的边 (v_i, v_j)，其中 $v_i \in U$，$v_j \in V-U$，并把该边 (v_i,v_j) 和其不在最小生成树中的顶点 v_j 分别加入 T 的顶点集 U 和边集 TE 中，直到图 G 中的 n 个顶点均被加入最小生成树 T 中为止。

实现 Prim 算法的关键步骤是：每次找出一条最短边，然后将其加入最小生成树中。

一种蛮力（Brute-force）做法是：通过检查所有从最小生成树 T 中的顶点到最小生成树 T 外的顶点的边，找出一条最短边。例如，在查找第 k 条最短边时，生成树 T 中已有 k 个顶点和 $k-1$ 条边，此时从 T 中顶点到 T 外顶点的边数最多可达 $k(n-k)$ 条，从这么多的边中查找一条最短边，其时间复杂度可达 $O(k(n-k))$。显然这种蛮力方法的效率是很低的。

可以考虑贪心算法思想。因为要关注从生成树 T 外的每个顶点到生成树 T 中顶点的最短距离（即最小权值），注意到当将顶点 v 加入生成树 T 中时，对每一个非生成树 T 中顶点 w 而言，唯一可能引起的变化是，增加顶点 v 可能使得顶点 w 比以前更接近生成树，即从顶点 w 到顶点 v 的权值可能比以前顶点 w 所确定的最短距离更短。因此，并不需要检查从顶点 w 到生成树 T 的所有顶点的边，仅需要考察 w 到生成树的顶点的最短距离，并检查当顶点 v 加入生成树 T 中时是否需要修改顶点 w 的最短距离。将具有最短距离的边称为候选边。

（2）算法设计

Prim 算法的过程如下：

① 从连通网 $N=\{V, E\}$ 中选择任一顶点 v_0 加入生成树 T 的顶点集合 U 中，并为集合 $V-U$ 中的各顶点初始化候选边。

② while(生成树 T 中顶点数目<n)

{
    从集合 $V-U$ 中各顶点对应的候选边中选取最短边 (u,v)；
    将边 (u,v) 及其在集合 $V-U$ 中的顶点 v 加入生成树 T 中；
    调整集合 $V-U$ 中各顶点对应的候选边；
}

初始状态时，由于集合 U 中仅有一个顶点 v_0，因而对集合 $V-U$ 中的各个顶点而言，候选边的一端必为顶点 v_0，边的权值为该顶点到 v_0 的边的权值，或为 ∞（当该顶点与 v_0 之间没有边时）。

【**例 7-3**】对于图 7-14a 所示的无向连通网 N，使用 Prim 算法从顶点 v_0（A）出发构建最小生成树。

解：对于图 7-14a 所示的无向连通网 N，使用 Prim 算法思想从顶点 v_0 出发构建最小生成树的过程如图 7-14b~图 7-14g 所示。

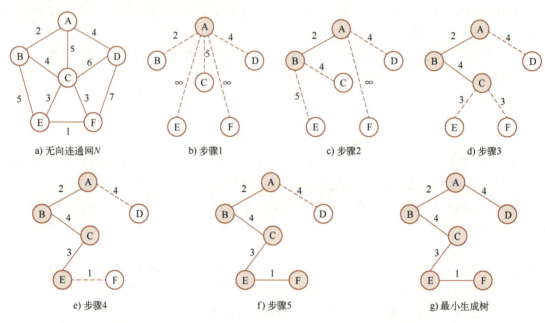

a) 无向连通网 N　　　b) 步骤1　　　c) 步骤2　　　d) 步骤3

e) 步骤4　　　f) 步骤5　　　g) 最小生成树

图 7-14　用 Prim 算法思想从顶点 v_0 出发构建最小生成树的过程

图中带阴影的顶点表示属于集合 U，即已经加入最小生成树中的顶点；实线边表示已经加入最小生成树中的边；虚线边表示一个顶点属于集合 U 而另一个顶点不属于集合 U 的边；每条虚线旁所标注的权值表示对集合 $V-U$ 中的每个顶点当前所确定的边的权值。

实现上述过程的关键是要能记录生成树 T 外的每个顶点的候选边的如下信息。

① 候选边已位于最小生成树中的顶点。

② 候选边对应的权值。

为此引入一个辅助数组 miniedges[ ]，用于存放集合 $V-U$ 中的各顶点到集合 U 中的顶点的候选边及其权值，miniedges[ ] 数组的元素类型定义如下：

```
typedef struct
{
    VertexType vex;      //放置已经位于最小生成树的顶点名称
    float lowcost;       //存放边的权值，为0时表示该点已加入最小生成树
} Edge;
```

每个顶点 $v_i \in V-U$，在数组 miniedges[ ] 中对应一个相应元素 miniedges[i]（假定顶点 v_i 的序号为 i），其中 miniedges[i].vex 记录该候选边所关联的另外一个已位于集合 U 中的顶点，miniedges[i].lowcost 记录该候选边的权值，且

$$\text{miniedges}[i].\text{lowcost} = \text{Min}\{\text{cost}(v_i, u) \mid u \in U\}$$

式中，$\text{cost}(v_i, u)$ 表示从顶点 v_i 到顶点 u 的边的权值。若将某个数组元素 miniedges[i] 的 lowcost 成员值设为 0，则表示相应的顶点 v_i 已加入最小生成树中。

算法 7-6 给出了 Prim 算法的实现，图的存储结构是邻接矩阵。

算法 7-6　Prim 算法

```
void Prim(MGraph G, int v)                       //v 为任取的 Prim 起点
{
    int i, j, k;
    Edge * miniedges = new Edge[G.vexnum];
    for(i = 0; i<G.vexnum; i++)                  //存放候选边
    {                                            //初始化候选边
        miniedges[i].vex = G.vexs[v];
        miniedges[i].lowcost = G.arcs[v][i];
    }
    miniedges[v].lowcost = 0;                    //表示起点 v 已经在最小生成树中
    for (i = 1; i<G.vexnum; i++)
    {
        //选取权值最小的候选边，并加入生成树中
        k = MiniNum(G, miniedges);
        cout<<miniedges[k].vex << "-->" <<G.vexs[k] <<endl;
        miniedges[k].lowcost = 0;

        //调整候选边，新增的点与原来最小生成树相连的顶点的权值比较
        for (j = 0; j <G.vexnum; j++)
        {
            if (G.arcs[k][j] <miniedges[j].lowcost)
            {
                miniedges[j].vex = G.vexs[k];
                miniedges[j].lowcost = G.arcs[k][j];
            }
        }
    }
    delete[] miniedges;
}
```

练一练：

算法 7-6 中的 MiniNum() 函数用于在数组 miniedges[] 中查找集合 V-U 中的具有最小权值的顶点，具体实现请读者自行完成。

（3）算法性能分析

假设图中的顶点个数为 n，由于算法 7-6 中存在双重 for 循环，所以该算法的时间复杂度为 $O(n^2)$，与图中边的数量无关。

3. Kruskal 算法

（1）算法思想

Kruskal（克鲁斯卡尔）算法的思想按照无向连通网中边的权值递增顺序构建最小生成树。其具体步骤如下。

1）初始时，U=V，TE=φ。初始状态的最小生成树可看成一个森林，其中每棵树都由单个顶点构成。

2）不断地向生成树 T 中加入边，每加入一条边，则将森林中的某两棵树合并成一棵树，直到将初始森林中的 n 棵树最后合并成一棵树为止。

显然，每次如何选择加入 T 的边是关键。为使生成树的权值之和达到最小，应使每一

条边上的权值尽可能小,因此将 G 中的边按权值从小到大的顺序依次选取。若选取的边未使 T 形成回路,则将它加入 TE 中;若选取的某条边使 T 构成回路,则将其舍弃。如此进行下去,直至选出 $n-1$ 条边为止。此时的 T 即为一棵最小生成树。

【例 7-4】 对图 7-14a 所示的无向连通网 N,使用 Kruskal 算法从顶点 v_0 出发构建最小生成树。

解:用 Kruskal 算法构建图 7-14a 所示无向连通网 N 的最小生成树的过程如图 7-15a~图 7-15e 所示。

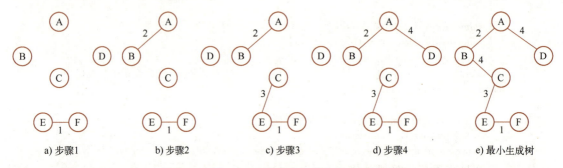

图 7-15 用 Kruskal 算法构建最小生成树的过程

比较图 7-14 和图 7-15 不难发现,Prim 算法的特点是集合 TE 中的边总是形成单棵树,而 Kruskal 算法中集合 TE 中的边是一个不断生长的森林。

(2)算法设计

在实现 Kruskal 算法时,需要解决如下 3 个主要问题。

1)选择权值最小的边。可以将网中的所有边存储到一个边集数组中。为提高算法执行过程中查找最小权值边的速度,可对边集数组中的边按权值递增顺序进行排序。例如,图 7-14a 所示的无向连通网 N 对应的边集数组如图 7-16 所示。

下标	0	1	2	3	4	5	6	7	8	9
始点	E	A	C	C	A	B	A	B	C	D
终点	F	B	E	F	D	C	C	E	D	F
权值	1	2	3	3	4	4	5	5	6	7

图 7-16 无向连通网 N 对应的边集数组

为了简化算法实现,边集数组的始点和终点存放顶点的序号,而非顶点的数据值。由此,边集数组元素的类型定义如下:

```
typedef struct
{
    int head, tail;
    int cost;
}EdgeType;
```

2)判断所选取的边加入 T 中是否会产生回路。用 6.3.4 小节中介绍的并查集这种数据结构即可解决该问题。并查集是一种支持查找一个元素所属的集合及两个元素各自所属集合的合并等运算的数据结构。加入一条边之前,先查找这条边关联的两个顶点是否属于同一个集合(即判断加入这条边之后是否形成回路),若形成回路,则继续判断下一条边;若未形成回路，则将该边和边对应的顶点加入最小生成树 T，并继续判断下一条边，直到所有顶点都加入最小生成树 T。为此，可设置一个数组 components[ ]，数组元素 components[i] 代表序号为 i 的顶点所属的集合（即连通分量）的编号。初始状态时，数组元素 components[i] 的值即为 i。当两个顶点的集合编号不同时，说明这两个顶点不属于同一连通分量，此时将这两个顶点所构成的边加入生成树中不会形成回路。

3）合并两棵树。当满足条件的边被加入生成树后，需要对这两个顶点所属的集合进行合并，即将两个顶点的集合的编号统一。

算法 7-7 给出了 Kruskal 算法的实现，图的存储结构是邻接矩阵。

算法 7-7 Kruskal 算法

```
void Kruskal( MGraph G, EdgeType * tree)
{
    int i, j, k;
    EdgeType * graph;                           //边集数组
    int * components;
    graph = new EdgeType[ G. arcnum];
    GetGraph( G, graph);                        //生成边集数组
    components = new int[ G. arcnum];           //初始化并查集
    for (i = 0; i<G. vexnum; i++)
    {
        components[i] = i;
    }
    k = 0;                                      //并查集下标
    j = 0;                                      //边集下标
    while (k <G. vexnum - 1)
    {
        //获得权值最小边的始点和终点，并判断是否产生回路
        int h1 = graph[j]. head;
        int t1 = graph[j]. tail;
        int h2 = components[h1];
        int t2 = components[t1];
        if (h2 != t2)
        {
            tree[k]. head = h1;
            tree[k]. tail = t1;
            tree[k]. cost = graph[j]. cost;
            k++;
            //合并
            for (i = 0; i<G. vexnum; i++)
            {
                if (components[i] == t2)
                    components[i] = h2;
            }
        }
        j++;
    }
    delete[ ] components;
    delete[ ] graph;
}
```

为了直观地显示 Kruskal 算法结果，可另外定义一个输出函数，根据边集数组 tree 中的

内容输出最小生成树中边的序列。下面给出一种输出函数。

```
void PrintSubTree( MGraph G,EdgeType * tree)         //显示最小生成树
{
    int i = 0;
    while (i<G.vexnum - 1)
    {
        int h1 = tree[i].head;
        int h2 = tree[i].tail;
        cout<<G.vexs[h1] << "-->" <<G.vexs[h2] <<endl;
        i++;
    }
}
```

练一练：

1. 在算法 7-7 中，边集数组 tree 用于保存所构建的最小生成树 T，算法中利用了 GetGraph( ) 函数将图的边按权值排好序后存入边集数组 graph 中。请读者思考 GetGraph( ) 函数如何实现。

2. Kruskal 算法中采用了并查集来实现对所选的边加入后是否会产生回路的判断。类似地，并查集还可以用于判断无向图的连通性：遍历无向图的边，每遍历到一条边，就把这条边连接的两个顶点合并到同一个集合中，处理完所有边后，只要是相互连通的顶点都会被合并到同一个子集合中，相互不连通的顶点一定在不同的子集合中。请读者思考实现方法。

(3) 算法性能分析

Kruskal 算法的效率与所选择的排序算法的效率及并查集数据结构的实现效率有关。若采用第 9 章介绍的堆排序算法排序，且并查集采用树结构实现，Kruskal 算法的时间复杂度可达到 $O(e\log_2 e)$。相较 Prim 算法而言，Kruskal 算法更适用于求解边稀疏的网的最小生成树。

7.1.5 最短路径

看一看：微课视频 7-4
最短路径

1. 最短路径的概念

对于一个不带权的图，两个连通顶点间经过的边或弧的数量称为路径长度；对于一个带权的图，两个连通顶点间经过的所有边或弧上的权值之和称为路径长度。

由于图中从一个顶点（源点）到另一个顶点（终点）可能存在多条不同的路径，各条路径的长度也不尽相同，其中路径长度最短的那条称为<u>最短路径</u>。

图的最短路径问题有非常广泛的应用。例如对于导学案例 2，如果用一个有向连通网来表示 n 个景点及其间的交通花费代价，其中网的顶点表示景点，弧的权值表示旅游交通费用，这样导学案例 2 的问题就转化为求任意两个顶点间最短路径的问题。

求图的最短路径问题通常可分为两类：一类是求图中某顶点到其余各顶点的最短路径问题，也称为<u>单源最短路径</u>问题；另一类是求图中<u>每对顶点之间的最短路径</u>问题。

2. 单源最短路径

（1）单源最短路径的概念

单源最短路径问题是指给定一个带权有向图 $G=(V, E)$ 和源点 v，求从 v 到 G 中其他顶

点的最短路径。这里讨论的最短路径算法假定图中边的权值均非负。

例如，对于图7-17所示的带权有向图 G_8，假定顶点 A 为源点，则从源点到图中其余各顶点的最短路径见表7-3。

表7-3　G_8 中从顶点 A 到其余各顶点的最短路径

源　　　点	中间顶点	终　　　点	最短路径长度
A		B	10
A		D	30
A	D	C	50
A	D, C	E	60

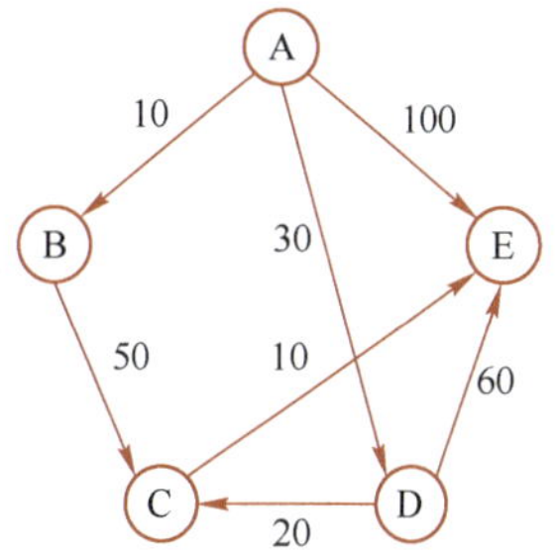

图7-17　带权有向图 G_8

表7-3中按最短路径长度递增的顺序依次给出了从源点到各顶点的最短路径。

（2）算法思想

1959年，荷兰计算机科学家 Dijkstra 采用贪心算法思想，提出了一种按路径长度递增次序，逐步产生从源点到其他各顶点的单源最短路径求解算法，称为 Dijkstra（迪杰斯特拉）算法。

算法思想如下。

- 将带权有向图 $G=(V,E)$ 的顶点集合 V 分成两个子集：已求出最短路径的顶点集合 S 和剩余确定最短路径的顶点集合 $V-S$。
- 初始状态时 S 中只有源点 v，然后不断地通过贪心选择来扩充这个集合 S，即总在 $V-S$ 中选择当前与源点间距离"最短"的顶点插入集合 S 中，直到集合 $V-S$ 中的顶点全部加入集合 S 中为止。

（3）算法设计

为便于每次在 U 中选择当前离源点距离最近的顶点，可设置一个辅助数组 dist[]，它的每一个分量 dist[i] 表示从源点 v 到顶点 v_i 当前的最短路径的长度。

Dijkstra 算法的基本过程描述如下。

① 初始化。初始化集合 $S=\{v\}$；初始化集合 $V-S$ 中各顶点到源点 v 的初始距离：若从源点 v 到顶点 v_i 有弧，则 dist[i] 为该弧上的权值；否则，dist[i] 为 $+\infty$。

② 选择。在集合 $V-S$ 中选择数组 dist[] 中当前距离值最小的顶点 v_k，并将 v_k 加入 S 中，即 $S=S+\{v_k\}$。

③ 调整。以 v_k 为新的中间点，调整 $V-S$ 中各顶点到源点的距离及数组 dist[] 中距离的值。

④ 循环。重复步骤②和③，直到 $V-S$ 中所有顶点都包含在 S 中。

在上述步骤中，每循环一次，都可能需要重新调整数组 dist[] 的元素值，因为若加入顶点 v_j 作为中间顶点可能会使 $V-S$ 中的某些顶点到源点的最短距离值更小，如图7-18所示。

对于 $V-S$ 中的顶点 v_i，其最短距离值的调整方法为

$$\text{dist}[i]=\text{Min}\{\text{dist}[i],\ \text{dist}[k]+\text{cost}(k,i)\}$$

式中，$\text{cost}(k, i)$ 表示从顶点 v_k 到顶点 v_i 的弧 $\langle v_k,v_i \rangle$ 上的权值。若 $\langle v_k,v_i \rangle$ 不存在，则置 $\text{cost}(k,i)$ 为 ∞。

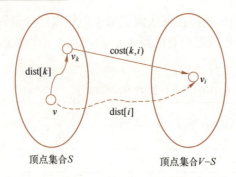

图 7-18 数组 dist[ ]元素值的增量修改图解

【例 7-5】 对于图 7-19a 所示的带权有向图 G_8,使用 Dijkstra 算法求从源点 v_0 到其他各顶点的最短路径。

解:对于带权有向图 G_8,求从源点 v_0 到其他各顶点的最短路径的过程如图 7-19b~图 7-19f 所示。

图中带阴影的顶点表示已加入集合 S 中的顶点,即已经确定最短路径的顶点,实线边表示已确定的最短路径上的边。集合 V-S 中的每个顶点旁所标注的数字表示当前所求出的从源点到该顶点的最短路径长度(即相应的 dist 元素值),而集合 S 的每个顶点旁所标注的数字则表示已经确定的从源点到该顶点的最短路径长度值。

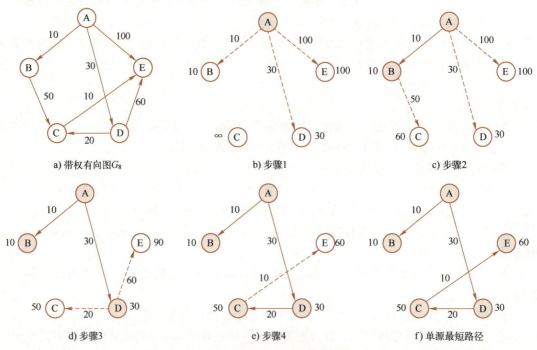

图 7-19 用 Dijkstra 算法求单源最短路径的过程

算法 7-8 给出了 Dijkstra 算法的实现,图的存储结构是邻接矩阵。利用布尔型数组 s 记录已求出最短路径的顶点集合 S,s[i] 为 true 表示顶点 v_i 已在集合 S 中。为了记录下 Dijkstra 算法所求出的从源点到各顶点的最短路径,引入一个数组 path[ ],其中,path[i] 中保存了从源点 v_0 到终点 v_i 的最短路径上该顶点的前驱顶点的序号。

算法 7-8 Dijkstra 算法

```
void Dijkstra( MGraph G, int v, int * path, int * dist)
//求从顶点 v 到其余各顶点的最短路径, path[ ]中存放路径, dist[ ]中存放路径长度
{
    int i, j, k, min;
    bool * s = new bool[ G. vexnum];
    for (i = 0; i<G. vexnum; i++)
    {
        s[i] = false;
        dist[i] = G. arcs[v][i];          //距离初始化
        if ( dist[i] <INFINITY || i == v)  //路径初始化
            path[i] = v;
        else
            path[i] = -1;
    }
    dist[v] = 0;
    s[v] = true;
    for (i = 1; i<G. vexnum; i++)
    {
        min =INFINITY;
        for (j = 0; j <G. vexnum; j++)     //选择距离值最小的顶点 k,并将其加入 s 中
            if ( !s[j] &&dist[j] < min)
            {
                k = j;
                min = dist[j];
            }
        s[k] = true;
        for (int w = 0; w <G. vexnum; w++)   //调整剩余顶点的距离
            if ( !s[w] &&dist[w] >dist[k] + G. arcs[k][w])
            {
                dist[w] = dist[k] + G. arcs[k][w];
                path[w] = k;
            }
    }
    delete[ ]s;
}
```

表 7-4 列出了对于带权有向图 G_8, 算法 7-8 执行过程中数组 path[ ] 和 dist[ ] 的变化情况。

表 7-4 带权有向图 G_8 执行算法 7-8 过程中数组 path[ ] 和 dist[ ] 的变化情况

S	V-S							
	B		C		D		E	
	dist[1]	path[1]	dist[2]	path[2]	dist[3]	path[3]	dist[4]	path[4]
{A}	10	0	+∞	-1	30	0	100	0
{A,B}			60	1	30	0	100	0
{A,B,D}			50	3			90	3
{A,B,D,C}							60	2
{A,B,D,C,E}								

算法执行结束时，可根据数组 path[ ] 找到源点 v_0 到终点 v_i 的最短路径上每个顶点的前驱顶点，一直回溯至源点，从而推出从源点 v_0 到终点 v_i 的最短路径。例如，对带权有向图 G_8，算法执行后所计算出的数组 path[ ] 如下：

| 0 | 0 | 3 | 0 | 2 |

输出源点 A 到终点 E 的最短路径的过程是：path[4]=2，说明该路径的前驱顶点是 C；path[2]=3，说明顶点 C 的前驱顶点是 D；path[3]=0，回退到源点，则推出源点 A 到终点 E 的最短路径是 A—D—C—E。

练一练：

读者可以增加一个函数 PrintPath(MGraph G, int path[ ], int dist[ ], int v)，用于按数组 path[ ] 和 dist[ ] 中记录的值输出从源点到各终点的最短路径及其长度。

（4）算法性能分析

Dijkstra 算法的时间复杂度为 $O(n^2)$。

3. 每对顶点之间的最短路径

（1）每对顶点之间的最短路径的概念

每对顶点之间的最短路径是指，给定一个带权有向图 $G=(V,E)$ 和源点 v_0，对每一对顶点 v_i 与 $v_j(i \neq j)$，求出 v_i 与 v_j 之间的最短路径和最短路径长度。

（2）算法思想

此问题的一种求解方法是：以图中每个顶点为源点，调用 n 次 Dijkstra 算法，即可求出图中每对顶点之间的最短路径。其时间复杂度为 $O(n^3)$。

这里介绍另一种用于求解每对顶点之间最短路径问题的算法——Floyd 算法。Floyd 算法允许存在权值为负的边，但假设不存在权值为负的回路。

Floyd 算法思想如下。

对任意一对顶点 $(v_i, v_j) \in V$，最短路径有两种可能。

1）直接到达。也就是说，v_i 和 v_j 之间存在弧，且与弧相关的权重就是最短路径长度。

2）间接到达。从 v_i 到 v_j 有弧，但该弧不是最短路径，或者 v_i 与 v_j 之间没有弧。此时，最短路径是指 v_i 经过若干中间点到 v_j。因此需进行 n 次试探，测试从 v_i 到 v_j 能否有以顶点 $v_0, v_1, v_2, \cdots, v_{n-1}$ 为中间点的更短路径。试探方法如图 7-20 所示。

设 $D(v_i, v_j)$ 为 v_i 到 v_j 的最短路径的距离，对于任意一个顶点 v_k，检查

$$D(v_i, v_k) + D(v_k, v_j) < D(v_i, v_j)$$

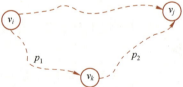

图 7-20 在顶点 v_i 和 v_j 之间试探加入顶点 v_k

是否成立。如果成立，说明从 v_i 经过中间点 v_k 再到 v_j 的路径比 v_i 直接到 v_j 的路径短。这样，经过 n 次迭代，比较完所有中间点 v_k 后，$D(v_i, v_j)$ 中记录的便是 v_i 到 v_j 的最短路径长度。

（3）算法设计

在实现 Floyd 算法时，可引入一个二维数组 D 用来存放每一步所求得的所有顶点对之间的当前最短路径长度。初始时，$D^{(-1)}[i][j]$ 为图的邻接矩阵，可根据如下递推公式进行迭代。$D^{(k)}[i][j]=\min\{D^{(k-1)}[i][j], D^{(k-1)}[i][k]+D^{(k-1)}[k][j]\}$ $(k=0,1,\cdots,n-1)$。

此外，还可引入一个二维数组 path 来保存最短路径。在算法生成 $D^{(k)}[i][j]$ 时，path[i][j]

中存放的是从顶点 v_i 到顶点 v_j 中间顶点序号不大于 k 的最短路径上的顶点 v_i 的后继顶点的序号。

Floyd 算法的基本过程描述如下。

① 初始化。$D[i][j]$ 初始化为图的邻接矩阵；若从 v_i 到 v_j 有弧，则 path$[i][j]$ 初始化为 j，否则 path$[i][j]$ 初始化为-1。

② 迭代。分别以顶点 $v_0,v_1,v_2,\cdots,v_{n-1}$ 为中间点进行 n 次迭代探测，并调整 $D[i][j]$ 和 path$[i][j]$。

【例 7-6】对于图 7-19a 所示的带权有向图 G_8，使用 Floyd 算法求每对顶点之间的最短路径。

解：对于带权有向图 G_8，在运用 Floyd 算法循环迭代过程中，最短路径长度矩阵 **D** 和路径矩阵 **path** 的变化过程如图 7-21 所示。

$$D^{(-1)} = \begin{pmatrix} 0 & 10 & \infty & 30 & 100 \\ \infty & 0 & 50 & \infty & \infty \\ \infty & \infty & 0 & \infty & 10 \\ \infty & \infty & 20 & 0 & 60 \\ \infty & \infty & \infty & \infty & 0 \end{pmatrix} \quad \text{path}^{(-1)} = \begin{pmatrix} 0 & 1 & -1 & 3 & 4 \\ -1 & 1 & 2 & -1 & -1 \\ -1 & -1 & 2 & -1 & 4 \\ -1 & -1 & 2 & 3 & 4 \\ -1 & -1 & -1 & -1 & 4 \end{pmatrix}$$

$$D^{(1)} = \begin{pmatrix} 0 & 10 & 60 & 30 & 100 \\ \infty & 0 & 50 & \infty & \infty \\ \infty & \infty & 0 & \infty & 10 \\ \infty & \infty & 20 & 0 & 60 \\ \infty & \infty & \infty & \infty & 0 \end{pmatrix} \quad \text{path}^{(1)} = \begin{pmatrix} 0 & 1 & 1 & 3 & 4 \\ -1 & 1 & 2 & -1 & -1 \\ -1 & -1 & 2 & -1 & 4 \\ -1 & -1 & 2 & 3 & 4 \\ -1 & -1 & -1 & -1 & 4 \end{pmatrix}$$

$$D^{(2)} = \begin{pmatrix} 0 & 10 & 60 & 30 & 70 \\ \infty & 0 & 50 & \infty & 60 \\ \infty & \infty & 0 & \infty & 10 \\ \infty & \infty & 20 & 0 & 30 \\ \infty & \infty & \infty & \infty & 0 \end{pmatrix} \quad \text{path}^{(2)} = \begin{pmatrix} 0 & 1 & 1 & 3 & 1 \\ -1 & 1 & 2 & -1 & 2 \\ -1 & -1 & 2 & -1 & 4 \\ -1 & -1 & 2 & 3 & 2 \\ -1 & -1 & -1 & -1 & 4 \end{pmatrix}$$

$$D^{(3)} = \begin{pmatrix} 0 & 10 & 50 & 30 & 60 \\ \infty & 0 & 50 & \infty & 60 \\ \infty & \infty & 0 & \infty & 10 \\ \infty & \infty & 20 & 0 & 30 \\ \infty & \infty & \infty & \infty & 0 \end{pmatrix} \quad \text{path}^{(3)} = \begin{pmatrix} 0 & 1 & 3 & 3 & 3 \\ -1 & 1 & 2 & -1 & 2 \\ -1 & -1 & 2 & -1 & 4 \\ -1 & -1 & 2 & 3 & 2 \\ -1 & -1 & -1 & -1 & 4 \end{pmatrix}$$

图 7-21 Floyd 算法的迭代过程与最后结果

由于顶点 v_0 没有入边、顶点 v_4 没有出边，故它们不能作为路径的中间顶点，因此，$D^{(0)} = D^{(-1)}$，$D^{(4)} = D^{(3)}$，path$^{(0)} =$ path$^{(-1)}$，path$^{(4)} =$ path$^{(3)}$，故这些矩阵在图中被省略。

算法最后求出的结果由路径长度矩阵 $D^{(3)}$ 和路径矩阵 path$^{(3)}$ 给出。

在算法结束时，由二维数组 path 的值向后跟踪，可以得到从顶点 v_i 到顶点 v_j 的路径。若 path$[i][j] = -1$，则表示没有中间顶点。例如，求起点 A（序号为 0）到终点 E（序号为 4）的路径时，观察 path$^{(3)}[0][4] = 3$，说明 A 的后继顶点为 D（序号为 3）；然后以 D 取代 A 作为新的起点，观察 path$^{(3)}[3][4] = 2$，说明 D 的后继顶点为 C（序号为 2）；然后以 C 取代 D 作为新的起点，观察 path$^{(3)}[2][4] = 4$，说明 C 的后继顶点为 E（序号为 4）；然后以 E 取代 C 作为新的起点，观察 path$^{(3)}[4][4] = 4$，此时路径起点与终点相同，说明路径已结束。最终得到的路径为 A→D→C→E。

算法 7-9 给出 Floyd 算法的实现，图的存储结构是邻接矩阵。

算法 7-9　Floyd 算法

```
void Floyd( MGraph G, int path[ ][MAX], int D[ ][MAX])
{
    int i, j, k;
    for (i = 0; i < G.vexnum; i++)                       //初始化 D
    {
        for (j = 0; j < G.vexnum; j++)
        {
            D[i][j] = G.arcs[i][j];
            if (D[i][j] <INFINITY)                        //初始化 path
                path[i][j] = j;
            else
                path[i][j] = -1;
        }
    }
    for (k = 0; k < G.vexnum; k++)                       //迭代
    {
        for (i = 0; i < G.vexnum; i++)
        {
            for (j = 0; j < G.vexnum; j++)
            {
                if (D[i][k] + D[k][j] < D[i][j])
                {
                    D[i][j] = D[i][k] + D[k][j];          //调整最短路径长度
                    path[i][j] = path[i][k];              //调整最短路径
                }
            }
        }
    }
}
```

练一练：

读者可增加一个函数 OutputPath(MGraphG, int path[ ][MAX], int D[ ][MAX])用于输出保存于二维数组 path 中的所有路径及保存于二维数组 D 中的路径长度。

(4) 算法性能分析

可以容易看出，Floyd 算法的时间复杂度为 $O(n^3)$。

7.2　能力培养

运用图的存储结构和基本操作方法，本节完成对导学案例 1 和 2 的实现。

7.2.1　导学案例 1 的实现

7.1.4 小节已经分析过，导学案例 1 的问题是构建连通网的最小生成树。下面采用 Prim 算法给出导学案例 1 的主要实现源码。

```
#include <iostream>
#include <cstring>
#include <fstream>
using namespace std;
const int MAX = 100;
const int INF = 9999;
```

```
enumGraphType { DG, UG, DN, UN };
typedef char VertexType[20];
typedef struct
{
    VertexType vexs[MAX];
    int arcs[MAX][MAX];
    int vexnum, arcnum;
    GraphType kind;
} MGraph;
typedef struct
{
    VertexType vex;
    float lowcost;
} Edge;
void CreateMGraph(MGraph& G, char * filename)
{
    int i, j, va, vb, w;
    ifstream infile(filename);;
    if (!infile.is_open())
    {
        cout<<"数据文件打开错误!\n";
        exit(1);
    }
    G.kind = UN;
    infile>>G.vexnum;
    infile>>G.arcnum;
    for (i = 0; i<G.vexnum; i++)
        infile>>G.vexs[i];
    for (i = 0; i<G.vexnum; i++)
        for (j = 0; j <G.vexnum; j++)
        {
            if (i == j)
                G.arcs[i][j] = 0;
            else
                G.arcs[i][j] = INF;
        }
    for (i = 0; i<G.arcnum; i++)
    {
        infile>>va>>vb>> w;
        G.arcs[va][vb] = w;
        G.arcs[vb][va] = w;
    }
    infile.close();
}
/***************Prim***************/
int MiniNum(MGraph G, Edge * miniedges)
{
    int i, j, mini;
    for (i = 0; i<G.vexnum; i++)
    {
        if (miniedges[i].lowcost != 0)
        {
            mini = i;
```

```cpp
                break;
            }
        for (j = mini; j <G.vexnum; j++)
        {
            if (miniedges[mini].lowcost>miniedges[j].lowcost && miniedges[j].lowcost != 0)
                mini = j;
        }
        return mini;
}
void Prim(MGraph G, int v)
{
    int i, j, k;
    Edge * miniedges = new Edge[G.vexnum];
    char * filename=(char * ) "result.txt";
    ofstreamoutfile(filename);
    if (!outfile.is_open())
    {
        cout<< "结果文件打开错误!\n";
        exit(1);
    }
    outfile<< "通信线路构造方案为:" <<endl;
    for (i = 0; i<G.vexnum; i++)
    {
        strcpy_s(miniedges[i].vex, G.vexs[v]);
        miniedges[i].lowcost = G.arcs[v][i];
    }
    miniedges[v].lowcost = 0;
    for (i = 1; i<G.vexnum; i++)
    {
        k = MiniNum(G, miniedges);
        outfile<<miniedges[k].vex << "-->" <<G.vexs[k] <<endl;
        miniedges[k].lowcost = 0;
        for (j = 0; j <G.vexnum; j++)
        {
            if (G.arcs[k][j] <miniedges[j].lowcost)
            {
                strcpy_s(miniedges[j].vex, G.vexs[k]);
                miniedges[j].lowcost = G.arcs[k][j];
            }
        }
    }
    delete[] miniedges;
    outfile.close();
}
/**************** main ****************/
int main()
{
    MGraph Graph;
    char filename[20];

    cout<< "请输入存放城市间通信线路代价的文件名:";
    cin>> filename;
```

```
        CreateMGraph(Graph, filename);
        Prim(Graph, 0);
        cout<<endl;
        return 0;
}
```

为了简化程序运行时的人工操作，利用文件进行输入/输出。程序运行前，可先建立数据文件，用于存储城市个数、城市间通信线路条数、各城市名称，以及各城市间通信线路代价等数据。程序运行结束后，结果存放在结果文件 result.txt 中。

此外，图中顶点的信息应该是城市名称，因此顶点表数据元素类型应定义为字符数组。

导学案例 1 的完整代码请登录 www.cmpedu.com 下载。

7.2.2 导学案例 2 的实现

7.1.5 小节已经分析过，导学案例 2 的问题是求任意两个顶点之间的最短路径。

沿用导学案例 1 的方法，依然采用从文件中读取数据创建相应的邻接矩阵。使用 Floyd 算法先求出每对景点间的最短距离和路径，再根据用户输入的信息，输出对应的路径距离（交通费用）和信息。主要实现源码如下：

```
#include <iostream>
#include <cstring>
#include <fstream>
Using namespace std;
void CreateMGraph(MGraph & G);
void Floyd(MGraph G, int path[][MAX], int D[][MAX]);
void ShowMGraph(MGraph G)
{
    int i;
    for (i = 0; i<G.vexnum; i++)
        cout<<G.vexs[i] <<endl;
}

void OutputPath(MGraph G, int path[][MAX], int D[][MAX], int i, int j)
{
    int next;
    if (path[i][j] == -1)
        cout<< "两个景点间无路相通!" <<endl;
    else
    {
        cout<< "从" <<G.vexs[i] << "到" <<G.vexs[j] << "的最少交通费用为:" << D[i][j] <<endl;
        cout<< "路径为:" <<G.vexs[i];
        next = path[i][j];
        while (next != j)
        {
            cout<< "-->" <<G.vexs[next];
            next = path[next][j];
        }
        cout<< "->" <<G.vexs[j] <<endl;
    }
}
/****************main****************/
int main()
```

```cpp
{
    MGraph Graph;
    int path[MAX][MAX];
    int D[MAX][MAX];
    char name1[20], name2[20], choice ='y';
    int i, j;

    CreateMGraph(Graph);
    Floyd(Graph, path, D);

    while (choice == 'y' || choice == 'Y')
    {
        cout<< "===========欢迎使用旅游交通费用查询系统===========\n";
        cout<<endl;
        cout<< " ****** 景点 ****** \n";
        ShowMGraph(Graph);
        cout<< " ********************** \n";
        cout<<endl;
        cout<< "请输入起点景点名称:";
        cin>> name1;
        cout<< "请输入终点景点名称:";
        cin>> name2;
        for (i = 0; i<Graph.vexnum; i++)
            if (strcmp(Graph.vexs[i], name1) == 0)
                break;
        for (j = 0; j <Graph.vexnum; j++)
            if (strcmp(Graph.vexs[j], name2) == 0)
                break;
        if (i == Graph.vexnum || j == Graph.vexnum)
            cout<< "输入的景点名称有错,请重新输入!\n";
        else if (i == j)
            cout<< "起点和终点相同!" <<endl;
        else
            OutputPath(Graph, path, D, i, j);

        cout<< "需要再次查询码?(Y/N):";
        cin>> choice;
    }
    return 0;
}
```

由于邻接矩阵的创建与导学案例 1 的实现相同,Floyd 算法的实现在 7.1.5 小节中已给出,因此上述代码中省略了函数 void CreateMGraph(MGraph&G)和函数 void Floyd(MGraphG, int path[ ][MAX],int D[ ][MAX])的实现。

导学案例 1 的完整代码请登录 www.cmpedu.com 下载。

7.3 能力提高

一个不含环的有向图称为**有向无环图**(Directed Acycline Graph,DAG)。有向无环图可以用一种自然的方式对优先关系或依赖关系进行描述,因而在工程计划与管理方面有着广泛而重要的应用。本节将介绍有向无环图的两种应用:AOV 网与拓扑排序、AOE 网与关键路径。

7.3.1 AOV 网与拓扑排序

看一看：微课视频 7-5
AOV 网与拓扑排序

有向无环图的一个典型应用是判断工程规划是否存在死锁现象，从而判断工程规划的可行性。

1. AOV 网的概念

一个工程往往可以分解为若干个相对独立的称为"活动"的子工程，这些活动之间在进行的时间上存在着一定的相互制约关系，如其中某些活动必须在另一些活动完成后才能开始。可以用有向图表示这些活动之间的先后关系。

在一个有向图中，用顶点表示活动，用弧表示活动之间的先后制约关系，称这种有向图为顶点表示活动的网，简称 **AOV 网**（Activity on Vertex Network）。

例如，在大学中，每个专业都需要制订相应的教学计划，以规定学生在校期间学习的一系列课程及开课顺序。表 7-5 列出了计算机专业的部分教学计划。

表 7-5 计算机专业的部分教学计划

课 程 代 号	课 程 名 称	先 修 课 程
C_1	高等数学	无
C_2	程序设计语言	无
C_3	离散数学	C_1
C_4	数据结构	C_2,C_3
C_5	编译原理	C_2,C_4
C_6	操作系统	C_4,C_7
C_7	计算机组成原理	C_2

可以将学生在校期间的整个学习过程看作一项工程，学习每门课程看作一项活动，课程之间的先修关系就是这些活动间的优先关系。因此，表 7-5 列出的课程计划可以用图 7-22a 所示的 AOV 网表示。

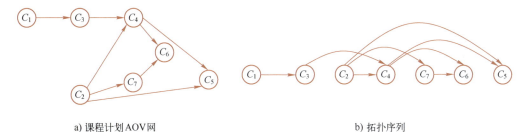

a) 课程计划AOV网   b) 拓扑序列

图 7-22 课程计划的 AOV 网及拓扑序列

2. 拓扑排序

（1）拓扑排序的概念

对一项工程采用 AOV 网表示以后，需要检查 AOV 网中是否存在环（回路）。若 AOV 网中存在环，则意味着某项活动的开始将以自身工作的完成为先决条件，这种情况称为死锁。存在死锁的工程是不可行的。

检测有向图中是否存在环的一种常用方法就是对一个有向图进行拓扑排序。

设图 $G=(V,E)$ 是一个具有 n 个顶点的有向图，V 中顶点序列 $v_1,v_2,\cdots,v_n$ 称为一个拓扑序列，当且仅当该顶点序列满足下列条件：若从 v_i 到 v_j 有一条路径，则在序列中 v_i 必排在 v_j 之前。

对一个有向图构造其拓扑序列的过程称为拓扑排序。若某 AOV 网中的所有顶点都在拓扑序列中，则说明该 AOV 网不存在回路。

对图 7-22a 所示的 AOV 网进行拓扑排序后，将沿水平线方向形成一个顶点序列，使图中所有有向边均从左指向右，如图 7-22b 所示。可以看出，拓扑序列中的第一个顶点必定是 AOV 网中没有前驱的顶点。

（2）算法设计

拓扑排序算法的基本过程如下。

① 在 AOV 网中选择一个没有直接前驱的顶点（即此顶点入度为 0），并输出它。

② 从图中删去该顶点，同时删去所有从它发出的有向边。

③ 重复步骤①和②，直到全部顶点均已输出，拓扑序列就此形成，或者当前 AOV 网中不存在无前驱的顶点为止。

显然，拓扑排序算法的结果可能有两种：一种是最终所生成的顶点拓扑序列包含图中的所有顶点，说明该 AOV 网中不存在环，也说明该 AOV 网对应的工程是可行的；另一种是算法执行完后，AOV 网中还有剩余顶点未被输出，说明该 AOV 网中存在环。

从上述拓扑排序的执行过程也可以看出，一个 AOV 网对应的拓扑序列可能不唯一。

【例 7-7】对于图 7-23a 所示的 AOV 网构造拓扑序列。

解： 图 7-23a 中带阴影的顶点表示入度为 0 的顶点。图中 A 和 B 没有前驱，可任选一个。假设先输出 A，并删除 A 及其发出的弧 <A,D>、<A,E>、<A,G>。只有顶点 B 没有前驱，输出 B，并删除 B 及其发出的弧 <B,C>、<B,E>、<B,F>。只有顶点 C 没有前驱，输出 C，并删除 C 及其发出的弧 <C,D>、<C,E>。以此类推，整个拓扑排序过程如图 7-23b～图 7-23h 所示。最后得到该 AOV 网的拓扑序列为 A—B—C—D—E—F—G。

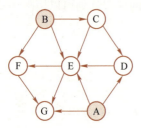

a) AOV 网

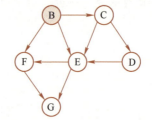

b) 输出顶点 A，删除该顶点及相应的弧

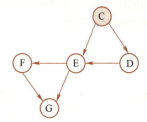

c) 输出顶点 B，删除该顶点及相应的弧

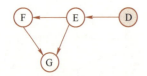

d) 输出顶点 C，删除该顶点及相应的弧

e) 输出顶点 D，删除该顶点及相应的弧

f) 输出顶点 E，删除该顶点及相应的弧

g) 输出顶点 F，删除该顶点及相应的弧

h) 输出顶点 G，AOV 网中不再有顶点

图 7-23 拓扑排序过程

要实现上述拓扑排序算法，需要解决以下两个问题。

1) 在每次选出一个入度为 0 的顶点后，如何实现"从图中删除该顶点，同时删除所有从它发出的弧"的操作？

2) 在拓扑排序过程中，如何方便地依次选出各个入度为 0 的顶点？

对于问题 1)，算法中"从图中删除该顶点，同时删除所有从它发出的弧"的操作可不必真正对图的存储结构进行处理，可以用"弧头顶点的入度减 1"的方法来间接实现。

对于问题 2)，可用一维数组 indegree[ ] 存放各顶点的入度，同时为了避免每一步选入度为 0 的顶点时重复扫描数组 indegree[ ]，可设置一个队列（或栈）来存储所有入度为 0 的顶点。在进行拓扑排序之前，只要对顶点表扫描一遍，将所有入度为 0 的顶点都排入队列中，一旦排序过程中出现新的入度为 0 的顶点，也同样将其排入队列中。

算法 7-10 给出了拓扑排序算法的实现，图的存储结构是邻接表，队列使用的是第 3 章定义的顺序队列。

算法 7-10 拓扑排序

```cpp
void TopoSort(ALGraph G)
{
    int * indegree = new int[G.vexnum];
    EdgeList p;
    SeqQueue s;
    int i, c;

    InitQueue(s);
    for (i = 0; i<G.vexnum; i++)          //初始化各顶点的入度
        indegree[i] = 0;
    for (i = 0; i<G.vexnum; i++)          //计算各顶点的入度
    {
        p = G.adjlist[i].firstedge;
        while (p)
        {
            indegree[p->adjvex]++;
            p = p->next;
        }
    }
    for (i = 0; i<G.vexnum; i++)          //将入度为 0 的顶点入队
    {
        if (!indegree[i])
            EnQueue(s, i);
    }

    c = 0;                                //对输出顶点计数
    while (!QueueEmpty(s))
    {
        i = DeQueue(s);                   //出队
        cout<<G.adjlist[i].data;          //输出顶点
        c++;
        p = G.adjlist[i].firstedge;
        while (p)                         //相应弧头顶点入度减 1
        {
            indegree[p->adjvex]--;
```

```
                if(!indegree[p->adjvex])
                    EnQueue(s, p->adjvex);
                p = p->next;
            }
        }
        if(c <G.vexnum)
            cout<< "该 AOV 网存在回路!" <<endl;
        delete[] indegree;
    }
```

(3) 算法性能分析

拓扑排序算法实际上是对图 G 进行遍历的过程，依次访问入度为 0 的顶点所对应的边表。若 AOV 网中没有回路，则扫描邻接表中的所有边结点。另外，加上算法开始时为建立入度数组 indegree[ ]而扫描整个邻接表的开销，所以此算法的时间复杂度为 $O(n+e)$。

(4) 判断一个有向图中是否存在环的其他方法

除上述拓扑排序算法之外，利用图的深度优先遍历也可以检查一个有向图中是否存在环。对于无向图来说，若在深度优先遍历中经过一条边后遇到一个已访问过的顶点，则图中必定存在环。然而，该性质对于有向图来说则未必成立。对于有向图，存在如下的性质。

环性质：一个有向图 G 不存在环，当且仅当对图 G 进行深度优先遍历时没有得到反向边（所谓反向边是指在深度优先遍历生成树中，连接顶点 u 到它的某一祖先顶点 v 的那些边）。

基于上述性质，在对有向图进行深度优先遍历时可以检查图中是否存在环，并进行拓扑排序。要检测图中是否存在反向边，可使用类似二叉树后序遍历的思想，即在深度优先遍历中，对当前被访问的任一顶点 v，做访问标记，但并不立即输出，而是将输出推迟到它的所有可达顶点（即后继）被输出之后。但为了保证输出的顶点序列具有拓扑顺序，输出时，应将顶点 v 插在它的所有后继顶点之前。这样，在深度优先遍历过程中每个顶点有 3 种状态：未被访问、已访问和已输出。对任一顶点 v，初始状态为未被访问。当一个顶点被访问后，状态由未被访问变为已访问，接着检查它的每一个邻接点的状态，若某个邻接点的状态为已访问，则表明图中有环。有兴趣的读者请自行实现。

7.3.2 AOE 网与关键路径

有向无环图另一个典型的应用是优化工程进度，尽可能缩短整个工期。

看一看：微课视频 7-6
AOE 网与关键路径

1. AOE 网的概念

在一个有向图中，用顶点表示事件，用弧表示活动，用弧上的权值表示该活动的持续时间，这种有向图称为边表示活动的网，简称 **AOE 网**（Activity on Edge Network）。

在 AOE 网中有两个特殊的顶点（事件）：一个称为源点（Source），表示所有活动的开始；另一个称为汇点（Convergency），表示整个工程的结束。

图 7-24 所示为一个描述工程计划的 AOE 网。图中每个有向边 $<v_1,v_2>,<v_1,v_3>,\cdots,<v_6,v_7>$ 都表示一个活动，用 $a_1,a_2,\cdots,a_{10}$ 分别表示这些活动，边上的数字表示完成该活动（子工程）所需要的天数；图中的 7 个顶点表示 7 个不同的事件，如顶点 v_1 表示工程的开工，v_7 表示工程的结束，v_5 表示活动 a_6 和 a_7 完成及活动 a_9 可以开始。

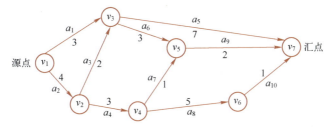

图 7-24　AOE 网

表示一个实际工程计划的 AOE 网应该是无环的，且存在唯一的源点和汇点。若图中存在多个入度为 0 的顶点，可以添加一个虚拟源点，使这个虚拟源点到原来各个入度为 0 的顶点都有一条权值为 0 的边。对多个出度为 0 顶点的情况可做类似的处理。

与 AOV 网不同，对于 AOE 网要研究的两个主要问题如下。

1) 完成整项工程至少需要多少时间？
2) 哪些活动是影响工程进度的关键？

2. 关键路径

(1) 关键路径的概念

在 AOE 网中有些活动可以同时进行。如在图 7-24 中，活动 a_1 和 a_2 就可以同时进行，因此完成整个工程的最短时间应是从源点到汇点的最长路径的长度（路径长度等于路径上各边权值之和）。具有最大长度的路径称为关键路径（Critical Path），关键路径上的活动称为关键活动（Critical Activity）。如在图 7-24 中，$\{a_2, a_3, a_5\}$ 和 $\{a_2, a_4, a_8, a_{10}\}$ 是关键路径，其上的活动 $a_2, a_3, a_4, a_5, a_8, a_{10}$ 为关键活动，工程完工的最短天数为 13 天。在一个 AOE 网中，关键路径并不唯一。

分析关键路径的目的是找出关键活动，即不按期完成就会影响整个工程的完成时间的活动。由此为决策者提供调度依据，投入较多的人力和物力在关键活动上，以保证整个工程按期完成，并争取提前完成。

(2) 算法设计

如何在一个 AOE 网中找出关键路径呢？由于关键路径由关键活动组成，因此只要找出 AOE 网中的关键活动，也就找到了关键路径。为此，需要先定义 4 个相关的量。假设顶点 v_1 为源点、v_n 为汇点、事件 v_1 的发生时刻为 0。

1) 事件 v_i 最早发生时间为 $\mathrm{ve}(i)$。这是从源点到顶点 v_i 的最长路径的长度。

$$\mathrm{ve}(i)=\begin{cases}0, & i=1\\ \mathrm{Max}\{\mathrm{ve}(j)+w<v_j,v_i>\} & 否则\end{cases}$$

式中，$w<v_j,v_i>$ 表示边 $<v_j,v_i>$ 上的权值。

2) 事件 v_i 允许的最迟发生时间为 $\mathrm{vl}(i)$。这是在保证完成汇点 v_n 在 $\mathrm{ve}(v_n)$ 时刻发生的前提下，即在保证不延误整个工期的前提下，事件 v_i 允许发生的最迟时间。

$$\mathrm{vl}(i)=\begin{cases}\mathrm{ve}(n) & i=n\\ \mathrm{Min}\{\mathrm{vl}(j)-w<v_i,v_j>\} & 否则\end{cases}$$

3) 活动 $a_k=<v_i,v_j>$ 可能的最早开始时间 $e(k)$。该值等于事件 v_i 的最早可能发生时间 $\mathrm{ve}(i)$。

4) 活动 $a_k=<v_i,v_j>$ 允许的最迟开始时间 $l(k)$。这是在保证不延误整个工期的前提下，活动 a_k 所允许的最迟开始时间。该值是事件 v_j 发生所允许的最迟时间 $\mathrm{vl}(j)$ 减去 $w<v_i,v_j>$，即

$$l(k) = vl(j) - w<v_i, v_j>$$

有了上述几个时间量,就可以在 AOE 网中找出各个关键活动。很显然,对于活动 a_k 而言,若该活动的最早开始时间 $e(k)$ 与最迟开始时间 $l(k)$ 重合,即 $l(k) = e(k)$,则表明该活动没有富余时间,可推出活动 a_k 一定是关键活动,活动 a_k 延期则整个工程延期。依据上述方法,对 AOE 网中的每条有向边可以分别判断其是否为关键活动。关键活动确定以后,也就可以推出关键路径了。

这样,在 AOE 网中求关键路径的问题就转化为分别对图中的每个顶点 v_i 求出对应的两个量 $ve(i)$ 和 $vl(i)$,进而推出每个活动 a_k 的最早开始时间 $e(k)$ 与最迟开始时间 $l(k)$。在求顶点 v_i 的 $ve(i)$ 时,必须在顶点 v_i 的所有前驱顶点的最早发生时间都已求得的前提下进行。这样,从源点起,需要按照顶点的拓扑排序,反复应用求 ve 值的递推公式,方可求出各顶点 v_i 的最早开始时间 $ve(i)$。类似地,从汇点 v_n 起,按照顶点的拓扑排序的逆序,反复应用求 vl 值的递推公式,可求出各顶点 v_i 的最早开始时间 $vl(i)$。

综上所述,求 AOE 网中关键路径的算法过程可描述如下。

① 从源点 v_1 开始,置 $ve(1) = 0$。

② 对 AOE 网进行拓扑排序,如发现存在环,则无法求出关键路径,算法中止;否则,在拓扑排序过程中依据求 ve 值的递推公式可求出各个顶点 v_i 的最早开始时间 $ve(i)$。

③ 从汇点 v_n 开始,置 $vl(n) = ve(n)$。

④ 依据求 vl 值的递推公式,按照拓扑排序的逆序,依次求出各个顶点 v_j 的最迟开始时间 $vl(j)$。

⑤ 根据各顶点的 ve 和 vl 值,分别求出每个活动的最早开始时间和最迟开始时间。

⑥ 对每个活动 $a_k = <v_i, v_j>$,检测其是否满足 $l(k) = e(k)$,若是,则该活动为关键活动。

【例 7-8】对于图 7-24 所示的 AOE 网寻找关键路径。

解:依据上述算法思想,图 7-24 所示的 AOE 网的计算结果见表 7-6。

表 7-6 图 7-24 所示的 AOE 网的计算结果

顶点 v_i	$ve(i)$	$vl(i)$	活动 a_k	$e(k)$	$l(k)$	$l(k)-e(k)$
v_1	0	0	a_1	0	3	3
v_2	4	4	a_2	0	0	0
v_3	6	6	a_3	4	4	0
v_4	7	7	a_4	4	4	0
v_5	9	11	a_5	6	6	0
v_6	12	12	a_6	6	8	2
v_7	13	13	a_7	7	10	3
			a_8	7	7	0
			a_9	9	11	2
			a_{10}	12	12	0

说明:若 AOE 网中有几条关键路径,那么仅提高一条关键路径上的关键活动的速度,并不能缩短整个工程的工期,必须提高同时在几条关键路径上的关键活动的速度才可以。

本章小结

图是一种非常典型的非线性结构,具有广泛的应用背景。本章介绍了图的基本概念与术语,以及邻接矩阵和邻接表这两种常用的图存储结构,并对图的遍历、最小生成树、最短路径、拓扑排序、关键路径等问题进行了详细的描述,同时给出了相应的算法思想与过程描述。

思考与练习

一、单项选择题

1. 在一个有向图中,所有顶点的入度之和等于所有顶点的出度之和的(   )倍。
   A. 1/2　　　　　　B. 1　　　　　　C. 2　　　　　　D. 4
2. 有 8 个结点的无向图最多有(   )条边。
   A. 14　　　　　　B. 28　　　　　　C. 56　　　　　　D. 112
3. 设某强连通图中有 n 个顶点,则该强连通图中至少有(   )条边。
   A. $n(n-1)$　　　B. $n+1$　　　　C. n　　　　　D. $n(n+1)$
4. 下列关于无向连通图特性的叙述中,正确的是(   )。
   Ⅰ. 所有顶点的度之和为偶数
   Ⅱ. 边数大于顶点个数减 1
   Ⅲ. 至少有一个顶点的度为 1
   A. 只有Ⅰ　　　　B. 只有Ⅱ　　　　C. Ⅰ和Ⅱ　　　　D. Ⅰ和Ⅲ
5. 若无向图 $G=(V,E)$ 中含 7 个顶点,则保证图 G 在任何情况下都是连通的,则需要的边数最少是(   )。
   A. 6　　　　　　B. 15　　　　　　C. 16　　　　　　D. 21
6. 若用邻接矩阵表示一个有向图,则其中每一列包含的"1"的个数为(   )。
   A. 图中每个顶点的入度　　　　　　B. 图中每个顶点的出度
   C. 图中弧的条数　　　　　　　　　D. 图中连通分量的数目
7. 设图的邻接矩阵 A 如下。各顶点的度依次是(   )。

$$A = \begin{pmatrix} 0 & 1 & 0 & 1 \\ 0 & 0 & 1 & 1 \\ 0 & 1 & 0 & 0 \\ 1 & 0 & 0 & 0 \end{pmatrix}$$

   A. 1,2,1,2　　　B. 2,2,1,1　　　C. 3,4,2,3　　　D. 4,4,2,2
8. 下列(   )的邻接矩阵是对称矩阵。
   A. 有向图　　　　B. 无向图　　　　C. AOV 网　　　D. AOE 网
9. 设无向图 G 中有 n 个顶点、e 条边,则其对应的邻接表中的顶点表长度和所有边表结点总数分别为(   )。
   A. n,e　　　　　B. e,n　　　　C. $2n,e$　　　　D. $n,2e$
10. 已知无向图 G 含有 16 条边,其中度为 4 的顶点个数为 3,度为 3 的顶点个数为 4,其他顶点的度均小于 3。图 G 所含的顶点个数至少是(   )。
    A. 10　　　　　　B. 11　　　　　　C. 13　　　　　　D. 15

11. 已知图 G 含有 7 个顶点：0，1，2，3，4，5，6。其邻接矩阵如下。则从顶点 0 出发按深度优先遍历的顶点序列是（　　）。

  A. 0,2,4,3,1,5,6   B. 0,1,3,6,5,4,2
  C. 0,1,3,4,2,5,6   D. 0,3,6,1,5,4,2

12. 设有向图 $G=(V,E)$，顶点集 $V=\{v_0,v_1,v_2,v_3\}$，边集 $E=\{<v_0,v_1>,<v_0,v_2>,<v_0,v_3>,<v_1,v_3>\}$，若从顶点 v_0 开始对图进行深度优先遍历，则可能得到的不同的遍历序列个数是（　　）。

  A. 2   B. 3   C. 4   D. 5

13. 用邻接表表示图进行广度优先遍历时，通常是采用（　　）来实现算法的。

  A. 树   B. 图   C. 栈   D. 队列

14. 对有 n 个结点、e 条边且使用邻接表存储的有向图进行广度优先遍历，算法的时间复杂度是（　　）。

  A. $O(n)$ B. $O(e)$ C. $O(n+e)$ D. $O(n*e)$

15. 若对图 7-25 所示的无向图进行遍历，则下列选项中不是广度优先遍历序列的是（　　）。

  A. h,c,a,b,d,e,g,f   B. e,a,f,g,b,h,c,d
  C. d,b,c,a,h,e,f,g   D. a,b,c,d,h,e,f,g

16. 以下说法不正确的是（　　）。

  A. 无向图中的极大连通子图称为连通分量
  B. 连通图的广度优先遍历中一般要采用队列来暂存刚访问过的顶点
  C. 图的深度优先遍历中一般要采用栈来暂存刚访问过的顶点
  D. 有向图的遍历不可采用广度优先遍历

17. 下列不是图 7-26 所示有向图的深度优先遍历序列的是（　　）。

  A. v_1,v_5,v_4,v_3,v_2 B. v_1,v_3,v_2,v_5,v_4
  C. v_1,v_2,v_5,v_4,v_3 D. v_1,v_2,v_3,v_4,v_5

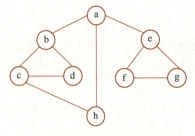

图 7-25　题 15 无向图

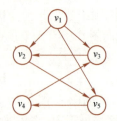

图 7-26　题 17 有向图

18. 已知无向图 G 如图 7-27 所示，使用 Kruskal 算法求图 G 的最小生成树。加到最小生成树中的边依次是（　　）。

　　A.（b,f）,（b,d）,（a,e）,（c,e）,（b,e）　　B.（b,f）,（b,d）,（b,e）,（a,e）,（c,e）
　　C.（a,e）,（b,e）,（c,e）,（b,d）,（b,f）　　D.（a,e）,（c,e）,（b,e）,（b,f）,（b,d）

19. 下列关于最小生成树的说法中正确的是（　　）。

Ⅰ. 最小生成树的代价唯一
Ⅱ. 所有权值最小的边一定会出现在最小生成树中
Ⅲ. 用 Prim 算法从不同顶点开始得到的最小生成树一定相同
Ⅳ. 用 Prim 算法和 Kruskal 算法得到的最小生成树总不相同

　　A. 仅Ⅰ　　　B. 仅Ⅱ　　　C. 仅Ⅰ、Ⅲ　　　D. 仅Ⅱ、Ⅳ

20. 求图 7-28 所示带权图的最小生成树时，可能是 Kruskal 算法第二次选中但不是 Prim 算法（从 v_4 开始）第二次选中的边是（　　）。

　　A.(v_1,v_3)　　B.(v_1,v_4)　　C.(v_2,v_3)　　D.(v_3,v_4)

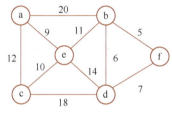
图 7-27　题 18 无向图 G

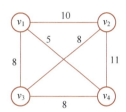
图 7-28　题 20 带权图的最小生成树

21. 求最短路径的 Dijkstra 算法的时间复杂度是（　　）。

　　A. $O(n)$　　B. $O(n+e)$　　C. $O(n^2)$　　D. $O(ne)$

22. 如图 7-29 所示的有向带权图，若采用 Dijkstra 算法求源点 a 到其他各顶点的最短路径，得到的第一条最短路径的目标顶点是 b，第二条最短路径的目标顶点是 c，那么到其余各最短路径的目标顶点依次是（　　）。

　　A. d,e,f　　B. e,d,f　　C. f,d,e　　D. f,e,d

23. 使用 Dijkstra 算法求图 7-30 中从顶点 1 到其他各顶点的最短路径，依次得到的各最短路径的目标顶点是（　　）。

　　A. 5,2,3,4,6　　　　　　B. 5,2,3,6,4
　　C. 5,2,4,3,6　　　　　　D. 5,2,6,3,4

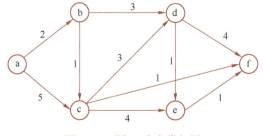
图 7-29　题 22 有向带权图

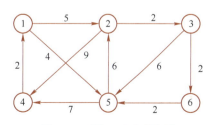
图 7-30　题 23 有向带权图

24. 使用 Dijkstra 算法求图 7-31 中从顶点 1 到其余各顶点的最短路径，将当前找到的从顶点 1 到顶点 2,3,4,5 的最短路径长度保存在数组 dist[ ] 中, 求出第二条最短路径后, dist[ ] 中的内容更新为（　　）。

    A. 26,3,14,6　　　　　　　　　B. 25,3,14,6

    C. 21,3,14,6　　　　　　　　　D. 15,3,14,6

25. 对图 7-32 所示的有向图进行拓扑排序, 得到的拓扑序列可能是（　　）。

    A. 3,1,2,4,5,6　　　　　　　　B. 3,1,2,4,6,5

    C. 3,1,4,2,5,6　　　　　　　　D. 3,1,4,2,6,5

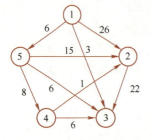
图 7-31　题 24 有向带权图

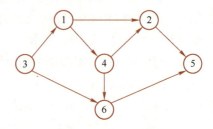
图 7-32　题 25 有向图

26. 下列选项中, 不是图 7-33 所示的有向图的拓扑序列的是（　　）。

    A. 1,5,2,3,6,4　　　　　　　　B. 5,1,2,6,3,4

    C. 5,1,2,3,6,4　　　　　　　　D. 5,2,1,6,3,4

27. 给定有向图如图 7-34 所示, 该图的拓扑有序序列的个数是（　　）。

    A. 1　　　　B. 2　　　　C. 3　　　　D. 4

28. 对图 7-35 所示的有向图进行拓扑排序, 可以得到不同的拓扑序列的个数是（　　）。

    A. 4　　　　B. 3　　　　C. 2　　　　D. 1

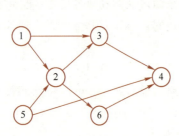
图 7-33　题 26 有向图

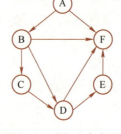
图 7-34　题 27 有向图

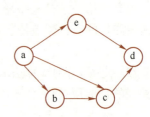
图 7-35　题 28 有向图

29. 将 n 个顶点、e 条弧的有向图采用邻接表存储, 则拓扑排序算法的时间复杂度是（　　）。

    A. $O(n)$　　　　　　　　　　　B. $O(n+e)$

    C. $O(n^2)$　　　　　　　　　　D. $O(ne)$

30. 若用邻接矩阵存储有向图, 矩阵中主对角线以下的元素均为零, 则关于该图拓扑序列的结构是（　　）。

    A. 存在, 且唯一　　　　　　　　B. 存在, 且不唯一

    C. 存在, 可能不唯一　　　　　　D. 无法确定是否存在

31. 图 7-36 所示的 AOE 网表示一项包含 8 个活动的工程。活动 d 的最早开始时间和最迟开始时间分别是（　　）。

    A. 3 和 7 　　B. 12 和 12 　　C. 12 和 14 　　D. 15 和 15

32. 若使用 AOE 网估算工程进度，则下列叙述中正确的是（　　）。

    A. 关键路径是从源点到汇点边数最多的一条路径
    B. 关键路径是从源点到汇点路径长度最长的路径
    C. 增加任一关键活动的时间不会延长工程的工期
    D. 缩短任一关键活动的时间将会缩短工程的工期

33. 图 7-37 所示的 AOE 网表示一项包含 8 个活动的工程。通过同时加快若干活动的进度可以缩短整个工程的工期。下列选项中，加快其进度就可以缩短工程工期的是（　　）。

    A. c 和 e 　　B. d 和 e 　　C. f 和 d 　　D. f 和 h

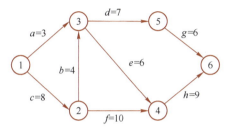

图 7-36　题 31 AOE 网

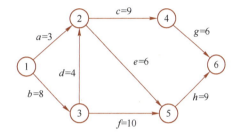

图 7-37　题 33 AOE 网

二、填空题

1. 在一个图中，所有顶点的度数之和等于图的边数的_____倍。
2. 有 8 个结点的无向连通图最少有_____条边。
3. 图的深度优先遍历类似于二叉树的_____遍历，图的广度优先遍历类似于二叉树的_____遍历。
4. 一个图中有 n 个顶点且包含 k 个连通分量，若按深度优先遍历方法访问所有结点，则必须调用_____次深度优先遍历算法。
5. 对稀疏图最好用_____算法求最小生成树，对稠密图最好用_____算法来求解最小生成树。
6. 已知有向图 $G=(V,E)$，其中 $V=\{v_1,v_2,v_3,v_4,v_5,v_6,v_7\}$，$E=\{<v_1,v_2>,<v_1,v_3>,<v_1,v_4>,<v_2,v_5>,<v_3,v_5>,<v_3,v_6>,<v_4,v_6>,<v_5,v_7>,<v_6,v_7>\}$，则 G 的拓扑序列是_____。
7. 利用_____算法可以判断一个有向图是否存在回路。
8. AOV 网是一种_____图。
9. 关键路径是_____。
10. 已知图的存储结构定义如下：

```
typedef char VertexType[20];
typedef struct
{
    VertexType vexs[MAX];           //顶点表
    int arcs[MAX][MAX];             //邻接矩阵
    int vexnum,arcnum;              //顶点数和边数
```

```
    GraphType kind;           //图的类型
}MGraph;
```

请回答以下问题:
(1) 以下函数实现的功能是_____。

```
int LocateVex(MGraph G, VertexType s)
{
    int i;
    for (i = 0; i<G.vexnum; i++)
        if (strcmp(s, G.vexs[i]) == 0)
            break;
    return i;
}
```

(2) 请完善以下函数，实现在图中查找序号为 i 的结点的首个邻接点序号的功能。

```
int FirstAdjVex(MGraph G, int i)
{
    int j, p=-1;
    for(j=0; j<G.vexnum; j++)
        if (G._____ ==1)
        {_____; break;}
    return p;
}
```

三、简答题

1. 已知无向图 G 的邻接表如图 7-38 所示，画出图 G 的所有连通分量。

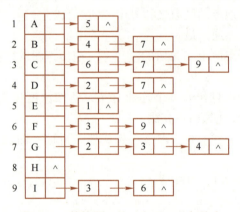

图 7-38 简答题 1 的无向图 G 的邻接表

2. 有 6 个顶点的无向图如图 7-39 所示。请回答相关问题。
(1) 画出图的邻接矩阵和邻接表。
(2) 计算每个顶点的度。
(3) 写出从顶点 1 出发的深度优先遍历序列和广度优先遍历序列。
(4) 分别给出用 Prim 算法和 Kruskal 算法构建最小生成树时所经过的边的集合。

3. 对图 7-40 所示的连通网，分别用 Prim 算法和 Kruskal 算法构建该网的最小生成树。

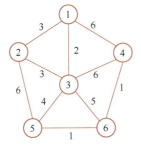

图 7-39 简答题 2 无向图

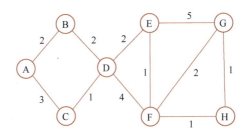

图 7-40 简答题 3 连通图

4. 如图 7-41 所示，拟建设一个光通信骨干网络连通 BJ、CS、XA、QD、JN、NJ、TL 和 WH 等 8 个城市，无向图中边上的权值表示两个城市间备选光纤的铺设费用。回答下列问题。

（1）仅从铺设费用角度出发，给出所有可能的最经济的光纤铺设方案（用带权图表示），并计算相应方案的总费用。

（2）可采用图的哪种存储结构？给出求解问题（1）所使用的算法名称。

5. 使用 Prim 算法求带权连通图的最小（代价）生成树（MST）。请回答下列问题。

（1）对于图 7-42 所示的图 G，从顶点 A 开始求 G 的 MST，依次给出按算法选出的边。

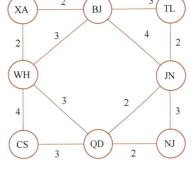

图 7-41 简答题 4 光通信骨干网络图

（2）图 G 的 MST 是唯一的吗？

（3）对任意的带权连通图，满足什么条件时，其 MST 是唯一的？

6. 对图 7-43 所示的有向网，试利用 Dijkstra 算法求从顶点 A 到其他顶点间的最短路径，写出执行过程中各步的状态。

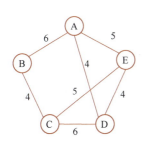

图 7-42 简答题 5 带权连通图

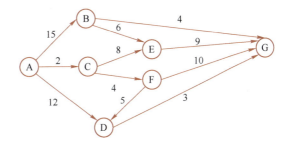

图 7-43 简答题 6 有向网

7. 带权图（权值非负，表示边连接的两顶点间的距离）的最短路径问题是找出从初始顶点到目标顶点之间的一条最短路径。假定从初始顶点到目标顶点之间存在路径，现有一种解决该问题的方法：

① 设最短路径初始时仅包含初始顶点，令当前顶点 u 为初始顶点。

② 选择离 u 最近且尚未在最短路径中的一个顶点 v，将其加入最短路径中，修改当前顶点 $u=v$。

③ 重复步骤②，直到 u 是目标顶点时为止。

请问用上述方法能否求得最短路径？若该方法可行，请证明之；否则，请举例说明。

8. 已知一个有 6 个顶点（顶点编号 0~5）的有向带权图 G，其邻接矩阵 A 为上三角矩阵，按行为主序（行优先）的压缩存储结构为

| 4 | 6 | ∞ | ∞ | ∞ | 5 | ∞ | ∞ | ∞ | 4 | 3 | ∞ | ∞ | 3 | 3 |

要求：

（1）写出图 G 的邻接矩阵 A。

（2）画出有向带权图 G。

（3）求图 G 的关键路径，并计算关键路径的长度。

四、算法设计题

1. 设采用邻接表作为有向图的存储结构，设计算法实现以下功能。

（1）求出图 G 中每个顶点的入度和出度。

（2）求出图 G 中出度最大的一个顶点，并输出该顶点的序号及其信息。

（3）求出图 G 中出度为 0 的顶点总数。

2. 用邻接表存储图 G，设计一个算法，找出图中从顶点 u 到顶点 v 长度为 n 的所有简单路径。

3. 一个二部图（Bipartite）$G=(V,E)$ 是一个无向图，它的顶点集合可以被划分成 $V=X\cup Y$，并具有下述性质：每条边 $e\in E$，且它有一个端点在 X 中，而另一个端点在 Y 中。图 7-44 所示为一个二部图示例。

用邻接表存储图 G，设计一个算法，判断一个给定的连通图 G 是否为二部图。

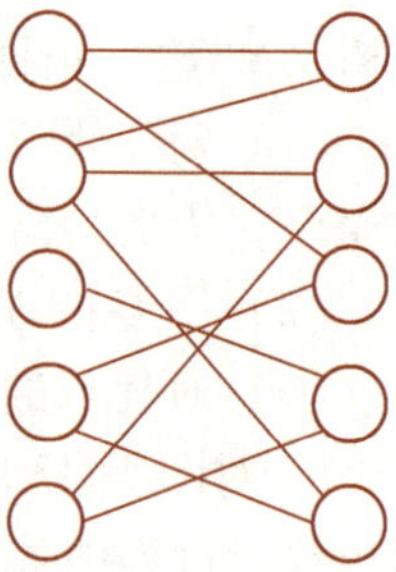

图 7-44 一个二部图示例

4. 试修改 Prim 算法，使之能在邻接表存储结构上实现求有向图的最小生成森林（森林的存储结构为孩子兄弟链表）。

5. 假设以邻接矩阵作为图的存储结构，编写算法判别在给定的有向图中是否存在一个简单有向回路，若存在，则以顶点序列的方式输出该回路（找到一条即可）。

6. 已知无向连通图 G 由顶点集 V 和边集 E 组成，$|E|>0$，当 G 中度为奇数的顶点个数为不大于 2 的偶数时，G 存在包含所有边且长度为 $|E|$ 的路径（称为 EL 路径）。设图 G 采用邻接矩阵存储，类型定义如下：

```
typedef struct {                //图的定义
    int numVertices,numEdges;   //图中实际的顶点数和边数
    char VerticesList[MAXV];    //顶点表，MAXV 为已定义常量
    int Edge[MAXV][MAXV];       //邻接矩阵
}MGraph;
```

请设计算法 int IsExistEL（MGraph G），判断 G 是否存在 EL 路径。若存在，返回 1；否则，返回 0。要求：

（1）给出算法的基本设计思想。

（2）根据设计思想，采用 C 或 C++ 语言描述算法，关键之处给出注释。

（3）说明所设计算法的时间复杂度和空间复杂度。

应用实战

1. 编写程序，建立图的存储结构，并对图进行遍历操作。要求：
（1）建立一个无向图的邻接矩阵。
（2）由第（1）步建立的邻接矩阵产生相应的邻接表结构。
（3）分别基于邻接矩阵和邻接表结构对图进行深度优先遍历与广度优先遍历。
2. 编写程序，建立图的存储结构，并求出该图的最小生成树。要求：
（1）建立一个无向网的邻接矩阵。
（2）分别用 Prim 算法和 Kruskal 算法构建最小生成树。
（3）以文本形式输出生成树中各条边及它们的权值。
3. 编写程序，建立图的存储结构，求出该图的最短路径。要求：
（1）建立一个有向网的邻接矩阵。
（2）用 Dijkstra 算法计算从某个结点出发的最短路径并输出。
（3）用 Floyd 算法计算该图每对顶点之间的最短路径并输出。
4. 编写程序，建立图的存储结构，对该图进行拓扑排序。要求：
（1）建立一个有向图的邻接表结构。
（2）对该图进行拓扑排序并输出排序结果。

学习目标检验

请对照表 7-7 检验实现情况。

表 7-7　第 7 章学习目标列表

	学 习 目 标	达到情况
知识	了解哪些问题可以抽象成图结构	
	了解图的定义 $G=(V,E)$，图结构与线性结构和树形结构的区别。了解图的常用术语：无向完全图，有向完全图，顶点的度、出度、入度，路径，回路，连通图，生成树	
	了解图的存储结构：邻接矩阵和邻接表	
	了解图的深度遍历和广度遍历方法，图的广度遍历与树的层次遍历的联系	
	了解图的最小生成树算法 Prim 和 Kruskal	
	了解图的最短路径算法 Dijkstra 和 Floyd	
	了解 AOV 网与拓扑排序算法	
	了解图的连通性的判断方法、判回路的方法	
	了解 AOE 网与关键路径的计算方法	
能力	能够基于邻接矩阵编程实现图的构建、深度遍历、广度遍历、用 Prim 和 Kruskal 算法求最小生成树、用 Dijkstra 和 Floyd 算法求最短路径	
	能够基于邻接表编程实现图的构建、深度遍历、广度遍历、拓扑排序	
	能够灵活运用线性表、队列、并查集等结构辅助实现图的遍历、拓扑排序等算法，如 visited 数组、path 数组、边集数组、最小生成树中判回路、记录路径等	
	能够理解并掌握回溯法、分支限界法编程思想	

（续）

	学习目标	达到情况
素养	为实际问题设计算法，给出算法伪代码，并利用编程语言实现算法	
	自主学习，通过查阅资料，获得解决问题的思路	
	实验文档书写整洁、规范，技术要点总结全面	
	学习中乐于与他人交流分享，善于使用生成式人工智能工具	
思政	图描述了邻接点的网络互连概念，通过关联、演绎映射到现实世界中，形成世界万物互连的文化素养	
	图的深度优先遍历与广度优先遍历关联到现实生活中的智能导航、大数据分析，同时也反过来加深对图遍历的理解	
	通过构建交通网等实例，了解我国高速公路网、高速铁路网的修建，南水北调、西气东输、铁路进藏等重大工程的实现，提升民族自豪感并融入科技报国思想	

第 8 章 数据元素处理 1：查找

学习目标

1) 掌握查找的基本概念及性能评价方法。
2) 掌握 3 种静态查找算法：顺序查找、折半查找和分块查找。
3) 掌握动态查找算法，如二叉排序树、平衡二叉树、2-3 树及红黑树等的概念，理解这些概念之间的关系及实际应用。
4) 了解为大数据建立索引的查找方法，掌握 B 树、B+树及哈希表的构建及查找方法。
5) 能够合理选择静态、动态和索引这几类查找算法进行实际应用。

学习导图

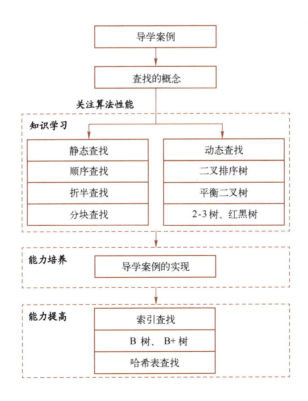

导学案例：简单通讯录查询

【案例问题描述】

在日常生活中，人们经常需要查找某个人或某个单位的电话号码。现要求实现一个简单的通讯录查询系统，根据用户输入的信息（如姓名）进行快速查询。表 8-1 给出了通讯录中信息的格式。要求：

1) 用数据文件保存通讯录信息。
2) 提供查询功能，能根据姓名实现快速查询。
3) 提供其他维护功能，如插入、删除等。

表 8-1 个人通讯录

姓　　名	手　　机	住宅电话	办公电话	E-mail
鲍国强	187＊＊＊＊2011	86＊＊＊＊34	26＊＊＊＊92	123@163.com
陈平	139＊＊＊＊9014	82＊＊＊＊16	66＊＊＊＊90	＊＊＊＊＊＊＊＊＊
李小虎	138＊＊＊＊1560	66＊＊＊＊21	82＊＊＊＊75	＊＊＊＊＊＊＊＊＊
朱蕾	133＊＊＊＊2377	58＊＊＊＊03	85＊＊＊＊88	abc@126.com
…	…	…	…	…

【案例问题分析】

除了导学案例中涉及的通讯录查询，人们在日常生活中还经常要在学生成绩表中查找某名学生的成绩，在英汉字典中查找某个单词的释义等。在数据处理领域，查找是使用最频繁的一种基本操作。

利用计算机查找信息，首先需要把现实问题涉及的数据对象按照一定的存储结构存放到计算机中，成为计算机可以处理的"表"形式。这个"表"可以理解为一个由同类型数据元素组成的一个集合，该集合可以用各种容器来存储，如数组、链表、树等，统称这些存储数据的数据结构为查找表；然后，运用合适的算法从查找表中找出所需的信息。

查找算法通常可以分为静态查找和动态查找。所谓**静态查找**是指在查找过程中仅执行"查找"操作，不对表中的数据元素及表的结构进行任何改变。但是在日常生活中，人们经常为了后续查找一个物品方便，在摆放物品时会分门别类地按序摆放，不合适的时候会及时调整。因此，在计算机查找过程中可以对一个查找表进行创建、扩充、修改、删除操作，这就是**动态查找**。更进一步地，还可以像生活中为书籍建立目录、为字典创建查询页一样，也为查找表建立目录——**索引**，以提高查找效率。

8.1 节将介绍静态查找和动态查找的若干种常用的查找算法，8.2 节将完成导学案例的实现，8.3 节将拓展介绍索引查找方法。

8.1 知识学习

本节介绍查找的基本概念、静态查找算法和动态查找算法。

8.1.1 查找的基本概念

1. 查找表

由具有同一类型的数据元素（或记录）组成的集合称为**查找表**。例如，表 8-1 所示就是一个查找表，表中一行数据称为一条记录，学生的学号为记录的主关键字。

对查找表经常进行的操作如下：
- 查询某个特定的记录是否在查找表中。
- 查询某个特定记录的各种属性。
- 在查找表中插入记录。
- 从查找表中删除记录。

查找表可分为静态查找表和动态查找表两类。
- **静态查找表**：仅能对查找表进行查询操作，而不改变查找表本身。
- **动态查找表**：对查找表除进行查找操作外，还可向查找表中插入或删除记录，从而改变查找表的内容。

2. 关键字

关键字是记录中某项或组合项的值，用它可以标识一条记录。能唯一确定一条记录的关键字称为**主关键字**，而不能唯一确定一条记录的关键字称为**次关键字**。例如，对于表 8-1 所示的通讯录而言，"手机号"可看成主关键字，"姓名"可看成次关键字，因为个人手机号是唯一的，而姓名则可能出现相同的情况。

3. 查找

查找是指按给定的某个值 k，在查找表中查找关键字为给定值 k 的记录。若查找表中存在这样的记录，则称**查找成功**，此时可给出找到记录的位置或信息；若查找表中不存在这样的记录，则称**查找失败**，此时可给出失败标志，如"空"记录或"空"指针等。

4. 平均查找长度

查找是许多程序中最消耗时间的一种操作。因而，一个好的查找方法会大大提高程序的运行速度。查找过程中进行的关键字比较次数的数学期望值称为**平均查找长度**（Average Search Length，ASL），**通常将 ASL 作为衡量查找算法优劣的标准**。

对具有 n 个记录的查找表，查找成功时的平均查找长度

$$\text{ASL} = \sum_{i=1}^{n} P_i C_i$$

式中，P_i 为查找第 i 个记录的概率；C_i 为查找第 i 个记录所需的关键字比较次数。

8.1.2 静态查找

看一看：微课视频 8-1 顺序表查找

本节讨论的查找算法均采用顺序存储结构。为了让读者更多关注于各查找算法的原理，这里对记录的数据类型做了简化，假定每个记录中只有一个整型数据，因此含有 n 个记录的查找表就可以看成一个一维整型数组 $r[\ ]$。

1. 顺序查找

顺序查找又称线性查找，是最基本的查找方法。

（1）算法设计

顺序查找的基本思想是：从查找表的一端开始，向另一端逐个按给定值 k 与关键字进行比较。若找到，则查找成功，并给出记录在查找表中的位置；若整个表查找完，仍未找到与 k 相同的关键字，则查找失败，给出失败信息（返回-1）。

1）无监视哨的情况。算法 8-1 实现了在含有 n 条记录的查找表 $r[\ ]$ 中查找给定值 k 的功能，查找表中 n 条记录保存在下标为 0~n-1 的位置。查找成功时，返回给定值 k 在查找

表中的下标序号，失败时返回-1。

算法 8-1　无监视哨的顺序查找

```
int SeqSearch(int r[ ], int n, int k)
{
    int i = 0;
    while (i< n && r[i]! = k)    i++;
    if (i< n)    return i;
    else    return -1;
}
```

💭 **想一想**：

在算法 8-1 中，while 循环里有两个判断条件，能不能省掉一个判断条件？

2）有监视哨的情况。对于上面"想一想"中的问题，可以在数组 r[ ] 中多定义一个单元，用于存放待查找的元素，称为"监视哨"。监视哨通常设在查找方向的尽头处，这样每次循环只需要进行元素的比较，不需要比较下标是否越界，可以提高算法的执行效率。具体实现如算法 8-2 所示。

算法 8-2　有监视哨的顺序查找

```
int SeqSearch2(int r[ ], int n, int k)
{
    int i = 0;
    r[n] = k;
    while (r[i] != k)
        i++;
    if (i< n)    return i;
    else    return -1;
}
```

(2) 算法分析

下面来分析顺序查找的平均查找长度。就上述算法而言，对于 n 个记录的表，当给定值 k 与表中第 i 个元素的关键字相等时，需进行 i 次关键字比较，即 $C_i = i$。则查找成功时，顺序查找的平均查找长度

$$ASL = \sum_{i=1}^{n} iP_i$$

设每个记录的查找概率相等，即 $P_i = \dfrac{1}{n}$，则等概率情况下有

$$ASL = \sum_{i=1}^{n} i \cdot \dfrac{1}{n} = \dfrac{n+1}{2}$$

查找不成功时，关键字的比较总次数是 $n+1$ 次。

查找算法中的基本工作就是关键字的比较，因此查找长度的量级就是查找算法的时间复杂度。顺序查找算法的时间复杂度为 $O(n)$。

许多情况下，查找表中记录的查找概率是不相等的。为了提高查找效率，查找表需依据"查找概率越高比较次数越少、查找概率越低比较次数较多"的原则来存储记录。

顺序查找的缺点是，当 n 很大时，平均查找长度较大、效率较低。其优点是对表中记录的存储没有要求。此外，对于链表，只能进行顺序查找。

2. 折半查找

当查找表是有序表时，可采用折半查找的方法。

（1）算法设计

折半查找的基本思想是：在<u>递增</u>有序表中，取中间元素作为比较对象。若给定值 k 与中间记录的关键字相等，则查找成功；若给定值 k 小于中间记录的关键字，则在表的左半区继续查找；若给定值 k 大于中间记录的关键字，则在表的右半区继续查找。不断重复上述查找过程，直到查找成功。若所查找的区域无记录，则查找失败。算法步骤如下。

① low=0;high=n-1;　　　　　　　　　　//设置初始区间
② 当 low>high 时，返回查找失败信息　　//表空，查找失败
③ 当 low≤high 时，mid=(low+high)/2;　//取中点
- 若 k<r[mid]，high=mid-1；转②　　　//查找在左半区进行
- 若 k>r[mid]，low=mid+1；转②　　　 //查找在右半区进行
- 若 k=r[mid]，返回记录在表中的位置　 //查找成功

【**例 8-1**】有序表按关键字排列为 {5,13,19,21,23,29,32,35,37,42,46,49,56}，在表中查找关键字为 23 和 22 的记录。

解：1）查找关键字为 23 的过程，如图 8-1 所示。

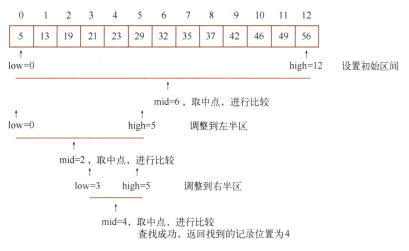

图 8-1　折半查找 23 成功的过程

2）查找关键字为 22 的过程，如图 8-2 所示。

下面分别给出折半查找的非递归和递归算法。查找表 $r[\ ]$ 中 n 条记录保存在下标为 $0 \sim n-1$ 的位置。查找成功时返回给定值 k 在查找表中的下标序号，失败时返回 -1。

算法 8-3　折半查找（非递归）

```
int BiSearch(int r[ ], int n, int k)        //非递归
{
 int low = 0, high = n - 1, mid;
 while (low <= high)
 {
     mid = (low + high) / 2;
     if (r[mid] == k)    return mid;
```

```
            else if (r[mid] < k)    low = mid + 1;
            else high = mid - 1;
}
        return -1;
}
```

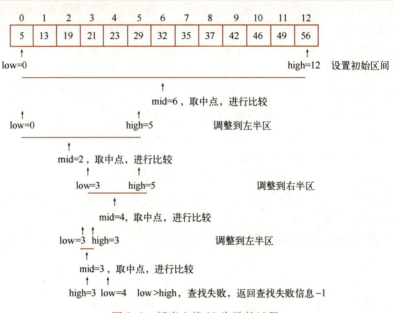

图 8-2 折半查找 22 失败的过程

算法 8-4 折半查找（递归）

```
int BiSearch2(int r[], int low, int high, int k)    //r[]中数据下标范围是[low,high]
{
        int mid;
        if (low > high)
            return -1;
        else
        {
            mid = (low + high) / 2;
            if (r[mid] == k)
                return mid;
            else
                if (r[mid] < k)
                    return BiSearch2(r, mid + 1, high, k);
                else
                    return BiSearch2(r, low, mid - 1, k);
        }
}
```

想一想：

查找算法中一个关键步骤是计算"mid=(low+high)/2;"，这条语句会出现溢出错误，请思考如何修改以避免这种错误。

（2）算法分析

下面来分析折半查找算法的时间复杂度。

可用一棵二叉树来描述折半查找的过程，这棵二叉树称为**判定树**。图 8-3 所示为例 8-1 折半查找过程对应的判定树。二叉树中结点内的数值表示有序表中记录的下标。

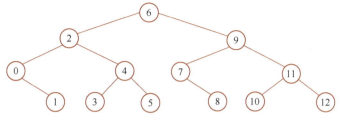

图 8-3 例 8-1 折半查找过程对应的判定树

可以看出，在查找表中任一记录的过程中，从判定树根结点到该记录结点路径上各结点关键字的比较次数，就是该记录结点在树中的层次数。对于有 n 个结点的判定树，树高为 h，则有 $2^{h-1}-1<n\leq 2^h-1$，即 $h-1\leq\log_2 n<h$，所以 $h=\lfloor\log_2 n\rfloor+1$。因此，折半查找在查找成功时，所进行的关键字比较次数至多为 $\lfloor\log_2 n\rfloor+1$。

接下来讨论折半查找的平均查找长度。从图 8-3 可知，长度为 13 的有序表进行折半查找的平均查找长度 ASL=(1×1+2×2+3×4+4×6)/13=41/13。

一般情况下，以树高为 h 的满二叉树（有序表长度 $n=2^h-1$）为例。假设表中每个记录的查找是等概率的，即 $P_i=1/n$，则树的第 i 层有 2^{i-1} 个结点。因此，折半查找的平均查找长度

$$\text{ASL}=\sum_{i=1}^n P_iC_i=\frac{1}{n}(1\times 2^0+2\times 2^1+\cdots+h\times 2^{h-1})$$

$$=\frac{n+1}{n}\log_2(n+1)-1$$

$$\approx\log_2(n+1)-1$$

所以，折半查找的时间复杂度为 $O(\log_2 n)$。

❀ 算法思想：分治思想

快速排序是**分治（Divide&Conquer）思想**在排序问题上的典型应用。分治在字面上的解释是"分而治之"，就是把一个较大规模的问题拆分为若干小规模且相似的问题，再对小规模问题进行求解，最终合并所有小问题的解，从而形成原来大规模问题的解。

分治思想是很多高效算法的基础，如本小节介绍的折半查找。9.1.2 小节将介绍的快速排序和 9.1.5 小节将介绍的归并排序也采用了分治思想。

---

3. 分块查找

（1）算法思想

对于拥有大量数据甚至海量数据的数据表，采用顺序查找的效率很难适应实际需求，即使采用折半查找，时间复杂度仍然是 $O(\log_2 n)$，而且还要求数据表有序。如何提高大数据表的查找效率是一个重要的研究内容。

想一想人们是如何在厚重的英语或汉语词典中查找一个单词的。通常是根据待查单词的首字母，利用词典边缘的索引（26 个英文字母）快速定位到单词所在的区间，然后在这个较小的区间中再逐步进行查找的，如图 8-4 所示。

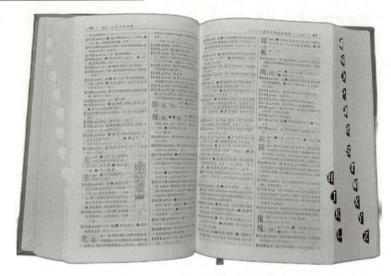

图 8-4　利用字典边缘的索引查找单词

这种利用索引查找单词的方法可以运用于数据表的查找，称为**分块查找**（或称为**分块索引查找**）。该方法是对顺序查找的一种改进，适用于对关键字分块有序的查找表进行查找操作。

分块有序是指查找表可按关键字大小分成若干子表（或称块），且前一块中的最大关键字小于后一块中的最小关键字，但是各块内部的关键字不一定有序。分块查找需要对子表建立索引表，查找表的每一个子表由索引表中的索引项确定。索引项包括两个字段：关键字字段（存放对应子表的最大关键字值）和指针字段（存放子表的起始序号）。

（2）算法设计

分块查找过程分以下两步进行。

1）确定要查找的记录所在的子表。用给定值 k 在索引表中查找索引项，以确定要查找的记录位于哪个子表中。

2）确定要查找的记录的情况。对第1）步确定的子表进行顺序查找，以确定要查找的记录的情况。

【例 8-2】关键字集合为 {10,30,8,22,38,46,61,47,65,62,80,78}，共分为 3 块，试建立查找表及其索引表。

解：建立的查找表及其索引表如图 8-5 所示。

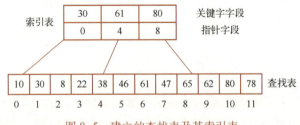

图 8-5　建立的查找表及其索引表

分块查找由索引表查找和子表查找两步完成。例如，查找 $k=38$，从图 8-5 可知，若关键字等于 38 的记录存在，因为 38 大于 30 而小于 61，则应当位于第 2 块子表中，然后从索引表给出的第 2 块子表的起始序号开始进行顺序查找即可。

（3）算法分析

下面来分析分块查找的效率。设 n 个记录的查找表分为 m 个子表，且每个子表均有 t 个元素，则 $t=n/m$。这样，分块查找的平均查找长度

$$ASL = ASL_{索引表} + ASL_{子表} = \frac{1}{2}(m+1) + \frac{1}{2}\left(\frac{n}{m}+1\right) = \frac{1}{2}\left(m+\frac{n}{m}\right) + 1$$

可见，平均查找长度不仅和表的总长度 n 有关，而且和子表个数 m 有关。

从上述讨论可以看出，索引表是有序的，因此在检索索引表时也可采用折半查找的方法，这样，分块查找的平均查找长度

$$ASL = ASL_{索引表} + ASL_{子表} = \log_2(m+1) - 1 + \frac{1}{2}\left(\frac{n}{m}+1\right) \approx \log_2(m+1) + \frac{n}{2m}$$

由此可以看出，分块查找的效率介于顺序查找和折半查找之间。

想一想：

再想一想翻阅字典时的情形。在利用词典边缘的字母索引来确定单词的起始查找位置时，一般不会严格按照折半查找的方式来确定，而是这样一个过程：如果所要查找的单词按照字母次序比已经翻开的页面上的字大很多，就向后多翻几页查看一下；否则，就往前多翻几页来查看。

可以把这种方法描述成这样的算法：当知道关键字 k 位于 k_l 和 k_h 之间时，下一次探测的位置可以选在 $\dfrac{k-k_l}{k_h-k_l}$ 这个点上。

这个算法在关键字以基本均匀的速度增加的情况下，可以比折半查找更快地接近要查找的位置。折半查找中的每一步把查找工作量从 n 降到 $n/2$，该查找方法则可以把查找工作量从 n 降到 $\sqrt{n}$。

8.1.3 动态查找

看一看： 微课视频 8-2 树表查找

8.1.2 小节介绍的查找算法均是基于已有的查找表设计的。在查找过程中仅是执行"查找"操作，不对表中的数据元素及表的结构进行任何改变。那么，能不能在生成查找表的时候就为将来的查找做一些准备呢？例如在生活中，人们常为了后续查找一个物品方便，在摆放物品时会分门别类地按序摆放，不合适的时候会及时调整。因此，在计算机查找过程中，也可以对一个查找表进行创建、扩充、修改、删除操作，这就是动态查找。

1. 二叉排序树

（1）二叉排序树的概念

二叉排序树（Binary Sort Tree）又称二叉查找树（Binary Search Tree），亦称二叉搜索树。它或者是一棵空树，或者是具有下列性质的二叉树。

1）若左子树不空，则左子树上所有结点的值均小于根结点的值；若右子树不空，则右子树上所有结点的值均大于根结点的值。

2）左、右子树也都是二叉排序树。

由图 8-6 可以看出，对二叉排序树进行中序遍历，便可得到

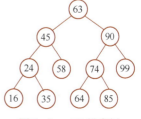

图 8-6 二叉排序树

一个按关键字有序的序列。因此，一个无序序列可通过构建一棵二叉排序树而成为有序序列。

在讨论二叉排序树的操作算法之前，首先给出它的类型定义。为了更清晰地描述二叉排序树各类操作算法，假设二叉排序树中结点的数据域只含一个整型数据。二叉排序树的类型定义如下：

```
typedef struct BiNode
{
    int key;
    struct BiNode *lchild, *rchild;
} *BiSortTree;
```

（2）二叉排序树的插入和建立

在一棵二叉排序树 T 中插入值为 k 的结点，具体步骤如下。

1）若二叉排序树 T 为空，则生成值为 k 的新结点，同时将新结点作为根结点插入。
2）若 k 小于根结点的值，则在根的左子树中插入值为 k 的结点。
3）若 k 大于根结点的值，则在根的右子树中插入值为 k 的结点。
4）若 k 等于根结点的值，表明二叉排序树中已有此关键字，无须插入。

从以上描述可知，插入过程是递归的。具体实现如算法 8-5 所示。

算法 8-5 二叉排序树的插入

```
void Insert(BiSortTree& T, int k)
{
    if (T == NULL)
    {
        T = new BiNode;
        T->key = k;
        T->lchild = T->rchild = NULL;
    }
    else
      if (k < T->key)
          Insert(T->lchild, k);
      else
          Insert(T->rchild, k);
}
```

二叉排序树的构建实际上就是从一棵空二叉排序树开始，逐个插入结点的过程。因此，利用二叉排序树的插入算法，可以容易地写出生成一棵具有 n 个结点的二叉排序树的算法。设生成二叉排序树的 n 个元素由数组 $a[\ ]$ 提供，具体实现如算法 8-6 所示。

算法 8-6 二叉排序树的建立

```
void CreateBiSortTree(BiSortTree& T, int a[], int n)
{
    int i;
    for (i = 0; i < n; i++)
        Insert(T, a[i]);
}
```

在一般情况下，该算法的时间复杂度为 $O(n\log_2 n)$。

【例 8-3】假设关键字序列为{61,86,70,53,67,52,88}，建立一棵二叉排序树。

解： 建立一棵二叉排序树的过程如图 8-7 所示。

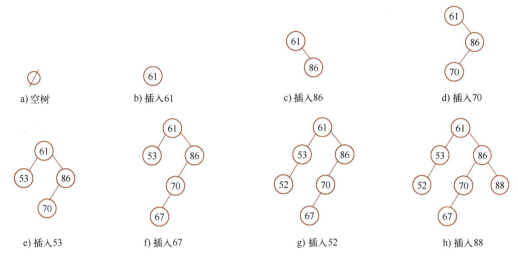

图 8-7 建立一棵二叉排序树的过程

💡 **想一想：**

二叉排序树最大的问题是什么？提示：例 8-3 中输入的数据如果有序，生成的二叉排序树会怎样？

（3）二叉排序树的查找

根据二叉排序树的定义，查找给定值 k 的过程如下。

1）若二叉排序树为空，则表明查找失败，返回空指针；若给定的值 k 等于根结点的值，则表明查找成功，返回根结点。

2）若给定的值 k 小于根结点的值，则继续在根的左子树中查找。

3）若给定的值 k 大于根结点的值，则继续在根的右子树中查找。

这是一个递归查找过程。具体实现如算法 8-7 所示。

算法 8-7 二叉排序树的查找（递归）

```
BiSortTreeBST_Search( BiSortTree T, int k)         //递归
{
    if (T == NULL)
        return NULL;
    else
        if (k == T->key)
            return T;
        else
            if (k < T->key)
                return BST_Search(T->lchild, k);
            else
                return BST_Search(T->rchild, k);
}
```

下面给出二叉排序树查找的非递归算法。

算法 8-8 二叉排序树的查找（非递归）

```
BiSortTree BST_Search2( BiSortTree T, int k)       //非递归
{
    BiSortTree p = T;
```

```
        while (p)
        {
                if (k == p->key)   return p;
                else if (k < p->key)   p = p->lchild;
                else p = p->rchild;
        }
        return NULL;
}
```

在二叉排序树上进行查找的过程中，给定值 k 同结点比较的次数最少为一次（即树的根结点就是待查的结点），最多为树的深度，所以平均查找次数要小于或等于树的深度。

若二叉排序树是平衡的（即形态均匀），则进行查找的时间复杂度为 $O(\log_2 n)$；若退化为一棵单支树（最极端和最差的情况），则其时间复杂度为 $O(n)$；对于一般情况，其时间复杂度大致为 $O(\log_2 n)$。

（4）二叉排序树的删除

二叉排序树的删除比插入要复杂，由于被插入的结点都是被链接到树中的叶子结点上，因而不会破坏树的结构。但删除结点则不同，它可能删除的是叶子结点，也可能删除的是分支结点。当删除分支结点时，就破坏了原有结点之间的链接关系，需要重新修改指针，使得删除后仍为一棵二叉排序树。

下面分 3 种情况说明删除结点的操作。

1）删除叶子结点。删除叶子结点不会影响其他结点间的关系，只要将被删结点的双亲结点的相应指针置为空，同时删除该结点。

如图 8-8 所示，删除关键字为 10 的叶子结点时，只需要将关键字为 24 的结点的左指针域置为空即可；删除关键字为 78 的叶子结点时，只需要将关键字为 66 的结点的右指针域置为空即可。

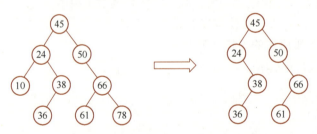

图 8-8　删除叶子结点

2）删除单支结点。这种删除操作也比较简单，因为被删除的结点只有左子树或右子树，即它的孩子只有一个，要么是左孩子，要么是右孩子。删除该结点时，只要将该结点的孩子变为被删除结点双亲的左孩子或右孩子即可。

如图 8-9 所示，删除关键字为 38 的单支结点时，只要将该结点的左孩子（关键字为 36 的结点）变成关键字为 24 的结点的右孩子即可；删除关键字为 50 的单支结点时，只要将该结点的右孩子（关键字为 66 的结点）变成关键字为 45 的结点的右孩子即可。

3）删除双支结点。这种删除比较复杂，因为待删除的结点有两个后继指针，需要妥善处理。

为了在执行删除操作时，二叉树的结构不发生巨大的变化，同时还必须保持二叉树的特

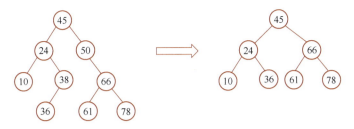

图 8-9 删除单支结点

点,可采用如下方法:用被删除结点左子树中值最大的结点替换被删除的结点,然后从左子树中删除这个值最大的结点(也可用被删除结点右子树中值最小的结点替换被删除的结点,然后从右子树中删除这个值最小的结点)。

如图 8-10 所示,若要删除根结点,因为它是双支结点,所以首先用它的左子树中值最大的结点,即关键字为 38 的结点来替换它,然后再将关键字为 38 的结点删除,此时由于关键字为 38 的结点是单支结点,因此可用方法 2)加以删除。

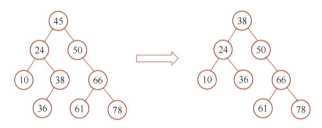

图 8-10 删除双支结点

在二叉排序树中删除值为 k 的结点的算法可以是递归的,也可以是非递归的。下面给出递归算法。读者可自行设计非递归算法。

递归算法的步骤如下。

① 若二叉排序树为空,则表明不存在删除的结点,不进行删除操作。

② 若给定的值 k 小于根结点的值,则继续在根的左子树中删除。

③ 若给定的值 k 大于根结点的值,则继续在根的右子树中删除。

④ 若给定的值 k 等于根结点的值,则根结点即为要删除的结点,此时需要根据上述分析的 3 种结点情况,即叶子结点、单支结点或双支结点,执行相应的删除操作。

算法的具体实现如算法 8-9 所示。

算法 8-9 二叉排序树的删除(递归)

```
void Delete(BiSortTree& T, int k)
{
    BiSortTree temp;
    if (T != NULL)
    {
        if (k < T->key)    Delete(T->lchild, k);      //在左子树中进行删除
        else if (k > T->key)   Delete(T->rchild, k);  //在右子树中进行删除
        else                                           //T 指向的结点就是要删除的结点
        {
            if (T->lchild != NULL && T->rchild != NULL)   //双支结点
```

```
                temp = T->lchild;
                while (temp->rchild != NULL)          //寻找左子树中具有最大值的结点
                    temp = temp->rchild;
                T->key = temp->key;
                Delete(T->lchild, temp->key);
            }
            else
            {
                temp = T;
                if (T->lchild == NULL)                //单支结点,左子树为空
                    T = T->rchild;
                else if (T->rchild == NULL)           //单支结点,右子树为空
                    T = T->lchild;
                delete temp;                          //删除
            }
        }
    }
}
```

练一练:

二叉排序树的销毁函数与二叉树的销毁函数相同,请读者自行完成。

2. 平衡二叉树

(1) 平衡二叉树的源起

二叉排序树最大的问题是,二叉排序树的形态与输入的数据有关。在极端情况下,如果输入的数据是有序的,二叉排序树就会退化为一棵单支树。而二叉排序树的效率取决于二叉排序树的形态,为了获得较好的查找效率,就要构建一棵形态均匀的二叉排序树,即**平衡二叉树**。

(2) 平衡二叉树的概念

平衡二叉树或者是一棵空树,或者是具有下列性质的二叉排序树:它的左子树和右子树都是平衡二叉树,且左子树和右子树高度之差的绝对值不超过 1。平衡二叉树和非平衡二叉树如图 8-11 所示。

图 8-11 平衡二叉树和非平衡二叉树

左子树与右子树高度之差称为结点的**平衡因子**。由平衡二叉树定义可知,平衡二叉树所有结点的平衡因子只能取-1、0、1 三个值之一。

(3) 平衡二叉树的建立

如何使建立的一棵二叉排序树是平衡的呢?这就要求当新结点插入二叉排序树时,必须保持所有结点的平衡因子满足平衡二叉树的要求,一旦不满足要求,就必须进行调整。

设结点 A 为最小不平衡子树的根结点,对该子树进行调整有以下 4 种情况。

1) LL 型。如图 8-12 所示,这是由于在结点 A 的左孩子 B 的左子树上插入结点 x,使

得 A 结点的平衡因子由 1 变为 2 而引起的不平衡。

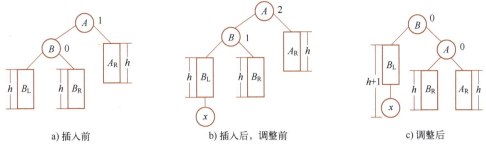

图 8-12　LL 型调整过程

调整方法：进行一次向右的顺时针旋转。

2) RR 型。如图 8-13 所示，这是由于在结点 A 的右孩子 B 的右子树上插入结点 x，使得 A 结点的平衡因子由 -1 变为 -2 而引起的不平衡。

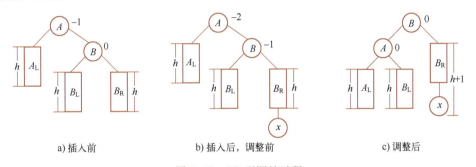

图 8-13　RR 型调整过程

调整方法：进行一次向左的逆时针旋转。

3) LR 型。如图 8-14 所示，这是由于在结点 A 的左孩子 B 的右子树上插入结点 x，使得 A 结点的平衡因子由 1 变为 2 而引起的不平衡。

调整方法：进行两次旋转。首先 A 结点不动，做一次向左的逆时针旋转，将支撑点由结点 B 调整到结点 C；然后进行一次向右的顺时针旋转，将支撑点由结点 A 调整到结点 C。

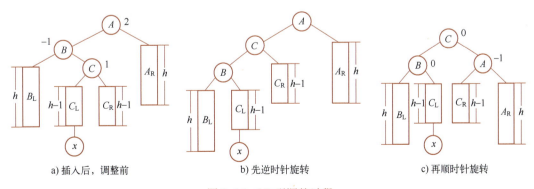

图 8-14　LR 型调整过程

4) RL 型。如图 8-15 所示，这是由于在结点 A 的右孩子 B 的左子树上插入结点 x，使得 A 结点的平衡因子由 -1 变为 -2 而引起的不平衡。

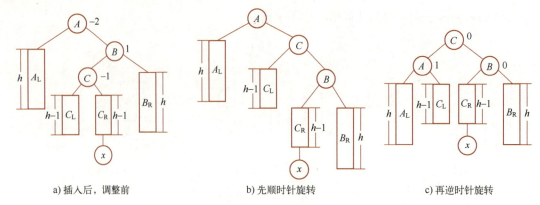

a) 插入后，调整前　　　　　b) 先顺时针旋转　　　　　c) 再逆时针旋转

图 8-15　RL 型调整过程

调整方法：进行两次旋转。首先 A 结点不动，做一次向右的顺时针旋转，将支撑点由结点 B 调整到结点 C；然后进行一次向左的逆时针旋转，将支撑点由结点 A 调整到结点 C。

✉说明：在平衡二叉树中进行插入和删除结点操作，可能导致平衡二叉树失去平衡，可以通过上述 4 种情形的调整重新达到平衡。因此，平衡二叉树也称**自平衡二叉树**。

【例 8-4】设一组关键字序列为 $\{4,5,7,2,1,3,6\}$，试建立一棵平衡二叉树。

解：平衡二叉树生成步骤如图 8-16 所示。

① 插入 4，不需要调整，如图 8-16a 所示。

② 插入 5，不需要调整，如图 8-16b 所示。

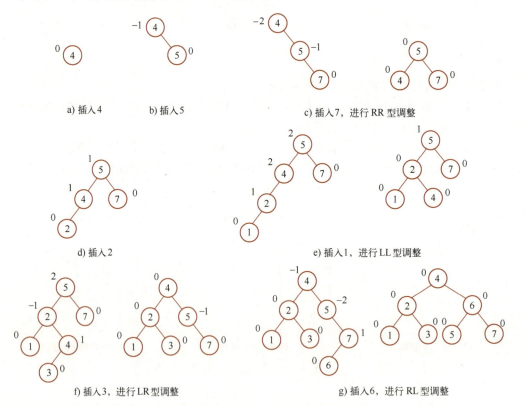

图 8-16　平衡二叉树的生成步骤

③ 插入 7，进行 RR 型调整，如图 8-16c 所示。
④ 插入 2，不需要调整，如图 8-16d 所示。
⑤ 插入 1，进行 LL 型调整，如图 8-16e 所示。
⑥ 插入 3，进行 LR 型调整，如图 8-16f 所示。
⑦ 插入 6，进行 RL 型调整，如图 8-16g 所示。

（4）算法分析

在平衡二叉树上查找的比较次数最多不超过树的高度，因此在平衡二叉树上查找的时间复杂度为 $O(\log_2 n)$。

想一想：

平衡二叉树存在哪些问题？

3. 2-3 树

（1）2-3 树的源起

二叉排序树会随着输入数据的有序而退化甚至成为单支树，这样查找时间就会从 $O(\log_2 n)$ 变为 $O(n)$。因此，人们提出了二叉平衡树，在数据元素插入查找表的过程中不断调整，使之平衡，平衡二叉树的查找的时间复杂度为 $O(\log_2 n)$。

看一看：微课视频 8-3 从 2-3 树到红黑树

但是，平衡二叉树存在的一个突出问题是平衡二叉树在插入、删除操作方面会引起结构的变化，从而导致结构的多次调整（左旋、右旋）。

既然从二叉排序树的没有平衡限制可以改进到平衡二叉树的有高度差限制。那么，能否进一步限制一棵树的结构是绝对平衡呢？也就是说，是否可以限制一棵树没有高度差，所有的叶子结点处于同一高度？

于是，从平衡二叉树发展出了 2-3 树，它就是一种绝对平衡树。

（2）2-3 树的概念

一棵 2-3 树中包含两种结点：2-结点和 3-结点。

2-结点即普通结点，它包含一个元素、两个子结点。"2" 在这里指的是二叉的意思。平衡二叉树实际上就是 2-结点树。

3-结点则是扩充版，它包含 2 个元素和 3 个子结点：两个元素 A、B，左边的链接指向小于 A 的结点，中间的链接指向介于 A、B 值之间的结点，右边的链接指向大于 B 的结点。"3" 在这里指的是三叉的意思。

2-结点和 3-结点如图 8-17 所示。

有了这两种结点，2-3 树可以保证在插入值的过程中，任意叶子结点到根结点的距离都是相同的，能够完全实现树保持层数少、无高度差的目标。

（3）2-3 树的插入和建立

在二叉排序树中，插入过程从根结点开始比较，小于结点值的则往左继续与左子结点比较，大于的则往右继续与右子结点比较，直到某结点的左或右子结点为空，则把值插入进去。这样无法避免偏向问题。

图 8-17 2-3 树中的 2-结点和 3-结点

而在 2-3 树中，插入的过程是这样的。

1）如果将值插入一个 2-结点，则将 2-结点扩充为一个 3-结点。

2）如果将值插入一个3-结点，分为以下几种情况。

① 3-结点没有父结点，即整棵树就只有这一个3-结点。此时，将3-结点临时扩充为一个4-结点，即包含3个元素的结点，然后将其分裂，变成一棵二叉树，如图8-18所示。此时，二叉树依然保持平衡。

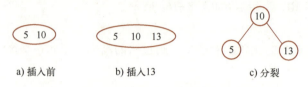

图8-18 没有父结点的3-结点中增加键值后分裂

② 3-结点有一个2-结点的父结点。此时，3-结点扩充了一个键值后需要分裂，再将分裂后的新的父结点融合到2-结点中去，如图8-19所示。这样的处理并不影响（完美平衡的）2-3树的主要性质，树仍然是有序的，因为中键被移动到父结点中去了，树仍然是完美平衡的，插入后所有的空链接到根结点的距离仍然相同。

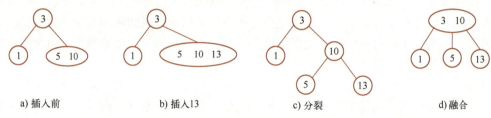

图8-19 3-结点有一个2-结点的父结点时增加键值后的处理

③ 3-结点有一个3-结点的父结点。此时，3-结点扩充了一个键值后需要分裂，再将分裂后的新的父结点融入3-结点中去，继续向上重复分裂、融合的过程，直至遇到一个2-结点并将它替换为一个不需要继续分裂的3-结点，或者是到达3-结点的根。此时整棵树仍然保持平衡，如图8-20所示。

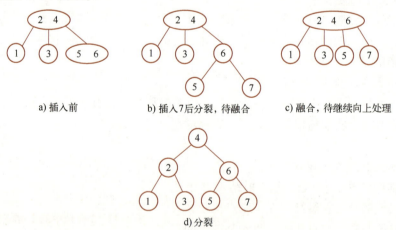

图8-20 3-结点有一个3-结点的父结点时增加键值后的处理

下面以一个实例讲解从空树开始构建2-3树。

【例8-5】将{4,5,7,2,1,3,6}中的数值依次插入2-3树，画出生成过程。

解：生成过程如图 8-21 所示。

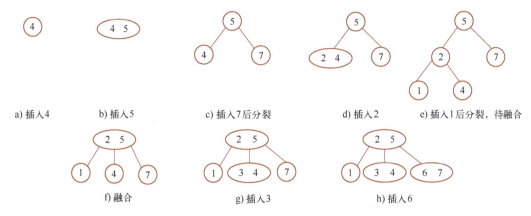

图 8-21 例 8-5 中 2-3 树的生成过程

小结

- 2-3 树的插入基本原则：先查找插入结点，若结点有空位则直接插入，即 2-结点可以加入一个键值后变成 3-结点；如果结点没有空位（即 3-结点），则插入使其临时扩充为 4-结点，然后再分裂此结点，将中间元素融合到其父结点中。对父结点亦如此处理。中键一直往上移，直到找到空位。在此过程中没有空位就先临时扩充，再分裂。
- 2-3 树插入算法的根本在于这些变换都是局部的：除相关的结点和链接之外不必修改或者检查树的其他部分。每次变换中，变更的链接数量不会超过一个很小的常数。所有局部变换都不会影响整棵树的有序性和平衡性。
- 与二叉排序树由上向下生长不同，2-3 树的生长是由下向上的。

(4) 2-3 树的优缺点

优点：完美平衡的 2-3 树要更加扁平，而且任何查找或者插入操作都只会访问一条路径上的结点。例如，含有 10 亿个结点的一棵 2-3 树的高度仅在 19~30 之间，最多只需要访问 30 个结点就能在 2-3 树的 10 亿个键值中进行查找和插入操作。

缺点：需要维护两种不同类型的结点，查找和插入操作的实现需要大量的代码，而且它们所产生的额外开销可能会使算法比二叉排序树更慢。

4. 红黑树

(1) 红黑树的概念

红黑树（Red Black Tree）也是一种自平衡二叉树，1972 年由慕尼黑工业大学 Rudolf Bayer 教授发明，当时称为"平衡二叉 B 树"，1978 年 Leo J. Guibas 和 Robert Sedgewick 对此数据结构进行了修改和完善，并重新命名为"红黑树"。

红黑树不是严格的平衡二叉树，只追求二叉排序树的大致平衡。树中每个结点被标记为红色或黑色。它具有以下 4 个性质。

1) 树的根结点总是黑色的。
2) 所有叶子结点都是黑色的（叶子结点是空结点，不存储数据，是查找失败可能达到的结点）。

3）如果一个结点是红色的，则它的两个孩子结点是黑色的，不能出现两个红色结点相连的情况。

4）从任一结点到其所有后代叶子结点的简单路径上，均包含相同数目的黑色结点。

由性质 4 可知，黑色结点是保持红黑树平衡能力的基础，因此可将红黑树看作黑色完全平衡树。

图 8-22 所示就是一棵红黑树，图中空心圆圈表示红色结点，黑色圆圈表示黑色结点，黑色方块表示叶子结点。在后续的示例图中，通常省去叶子结点。

（2）红黑树与 2-3 树的关系

可以将红黑树看作是由 2-3 树演变而来的。

在红黑树中，没有红色孩子的结点就是 2-3 树中的 2-结点，红色结点与其父结点组合形成 2-3 树中的 3-结点。因此，将 2-3 树转化成红黑树时，2-结点对应到一个黑色的结点即可。对于 3-结点，首先将其分裂成两个 2-结点，左侧为红色、右侧为黑色；然后，再进行适当的层次调整，变成黑父红子即可，如图 8-23 所示。

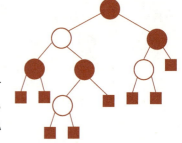

图 8-22 红黑树

图 8-23 3-结点等价为红黑树中的红结点与其黑色父结点

图 8-24 所示为 2-3 树转换为红黑树的过程。

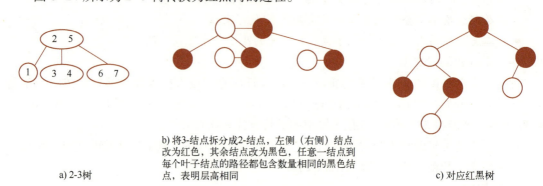

a) 2-3 树

b) 将3-结点拆分成2-结点，左侧（右侧）结点改为红色，其余结点改为黑色，任意一结点到每个叶子结点的路径都包含数量相同的黑色结点，表明层高相同

c) 对应红黑树

图 8-24 2-3 树转换为红黑树的过程

下面来说明 2-3 树与红黑树定义中 4 个性质的对应关系。

1）对于性质 1——根结点总是黑色的，2-3 树中存在 2-结点和 3-结点，2-结点直接对应黑色结点，而 3-结点也分裂为黑父红子两个结点。

2）对于性质 2——每个叶子结点是黑色的，这里的叶子结点不是指左、右子树为空的那个叶子结点，而是指结点不存在子结点或者为空的结点。若红黑树是一个空树，那么根结点自然也是空的叶子结点，这时候叶子结点也必然是黑色的。

3）对于性质 3——每个红色结点的两个子结点一定都是黑色的。还是从 2-3 树的角度来理解，红色结点对应 2-3 树中 3-结点左侧（或右侧）的元素，那么它的子结点要么是 2-

结点，要么是 3-结点。无论是 2-结点还是 3-结点对应的根结点颜色都是黑色的，这在性质 1 中已经讨论了。

4）对于性质 4——任意一个结点到每个叶子结点的路径都包含数量相同的黑色结点。2-3 树是一棵绝对平衡的树，即从 2-3 树中任意一个结点出发，到达叶子结点后所经过的结点数都是一样的。那么对应到红黑树呢？2-3 树中 2-结点对应到红黑树便是一个黑色结点，而 3-结点对应到红黑树是一个红色结点和一个黑色结点。所以，无论是 2-结点还是 3-结点，在红黑树中都会对应一个黑色结点。那么 2-3 树中的绝对平衡，在红黑树中自然就是任意一个结点到每个叶子结点的路径都包含数量相同的黑色结点。

（3）红黑树的性能优点

红黑树不是严格的平衡二叉树，不像平衡二叉树要求所有结点左、右子树高度差的绝对值不超过 1，而是只要求从一个结点到所有叶子结点的路径中，最长路径不超过最短路径的两倍（最短路径是全黑色结点，最长路径是红黑结点交替，当从根结点到叶子结点的路径上黑色结点数相同时，最长路径刚好是最短路径的两倍），所以红黑树只追求树的大致平衡。

一棵含有 n 个结点的红黑树的高度至多为 $2\log_2(n+1)$。而在红黑树上查找的比较次数最多不超过树的高度，因此在红黑树上查找的时间复杂度与平衡二叉树相同，均为 $O(\log_2 n)$。

平衡二叉树在插入和删除的过程中会花费比较大的代价来维持树的平衡，而红黑树只要求大致平衡。因此，红黑树在 Java 8、Nginx 和 Linux 系统中都有实际应用。例如：在 Java 8 中，对 HashMap 进行了改进，当链表长度大于 8 时，后面的数据将存在红黑树中，以加快检索速度；Nginx 最常用的容器就是红黑树；Linux 内核更是在进程调度队列、文件系统、网络协议栈、定时器等诸多方面使用了红黑树。

（4）红黑树的建立

如何建立一棵红黑树呢？这就要求当新结点插入时，必须满足红黑树的性质，否则就必须进行调整。因此，红黑树的插入分为两步：插入和调整。

插入是指按照二叉排序树的插入方法，将新结点插入相应的位置；调整是指插入后进行平衡调整。

1）插入。在一棵红黑树中插入新结点时：

① 若待插入红黑树为空，则将新结点作为红黑树的根结点，并设置为黑色。

② 若待插入红黑树非空，则根据二叉排序树定义，将新结点插入左子树或右子树，并设置为红色。

2）调整。调整的目的是确保插入结点后依然满足性质 3 和性质 4。

由红黑树性质 3 可知，树中不能出现连续的红色结点。因此当插入结点为红色，若父结点为黑色，则无须调整；其父结点也为红色时，就违背了性质 3，因此需要调整。

由性质 1 可知，根结点一定是黑色，若插入结点的父结点为红色时，那么该父结点不可能为根结点，所以插入结点一定存在祖父结点。因此，为满足红黑树的 4 个性质，调整时，需要考虑叔结点（父结点的兄弟结点）的情况。为图示清晰，图中插入结点用 C 表示，父结点用 P 表示，叔结点用 U 表示，祖父结点用 G 表示。调整方法分以下几种情况。

① 插入结点的叔结点为红色。

插入结点的父结点和叔结点均为红色，根据性质 3，祖父结点必为黑色，因此进行变色操作即可。

调整方法：父结点和叔结点变为黑色，祖父结点变为红色。如果祖父结点是根结点，则为了满足性质 1，直接将祖父结点变成黑色即可；如果祖父结点不是根结点，则将祖父结点当作新插入的结点，递归上述调整操作。

调整过程如图 8-25 所示。

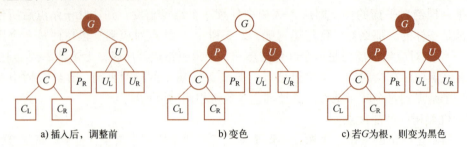

图 8-25　叔结点为红色的调整过程

✉ 说明：无论插入结点是父结点的左孩子还是右孩子，调整方法都是一样的。

② 插入结点的叔结点为黑色或者不存在（空结点也为黑色）。

在这种情况下，叔结点所在子树的黑色结点数就比父结点所在子树的黑色结点数多了 1 个，破坏了黑色平衡，因此可仿照平衡二叉树的方法进行旋转操作，然后再进行变色操作。

根据插入结点、父结点、祖父结点之间的关系，可分为 4 种情况，每种情况的旋转操作与平衡二叉树中的 4 种旋转操作一致。

a）LL 型。父结点是祖父结点的左孩子、插入结点是父结点的左孩子。

调整方法：如图 8-26 所示，先进行一次向右顺时针旋转，然后将父结点和祖父结点进行变色操作。

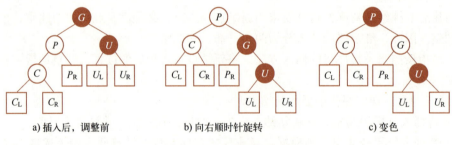

图 8-26　LL 型调整过程

b）RR 型。父结点是祖父结点的右孩子、插入结点是父结点的右孩子。

调整方法：如图 8-27 所示，先进行一次向左逆时针旋转，然后将父结点和祖父结点进行变色操作。

图 8-27　RR 型调整过程

c) LR 型。父结点是祖父结点的左孩子、插入结点是父结点的右孩子。

调整方法：如图 8-28 所示，先进行一次向左逆时针旋转，再进行一次向右顺时针旋转，最后将插入结点和祖父结点进行变色操作。

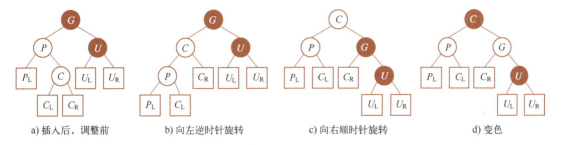

图 8-28　LR 型调整过程

d) RL 型。父结点是祖父结点的右孩子、插入结点是父结点的左孩子。

调整方法：如图 8-29 所示，先进行一次向右顺时针旋转，再进行一次向左逆时针旋转，最后将插入结点和祖父结点进行变色操作。

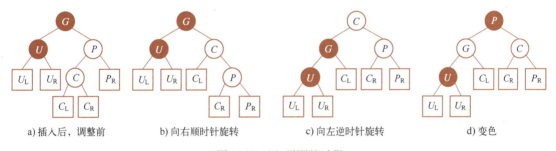

图 8-29　RL 型调整过程

综上，红黑树插入操作方法见表 8-2。

表 8-2　红黑树插入操作方法

父结点	叔结点	类型	操　　作
—	—	—	作为根结点插入
黑色	—	—	直接插入，无须旋转和变色
红色	红色	—	父、叔变黑，祖父变红 若祖父为根，直接变为黑色；否则，进行递归操作
红色	黑色	LL 型	右转、变色
红色	黑色	RR 型	左转、变色
红色	黑色	LR 型	先左转再右转、变色
红色	黑色	RL 型	先右转再左转、变色

【例 8-6】 设一组关键字序列为 {4,5,7,2,1,3,6}，试建立一棵红黑树。

看一看：微课视频 8-4
红黑树建立示例

解：红黑树生成步骤如图 8-30 所示。

① 插入 4，作为根结点，无须调整，如图 8-30a 所示。

② 插入 5，此时父结点 4 为黑色，无须调整，如图 8-30b 所示。

③ 插入 7，进行 RR 型调整，如图 8-30c 所示。

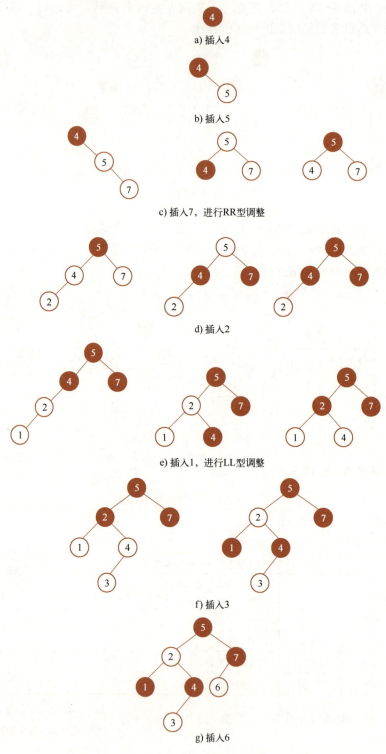

图 8-30 红黑树的生成步骤

④ 插入 2，此时父结点 4 及叔结点 7 均为红色，因此将父、叔结点变为黑色，同时将祖父结点 5 变为红色，由于结点 5 为根结点，因此再将其变为黑色，如图 8-30d 所示。

⑤ 插入 1，进行 LL 型调整，如图 8-30e 所示。

⑥ 插入 3，此时父结点 4 及叔结点 1 均为红色，因此将父、叔结点变为黑色，同时将祖父结点 2 变为红色，如图 8-30f 所示。

⑦ 插入 6，此时父结点 7 为黑色，无须调整，如图 8-30g 所示。

✉ **说明**：例 8-6 与例 8-4 比较不难看出，同一组数据，在生成平衡二叉树时，旋转了 4 次，而生成红黑树时，仅旋转 2 次，降低了调整代价。

8.2 能力培养：导学案例的实现

导学案例中要求数据文件保存通讯录信息，这就意味着，在系统运行时需要将这些信息从文件读入内存，在程序运行结束后仍要将信息保存回文件中。为此，需要设计一个数据结构来存储通讯录的信息，结构类型如下：

```
typedef struct
{
    char name[10];              //姓名
    char mobilephone[11];       //手机
    char home[8];               //住宅电话
    char office[8];             //办公电话
    char email[20];             //E-mail
}Phone;
```

为了实现对电话号码的快速查询，可以将通讯录存储到元素类型为上述结构体的顺序表中，然后按姓名排序，以便应用折半查找。但是这样排序代价较高，且通讯录是动态的，会经常进行插入和删除操作，因此可考虑采用二叉排序树的结构存储通讯录信息，则查找和维护都能获得较高的时间性能。导学案例实现的主要源码如下：

```
#include <iostream>
#include <cstring>
#include <fstream>
const int MAX=500;
typedef struct BiNode
{
    Phone key;
    struct BiNode *lchild, *rchild;
}*BiSortTree;

void Insert(BiSortTree& T, Phone k)       //插入
{
    if (T == NULL)
    {
        T = new BiNode;
        strcpy_s(T->key.name, k.name);
        strcpy_s(T->key.mobilephone, k.mobilephone);
        strcpy_s(T->key.home, k.home);
        strcpy_s(T->key.office, k.office);
        strcpy_s(T->key.email, k.email);
        T->lchild = T->rchild = NULL;
```

```cpp
        else if (strcmp(k.name, T->key.name) < 0)
            Insert(T->lchild, k);
        else
            Insert(T->rchild, k);
}

void CreateBiSortTree(BiSortTree& T, Phone a[], int n)        //创建
{
    int i;
    for (i = 0; i< n; i++)
        Insert(T, a[i]);
}

void Inorder(BiSortTree T)                                    //中序遍历
{
    if(T)
    {
        Inorder(T->lchild);
        cout<< T->key.name << " " << T->key.mobilephone<< " " << T->key.home<< " " << T->
            key.office<< " " << T->key.email<< " " <<endl;
        Inorder(T->rchild);
    }
}

BiSortTree BST_Search(BiSortTree T, Phone k)                  //递归查找
{
    if (T == NULL)
        return NULL;
    else if (strcmp(k.name, T->key.name) == 0)
        return T;
    else if (strcmp(k.name, T->key.name) < 0)
        return BST_Search(T->lchild, k);
    else
        return BST_Search(T->rchild, k);
}

void Delete(BiSortTree& T, Phone k)                           //删除
{
    BiSortTree temp;
    if (T != NULL)
    {
        if (strcmp(k.name, T->key.name) < 0)    Delete(T->lchild, k);
        else if (strcmp(k.name, T->key.name) > 0)    Delete(T->rchild, k);
        else
        {
            if (T->lchild != NULL && T->rchild != NULL)
            {
                temp = T->lchild;
                while (temp->rchild != NULL)
                    temp = temp->rchild;
                strcpy_s(T->key.name, temp->key.name);
                strcpy_s(T->key.mobilephone, temp->key.mobilephone);
                strcpy_s(T->key.home, temp->key.home);
```

```cpp
                    strcpy_s(T->key.office, temp->key.office);
                    strcpy_s(T->key.email, temp->key.email);
                    Delete(T->lchild, temp->key);
                }
                else
                {
                    temp = T;
                    if (T->lchild == NULL)
                        T = T->rchild;
                    else if (T->rchild == NULL)
                        T = T->lchild;
                    delete temp;
                }
            }
        }
    }
}
void Save(BiSortTree T, ofstream&outfile)                //存储
{
    if (T)
    {
        Save(T->lchild, outfile);
        outfile<< T->key.name << " " << T->key.mobilephone<< " " << T->key.home<< " " << T->
            key.office<< " " << T->key.email<<endl;
        Save(T->rchild, outfile);
    }
}
void DestroyBiSortTree(BiSortTree& T)                    //二叉排序树的销毁
{
    if (T)
    {
        DestroyBiSortTree(T->lchild);
        DestroyBiSortTree(T->rchild);
        delete T;
        T = NULL;
    }
}
int main()
{
    int n;
    Phone key,a[MAX];
    char buffer[100], name[10], mp[12], home[9], office[9], email[20];
    BiSortTree p, tree = NULL;

    ifstreaminfile("data.txt");
    if (!infile.is_open())
    {
        cout<< "数据文件打开错误!\n";
        exit(1);
    }
    n = 0;
    while (infile)                                        //读取文件
    {
        infile.getline(buffer, 100, '\n');
```

```cpp
            sscanf_s(buffer,"%s %s %s %s %s",name,sizeof(name),mp,sizeof(mp),home,sizeof(home),
                office,sizeof(office),email,sizeof(email));
        strcpy_s(a[n].name, name);
        strcpy_s(a[n].mobilephone, mp);
        strcpy_s(a[n].home, home);
        strcpy_s(a[n].office, office);
        strcpy_s(a[n].email, email);
        n++;
    }
    n--;
    infile.close();
    CreateBiSortTree(tree, a, n);
    int choice = 0;
    do
    {
        cout<< "**********欢迎使用电话号码查询系统**********\n";
        cout<< "******************1----浏览****************\n";
        cout<< "******************2----查询****************\n";
        cout<< "******************3----删除****************\n";
        cout<< "******************4----增加****************\n";
        cout<< "******************0----退出****************\n";
        cout<< "*******************************************\n";
        cout<< "请选择(0-4):";
        cin>> choice;
        switch (choice)
        {
        case 1:
            {
                cout<< "通讯录信息如下:\n";
                Inorder(tree);
                cout<<endl;
                break;
            }
        case 2:
            {
                cout<< "请输入查找的姓名:";
                cin>> key.name;
                p = BST_Search(tree, key);
                if (p)
                    cout << p->key.name << " " << p->key.mobilephone<< " " << p->key.home<< " "
                        << p->key.office<< " " << p->key.email<<endl;
                else
                    cout<< "通讯录中无此人信息!" <<endl;
                cout<<endl;
                break;
            }
        case 3:
            {
                cout<< "请输入需删除者姓名:";
                cin>> key.name;
                Delete(tree, key);
                cout<< "删除后,通讯录为:\n";
                Inorder(tree);
```

```
                    cout<<endl;
                    break;
                }
            case 4:
                {
                    cout<< "请输入需增加人员的信息:" <<endl;
                    cout<< "姓名:";
                    cin>> key.name;
                    cout<< "手机:";
                    cin>>key.mobilephone;
                    cout<< "住宅电话:";
                    cin>>key.home;
                    cout<< "办公电话:";
                    cin>>key.office;
                    cout<< "E-mail:";
                    cin>>key.email;
                    Insert(tree, key);
                    cout<< "通讯录信息如下:\n";
                    Inorder(tree);
                    cout<<endl;
                    break;
                }
            case 0:
                {
                    ofstream outfile("data.txt");
                    if (!outfile.is_open())
                    {
                        cout<< "数据文件打开错误!\n";
                        exit(1);
                    }
                    Save(tree, outfile);
                    outfile.close();
                    DestroyBiSortTree(tree);
                    break;
                }
            default:
                    cout<<."输入错误!\n";
            }
    } while (choice);
    return 0;
}
```

  首次运行程序时,可以通过"增加"功能创建通讯录,程序运行退出时,将通讯录信息保存到 data.txt 文件中。

  由于该问题的查找表元素的类型已从整型扩展到了结构体类型,因此 8.1.3 小节所介绍的二叉排序树的相关函数不能直接调用,需要做些修改,主要涉及关键字的比较、元素间的赋值等。请读者自行比照以上代码与 8.1.3 小节中的算法。

  上述代码中还利用了二叉排序树中序遍历算法的框架,实现了 Save() 函数,以完成将通讯录信息写入文件的功能。

  导学案例的完整代码请登录 www.cmpedu.com 下载。

8.3 能力提高

8.3.1 索引的概念

(1) 使用索引的缘由

在 8.1.2 小节中介绍了分块查找，并且举了使用字典页边缘的字母序列索引提高查找效率的实例。生活中的书籍目录、字典查询页、图书馆的科目检索等其实都是索引，通过索引，能够显著地提高数据查询的效率。因为对于一张庞大的数据表而言，使用索引后可以不用扫描全表来定位某条记录，而是先通过索引表找到该条记录对应的物理地址，然后访问相应的数据。

(2) 索引结构的使用情形

索引结构虽能带来性能的提升，但是在其他方面会付出额外的代价。
- 索引本身以表的形式存储，因此会占用额外的存储空间。
- 索引表的创建和维护需要时间成本，这个成本随着数据量的增大而增大。
- 构建索引会降低数据的删除、添加、修改操作的效率，因为在对数据表进行这些操作的同时还需要对索引表进行相应的操作。

所以对于非常小的表而言，使用索引的代价会大于直接进行全表扫描，这时候就并不一定非得使用索引了。

(3) 索引结构的种类

为查找表中的数据建立索引是一种重要的方法。只要是可以排序的逻辑结构，理论上均可以建立索引表。

通常所说的索引是指针对主关键字的索引，当然，一个数据元素往往具有多个特征，对这些主关键字以外的特征，即次关键字，也可以建立相应的索引。对主关键字建立的线性索引，根据其索引项与查找表中数据元素之间的个数关系，可以分为**稠密索引**和**稀疏索引**。稠密索引是指为查找表中的每个数据元素建立一个索引项。对分段有序的查找表建立索引称为稀疏索引，8.1.2 小节中介绍的分块查找就属于稀疏索引。

索引是通过数据结构来实现的，其底层的结构可以使用线性结构来存储，也可以用树形结构来存储，即分为**线性索引**和**树形索引**。

树形索引具有树的形态，可以方便地根据数据元素的变化而增减变化，同时保持索引的排序性质不变。根据采用的树的形态，树形索引又分为二叉树和非二叉树两类。二叉排序树是二叉树索引的代表，其中又有平衡二叉树、红黑树这些更为适用的索引结构；非二叉树索引的典型代表是 B 树和 B+树。

哈希表是一种线性索引结构，以键-值（Key-Value）对存储数据的结构，只要输入待查找的值，即 Key，就可以直接查找其对应的值，即 Value。

下面分别介绍 B 树、B+树及哈希表这几种重要的索引结构及基于其上的查找方法。

8.3.2 索引结构的查找

1. B 树

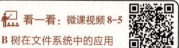
看一看：微课视频 8-5
B 树在文件系统中的应用

B 树（Balanced Tree）从字面意思可知它是平衡二叉树的延伸，是一种平衡的多叉查找树。B 树属于动态的多级索引，它在文件系统中很有用。

（1）多叉平衡查找树的源起

在 8.1.3 小节中讨论过，在平衡二叉树及进一步放宽条件的红黑树上，查找的时间复杂度为 $O(\log_2 n)$，平衡二叉树和红黑树的查找效率是比较高的。在实际应用中，大多数的数据库存储却并不使用二叉树，而是 n 叉树。其原因是，索引不止涉及内存，还涉及磁盘。

先来了解一下 B 树的实际应用场景。B 树主要用在各大存储文件系统和数据库系统中。一方面，这些场景下数据总量很大，用户不可能将它们都存储在内存中，而是在树结点中存储孩子结点在磁盘上的地址。在需要访问的时候，通过磁盘加载将孩子结点的信息读取到内存中。也就是说，在数据库中遍历查找树的时候也伴随着磁盘读取。磁盘的随机读/写是非常耗时的。显然，树的深度越大，磁盘读/写的次数也就越多，带来的 I/O 开销也就越大。

另一方面，建立索引也是需要占用物理空间的。而实际上，当数据量比较大的时候，索引文件的大小也十分惊人，可能达到物理盘中数据的 1/10，甚至是 1/3。这就意味着索引也可能无法全部装入内存之中。当通过索引对数据进行访问时，不可避免地需要对磁盘进行读/写访问，为此，在对索引结构进行设计时要尽可能减少对磁盘的读/写次数，也就是所谓的磁盘 I/O 次数。

以上就是文件系统或数据库索引采用 B 树这种多叉平衡结构的两个主要原因。B 树中每个结点存储的数据和孩子结点数都大于 2，所以和二叉排序树相比，它的树深要明显小得多，磁盘 I/O 的次数自然就越少，查找效率就越高。这也是 B 树适合用在文件引擎及数据库引擎上的原因。

可以想象一下，一棵 100 万个结点的平衡二叉树或红黑树，树高为 20。一次查询可能需要访问 20 个数据块。在机械硬盘时代，从磁盘随机读一个数据块需要 10 ms 左右的寻址时间。也就是说，对于一个 100 万行的表，如果使用二叉树来存储，单独访问一个行可能就需要 20 个 10 ms 的时间，这个查询太慢了。

而使用 n 叉树可以让查询过程访问尽量少的数据块，也就是让一个查询尽量少地读磁盘。以 InnoDB（MySQL 数据库的默认存储引擎）的一个整数字段索引为例，这个 n 约为 1200。这棵树高是 4 的时候，就可以存储 1200^3 个值，这已经是 17 亿了。考虑到树根的数据块总是在内存中的，一个 10 亿行的表上一个整数字段的索引，查找一个值最多只需要访问 3 次磁盘。其实，树的第二层也有很大概率在内存中，那么访问磁盘的平均次数就更少了。

图 8-31 所示是一棵常见的 3 阶（后续将"叉"称为"阶"）B 树的存储示意，图中省略了底层结点中的指针。可见，B 树形状相较于之前常见的平衡二叉树等结构更为扁平。

观察图 8-31 可见 B 树有两个特点。
- 树内的每个结点都存储数据。
- 底层结点之间无指针链接。

（2）B 树的定义

定义：一棵 m 阶的 B 树或者为空树，或者为满足下列特性的 m 叉树。

1）对树中叶子结点的说明：所有的叶子结点都出现在同一层上，并且不带信息，这些结点可以看作外部结点或查找失败的结点，如图 8-31 所示（因为叶子结点实际不存在，所以叶子结点可以不画出，本书后续的图例中也不再出现叶子结点）。

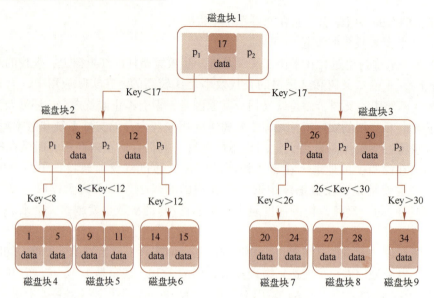

图 8-31 一棵 3 阶 B 树的存储示意

2) 对树中关键字的要求：
- 根结点中至少有一个关键字，最多有 $m-1$ 个关键字。
- 非根非叶子结点中包含 $\lceil m/2 \rceil -1 \sim m-1$ 个关键字，且这些关键字升序存放。
- 非叶子结点存储的关键字对存储在其各个子树中的关键字范围进行分割。
- 所有关键字在整棵树中出现且仅出现一次。

3) 对树中子树的要求：
- 每个非叶子结点有比其包含的关键字个数多一个的指向孩子的指针，叶子结点没有孩子指针。
- 每个结点至多有 m 棵子树。
- 根结点至少有两棵子树。
- 非根非叶子结点至少有 $\lceil m/2 \rceil$ 棵子树。

【例 8-7】图 8-32 为图 8-31 所示的 3 阶 B 树的抽象表示，其深度为 4，根指针 r 指向根结点。

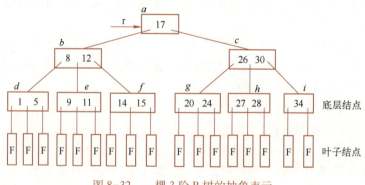

图 8-32 一棵 3 阶 B 树的抽象表示

该 3 阶 B 树中，根结点中的关键字个数最少为 1，最多为 $m-1=2$，子树个数最少为 2，

最多为 $m=3$。

每个非根非叶子结点的关键字个数最少为 $\lceil m/2 \rceil -1 = \lceil 3/2 \rceil -1 = 1$，最多为 $m-1=2$，子树个数最少为 2，最多为 3。

（3）B 树的查找

B 树的查找类似二叉排序树的查找，不同之处在于，B 树每个结点上是多关键字的有序表。在到达某个结点时，先在该结点的有序表中查找。若找到，则查找成功；否则，再到对应的指针指向的子树中去查找，当到达叶子结点时，则说明树中没有对应的关键字，查找失败。可见，B 树上的查找是由以下两个基本操作交叉进行的过程。

① 在 B 树上找结点。

② 在结点中找关键字。

例如，在图 8-32 中查找关键字值为 34 的元素。首先，从 r 指向的根结点 a 开始，结点 a 中只有一个关键字，且 34 大于它，因此，按 a 结点第 2 个指针到结点 c 去查找，结点 c 有两个关键字，而 34 也都大于它们，应按 c 结点第 3 个指针到结点 i 去查找，在结点 i 中顺序比较关键字，找到关键字 34。

由于 B 树的根指针通常存储在内存中，其余结点存储在外存上，因此上述查找过程中的操作就是通过指针在磁盘中相对定位，将结点信息读入内存，之后再对结点中的关键字有序表进行顺序查找或折半查找。因为在磁盘上读取结点信息比在内存中进行关键字查找耗时要多，所以在磁盘上读取结点信息的次数，即 B 树的高度是决定 B 树查找效率的首要因素。

那么，对含有 n 个关键字的 m 阶 B 树，最坏情况下树高能达到多少呢？

由 B 树定义可知，第一层至少有 1 个结点，此时树中含有关键字的总数至少为 1；第二层至少有 2 个结点，此时树中含有关键字的总数至少为 3；由于除根结点外的每个非终端结点至少有 $\lceil m/2 \rceil$ 棵子树，则第三层至少有 $2\lceil m/2 \rceil$ 个结点，此时树中含有关键字的总数至少为 $2\lceil m/2 \rceil^2 -1$。以此类推，第 k 层（$k \geq 2$）至少有 $2\lceil m/2 \rceil^{k-2}$ 个结点，此时树中含有关键字的总数至少为 $2\lceil m/2 \rceil^{k-1} -1$。对于 m 阶 B 树的 n 个关键字，此时有

$$n \geq 2 \times \lceil m/2 \rceil^{k-1} -1$$

即

$$k \leq \log_{\lceil m/2 \rceil}\left(\frac{n+1}{2}\right) +1$$

这表明，在含有 n 个关键字的 B 树上进行查找时，从根结点到关键字所在结点的路径上涉及的结点数不超过 $\log_{\lceil m/2 \rceil}\left(\frac{n+1}{2}\right) +1$。

（4）B 树的插入和删除

1）插入。与二叉排序树一样，关键字的插入次序不同，将可能生成不同结构的 B 树。

在 B 树上插入关键字与在二叉排序树上插入结点不同，关键字的插入不是在叶子结点上进行的，而是在底层的某个结点中添加一个关键字。若该结点上关键字的个数不超过 $m-1$ 个，则可直接插入到该结点上；若插入后该结点上关键字的个数达到 m 个，使该结点的子树超过了 m 棵，这与 B 树的定义不符，则要调整，即进行结点的分裂。

分裂的方法：关键字加入结点后，将结点中的关键字分成三部分，使得前后两部分关键字个数均大于或等于 $\lceil m/2 \rceil -1$，而中间部分只有一个结点。前后两部分成为两个结点，中间的一个结点插入到父结点中。若插入父结点而使父结点中关键字的个数超过 $m-1$，则父

结点继续分裂，直到插入某个父结点，其关键字个数小于 m。可见，B 树是从底向上生长的。

【例 8-8】 在图 8-33a 所示的 3 阶 B 树上依次插入关键字 65、24、50 和 38。

解：在此 3 阶 B 树上依次插入关键字 65、24、50 和 38 的过程如图 8-33b~图 8-33g 所示。

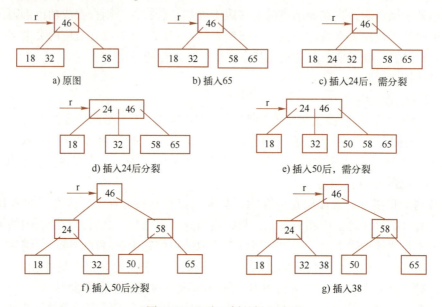

图 8-33 3 阶 B 树的插入过程

在 3 阶 B 树中，每个结点的关键字个数最少为 1，最多为 2。当插入后关键字的个数为 3 时，就得分裂成两个结点，让原有结点只保留第 1 个关键字和它前后的两个指针，让新结点保存原有结点中的最后一个（即第 3 个）关键字和它前后的两个指针，让原有结点的第 2 个关键字和指向新结点的指针作为新结点的索引项插入原有结点的前驱结点中。若没有前驱结点，则生成一个新的根结点，并将原树的根结点和分裂出的结点作为它的两棵子树。

2）删除。删除分以下两种情况。

① 删除底层结点中的关键字。这里又分以下 3 种情形。

- 若结点中关键字个数大于 $\lceil m/2 \rceil -1$，则直接删除。
- 若余项与右兄弟（无右兄弟则找左兄弟）项数之和大于或等于 $2(\lceil m/2 \rceil -1)$，就与它们父结点中的有关项一起重新分配。
- 若余项与右兄弟或左兄弟关键字个数之和均小于 $2(\lceil m/2 \rceil -1)$，就将余项与右兄弟或左兄弟合并。由于两个结点合并后，父结点中相关项不能满足 B 树的定义，所以继续调整，直到根结点。

【例 8-9】 在图 8-34a 所示的 5 阶 B 树中分别删除 76 和 7。

解：删除图 8-34a 所示 5 阶 B 树中的 76 符合①中的情形 2，所以得到图 8-34b。

删除图 8-34a 中的 7 符合①中的情形 3，所以得到图 8-34c。

② 删除非底层结点中的关键字。若删除非底层结点中的关键字 K，则将与该关键字相关联的指针所指子树中的最小关键字 X 与 K 交换，问题转换为在下一层结点中再删除关键字 K，直到这个 K 在最底层结点上，即转为情况①。

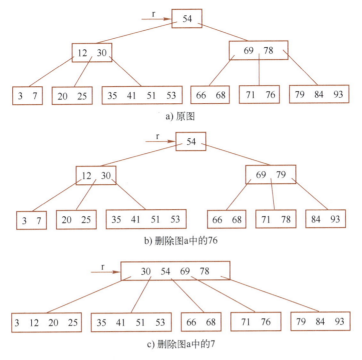

图 8-34　5 阶 B 树中分别删除 76 和 7

【例 8-10】在图 8-35 所示的 5 阶 B 树中删除 26。

解：在 5 阶 B 树中，每个结点（除树根结点外）的关键字个数应最少为 2，最多为 4。

当从该树中删除关键字 26 时，因它不在底层结点上，所以首先把它与 28 对调位置，然后从对应的结点中删除之。删除 26 后得到的中间结果如图 8-35b 所示。

此时，该结点中只剩下一个关键字，低于下限值 2，它的左兄弟结点中关键字的个数正好是最低的值 2，所以必须把相邻两个结点中的关键字与双亲中的 28 合并，得到的中间结果如图 8-35c 所示。

结点{12}只剩下一个关键字，同时它的右兄弟（没有左兄弟）结点中只含有两个关键字，所以还要继续合并，即把结点{12}中的一个关键字和其右兄弟及双亲合并到一个结点中，使新结点成为新的根结点。最后得到的结果如图 8-35d 所示，整个 B 树减少了一层。

✉**说明**：B 树的插入和删除算法的实现比较复杂，本书不做介绍。

（5）B 树存在的局限性

B 树相较于其他的二叉树结构，对磁盘的 I/O 次数已经非常少了。但是在实际的数据库应用中仍有些问题无法解决。

1）无法定位到数据行。通过 B 树可以根据主键的排序定位出主键的位置，但是由于数据表的记录有多个字段，仅定位到主键是不够的，还需要定位到数据行。虽然这个问题可以通过在 B 树的结点中存储数据行或者增加定位的字段来解决，但是这种方式会使得 B 树的深度大幅度提高，从而也导致 I/O 次数的提高。

2）无法处理范围查询。在实际的应用中，数据库范围查询的频率非常高，而 B 树只能定位到一个索引位置。虽然可以通过先后查询范围的左右界获得，但是这样的操作实际上无法很好地利用磁盘预读的局部性原理，先后查询可能会造成通过预读取的物理地址离散，使

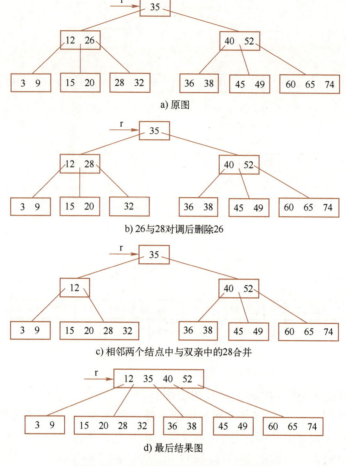

图 8-35 在 5 阶 B 树中删除 26 的过程

得 I/O 的效率并不高。

3）当数据量大时，B 树的高度依旧会变得很高，搜索效率会大幅度下降。

基于以上考虑，出现了对 B 树的优化版本，即 B+树。

2. B+树

（1）B+树的源起

图 8-36 所示为一棵 3 阶 B+树的存储示意。

对比图 8-31 和图 8-36 可以看出，B+树相对于 B 树具有以下两个特点。

- 数据只出现在叶子结点。
- 所有叶子结点增加了一个链指针。

B 树每个结点中不仅包含数据的 Key 值，还有 data 值。而每一个存储单元的空间是有限的，如果 data 较大将会导致每个结点能存储的 Key 的数量很小，要保存同样多的 Key，就需要增加树的高度。树的高度每增加一层，查询时的磁盘 I/O 次数就增加一次，进而影响查询效率。而在 B+树中，所有数据记录结点都是按照键值大小的顺序存放在同一层的叶子结点上，而非叶子结点上只存储 Key 值，这样可以大大加大每个结点存储的 Key 值的数量，降低 B+树的高度。

B+树的叶子结点上有指针链连，因此在做数据遍历的时候，只需要对叶子结点进行遍

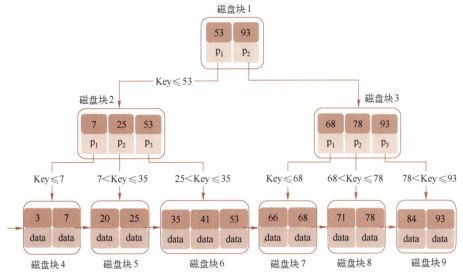

图 8-36　一棵 3 阶 B+树的存储示意

历即可，这个特性使得 B+树非常适合做范围查询。

（2）B+树的定义

图 8-37 所示为对图 8-36 所示的 3 阶 B+树的抽象表示，其上有两个头指针：r 指向根结点，sqt 指向关键字最小的叶子结点。因此，可以对 B+树进行两种查找运算：一种是从最小关键字的叶子结点起顺序查找；另一种是从根结点开始，进行随机查找。

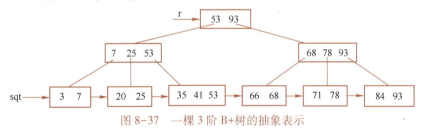

图 8-37　一棵 3 阶 B+树的抽象表示

一棵 m 阶 B+树和 m 阶 B 树的差异在于：

1) 在 B 树中，每个结点含 n 个关键字、$n+1$ 棵子树；在 B+树中，每个结点含 n 个关键字、n 棵子树。

2) 在 B 树中，每个结点中关键字个数 n 的取值范围为 $\lceil m/2 \rceil -1 \leqslant n \leqslant m-1$（除根结点外）、$1 \leqslant n \leqslant m-1$（根结点）。

在 B+树中，每个结点中关键字个数 n 的取值范围为 $\lceil m/2 \rceil \leqslant n \leqslant m$（除根结点外）、$1 \leqslant n \leqslant m$（根结点）。

3) B+树中所有叶子结点包含了全部关键字及指向对应记录的指针，且所有叶子结点按关键字由小到大的顺序依次链接。

4) B+树中所有非叶子结点仅起索引作用，结点中仅含有其子树中最大（或最小）的关键字。

在 B+树上进行随机查找、插入和删除的过程基本上与 B 树的类似。不同之处在于，在查找时，若非叶子结点上的关键字等于给定值，并不终止，而是继续向下直到叶子结点。因此，在 B+树中，不论查找成功与否，每次查找都是走了一条从根到底层结点的路径。B+树查找效率的分析类似于 B 树的。

B+树的插入仅在叶子结点上进行，当结点中的关键字个数大于 m 时要分裂成两个结点，它们所含关键字的个数均为 $\lfloor (m+1)/2 \rfloor$，并且它们的双亲结点中应同时包含这两个结点中的最大关键字。

B+树的删除也仅在叶子结点上进行，当叶子结点中的最大关键字被删除时，其在非底层结点中的值可以作为一个分界关键字存在。若因删除而使结点中关键字的个数少于 $\lceil m/2 \rceil$，其与兄弟结点的合并过程和 B 树的也类似。

【例 8-11】在图 8-38a 所示的 3 阶 B+树中依次插入关键字 16、17、19。

解：在图 8-38a 所示的 3 阶 B+树中依次插入关键字 16、17、19 的过程如图 8-38b~图 8-38c 所示。

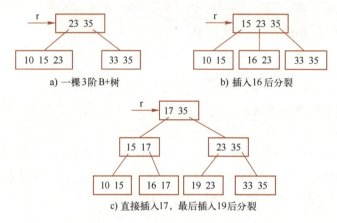

图 8-38　在 3 阶 B+树中依次插入 16、17、19

3. 哈希表

（1）哈希表的思想

对于 8.1 节讨论的查找方法，由于记录的存储位置与关键字之间不存在确定的关系，因此，查找时需要进行一系列对关键字的查找比较，即"查找算法"是建立在"比较"基础上的，查找效率由比较一次缩小的查找范围决定。

下面以登录 QQ 时的密码验证为例来分析以上介绍的算法对这个实际应用是否适用。

比如，QQ 号是 10 位数字，意味着用户数量可达数十亿。在用户登录进行密码验证时，需要以用户当前输入的密码作为待查找关键字，在 QQ 系统中存有的海量用户信息中进行查找运算。显然，这一问题不适合使用顺序查找；若使用折半查找，则查找 30 次即可解决 2^{30}（$\approx 10^9$）个用户问题，但折半查找的前提条件是有序存储，这样的话，当新生成一个 QQ 号插入时，代价是不能接受的；若采用二叉排序树的方法，除存储每个 QQ 用户有关信息外，还得为每个 QQ 用户结点附加两个指针信息。人们希望有一种算法，没有过多的约束条件，但在处理这种在海量数据中的查找时，能表现出较好的性能。

可以联想一下查英文字典的过程。英文字典的排列显然是有序的，但在查字典时，人们其实并不会使用折半查找的方式进行。例如查找单词"young"，一般不会从字典中间开始折半地去找，而是直接到字典偏后部分进行查找。这是因为，根据字母顺序已经估算过单词首字母"y"的位置。也就是说，如果有一种映射方法，能根据要查找的关键字直接计算出它的大致位置，这将大大减少查找时需依次比较的时间。

基于这样的思想,产生了通过映射关系快速查找关键字的方法。

(2) 哈希表的概念

查找的理想情况是依据关键字直接得到其对应的记录位置,即要求关键字与记录位置间存在一一对应关系,通过这个关系,就能由关键字快速地得到对应的记录位置。

【例8-12】假设一组记录的关键字为{18,27,1,20,22,6,10,13,41,15,25}。选取关键字与记录位置间的对应函数为 $f(key) = key \% 11$,建立查找表。

解:通过题中函数对 11 个元素可建立如下查找表。

0	1	2	3	4	5	6	7	8	9	10
22	1	13	25	15	27	6	18	41	20	10

查找时,对于给定的值 k,先通过这个函数计算 k 在查找表中的位置,再将 k 与该位置中元素的关键字做比较,若相等则查找成功。

在上述例子中,存储记录的查找表被称为**哈希表**(也称 **Hash 表**或**散列表**),函数 $f(key)$ 称为**哈希函数**,根据哈希函数计算出的存储位置称为**哈希地址**,基于哈希表的查找称为**哈希查找**。

对于 n 个记录的集合,总能找到关键字与存放地址之间的对应函数。例如,关键字类型为整型时,若最大关键字为 m,可以分配 m 个记录存放单元,选取函数 $f(key) = key$ 即可。但这样会造成存储空间的极大浪费,甚至不可能分配这么大的存储空间。通常,关键字的集合比哈希地址的集合大得多,因而经过哈希函数变换后,可能将不同的关键字映射到同一个哈希地址上,这种现象称为**冲突**(Collision),映射到同一哈希地址上的关键字称为**同义词**。可以说,冲突不可能避免,只能尽可能地减少。所以,哈希方法需要解决以下两个问题。

1) 构造好的哈希函数。
- 构造的函数应尽可能简单,以便提高转换速度。
- 构造的函数对关键字计算出的地址应在哈希地址集中大致均匀分布,以尽量减少冲突。

2) 制定有效的冲突解决方案。

产生冲突主要与以下 3 个因素有关。

① 哈希函数。若哈希函数选择得当,可使哈希地址尽可能均匀地分布在哈希地址集,从而减少冲突的发生;若哈希函数选择不当,就可能使哈希地址集中于某些区域,从而加大冲突的发生。

② 处理冲突的方法。选择适当的哈希函数可以减少冲突,但不能避免冲突,因此当冲突发生时,必须有能较好地处理冲突的方法。

③ 哈希表的装填因子。哈希表的装填因子定义为

$$\alpha = \frac{\text{填入表中的记录个数}}{\text{Hash 表的长度}}$$

它是哈希表装满程度的标志。由于表长是定值,所以 α 与"填入表中的记录个数"成正比:α 越大,填入表中的记录较多,产生冲突的可能性就越大;α 越小,填入表中的记录较少,产生冲突的可能性就越小。通常,最终的 α 控制在 0.6~0.9。

综上,哈希表是根据设定的哈希函数和处理冲突的方法,为一组记录所建立的一种存储结构。

(3) 哈希表的构造

下面分别介绍哈希函数的构造方法和处理冲突的方法。

1) 哈希函数构造方法。

① 直接定址法。直接定址法是取关键字的某个线性函数值为哈希地址。直接定址法的哈希函数为

$$\text{Hash}(key) = a \times key + b \quad (a、b\text{ 为常数})$$

这种方法的优点是计算简单，并且不可能有冲突发生。当关键字的集合不是很大且分布基本连续时，可使用直接定址法的哈希函数。其缺点是，若关键字分布不连续将造成内存单元的大量浪费。

② 除留余数法。除留余数法是取关键字除以 p 的余数作为哈希地址。它的哈希函数为

$$\text{Hash}(key) = key \% p \quad (p\text{ 是一个整数})$$

这是经常使用的一种哈希函数。这种方法的优点是计算比较简单，适用范围广。

这种方法的关键是选择适当的 p，若 p 选得不好，则容易产生冲突。例如，若 p 取偶数，偶数的关键字将映射到哈希表的偶数地址，奇数的关键字将映射到哈希表的奇数地址，从而增加了产生冲突的可能；若 p 含有质因子（即 $p=mn$），则所有含有 m 或 n 因子的关键字的哈希地址均为 m 或 n 的倍数，这也会增加产生冲突的可能性。

一般情况下，若哈希表长度为 m，通常 p 取小于或等于 m 的最大素数。

③ 数字分析法。数字分析法是指对关键字中每一位的取值分布情况做分析，取关键字中某些取值较均匀的数字位作为哈希地址。该方法适合于所有关键字值已知的情况。

【例 8-13】构造一个记录个数 $n=80$、哈希表长度 $m=100$ 的哈希表。这里只对其中 8 个关键字进行分析。

$K1 = 61317602$　　$K2 = 61326875$　　$K3 = 62739628$　　$K4 = 61343634$
$K5 = 62706816$　　$K6 = 62774638$　　$K7 = 61381262$　　$K8 = 61394220$

解：对 8 个关键字进行分析可知，关键字从左到右的第 1、2、3、6 位取值较集中，不宜作为哈希地址，剩余的第 4、5、7、8 位取值较均匀，可选取其中的两位作为哈希地址。设选取最后两位作为哈希地址，则这 8 位关键字的哈希地址集合为 {02,75,28,34,16,38,62,20}。

④ 平方取中法。平方取中法是指对关键字进行平方运算后，按哈希表大小，取中间的若干位作为哈希地址的方法。例如，若哈希表长度为 1000，则可取关键字的平方值的中间 3 位，见表 8-3。

表 8-3　平方取中法哈希函数

关　键　字	关键字的平方	哈　希　地　址
1234	15**227**56	227
2143	45**924**49	924
4132	170**734**24	734
3214	103**297**96	297

平方取中法通常用在不知道关键字分布且关键字的位数不是很大的情况下。

⑤ 折叠法。该方法将关键字自右到左分成位数相等的几部分，最后一部分位数可以短些，然后将这几部分叠加求和，并按哈希表表长取后几位作为哈希地址。

有以下两种叠加方法。
- 移位法。将各部分的最后一位对齐相加。
- 间界叠加法。从一端向另一端沿各部分分界来回折叠后，最后一位对齐相加。

【例 8-14】关键字 key=05587463253，设哈希表长为 3 位数，则可将关键字每 3 位为一部分进行分割。

解：关键字分割为如下 4 组：253 463 587 05。
用折叠法计算哈希地址如图 8-39 所示。

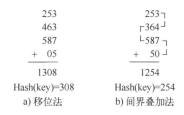

图 8-39　折叠法计算哈希地址示例

对于位数很多的关键字，且每一位上符号分布较均匀时，可采用此方法求得哈希地址。

2) 处理冲突的方法。

选择适当的哈希函数可以减少冲突，但不能避免冲突，因此当冲突发生时，必须有能较好地处理冲突的方法。处理冲突就是在冲突发生时，为关键字的记录安排另一个空的存储位置。常用的处理冲突的方法有开放定址法和链地址法。

① 开放定址法。开放定址法是指由关键字得到的哈希地址一旦产生了冲突，就去寻找一个空的哈希地址，只要哈希表足够大，空的哈希地址总能被找到。

寻找空哈希地址的方法有很多，这里介绍常用的 3 种。

a) 线性探测法。当发生冲突时，从冲突发生位置的下一个位置起，依次寻找空的哈希地址，即

$$H_i = (\text{Hash}(\text{key}) + d_i) \% m \quad (1 \leq i < m)$$

式中，Hash(key) 为哈希函数；m 为哈希表长度；d_i 为增量序列 $1, 2, \cdots, m-1$，且 $d_i = i$。

【例 8-15】为关键字序列 {36,7,40,11,16,81,22,8,14} 建立哈希表，哈希表表长为 11，即 Hash(key) = key % 11，用线性探测法处理冲突。

解：建立的哈希表如图 8-40 所示。

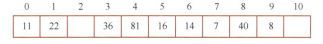

图 8-40　用线性探测法处理冲突时的哈希表

36、7、11、16、81 均是由哈希函数得到的没有冲突的哈希地址而直接存入的。

Hash(40) = 7，哈希地址冲突，需寻找下一个空的哈希地址：由 $H_1 = (\text{Hash}(40) + 1) \% 11 = 8$ 得哈希地址 8，该地址为空，将 40 存入。另外，22、8 同样在哈希地址上有冲突，也是由 H_1 找到空的哈希地址的。

而 Hash(14) = 3，哈希地址冲突，计算

$H_1 = (\text{Hash}(14) + 1) \% 11 = 4$，仍然冲突；

$H_2 = (\text{Hash}(14) + 2) \% 11 = 5$，仍然冲突；

$H_3 = (\text{Hash}(14)+3)\% 11 = 6$，找到空的哈希地址，存入。

线性探测法可能使第 i 个哈希地址的同义词存入第 $i+1$ 个哈希地址，这样本应存入第 $i+1$ 个哈希地址的元素变成了第 $i+2$ 个哈希地址的同义词……因此，可能出现很多元素在相邻的哈希地址上"堆积"起来，大大降低了查找效率。为此，可采用二次探测法或双哈希函数探测法，以改善"堆积"问题。

b) 二次探测法。当发生冲突时，二次探测法寻找下一个哈希地址的公式为

$$H_i = (\text{Hash}(key) \pm d_i)\% m$$

式中，d_i 为增量序列 $1^2, -1^2, 2^2, -2^2, \cdots, q^2, -q^2$，且 $q \le m/2$。

仍以例 8-12 中的关键字序列建立哈希表。用二次探测法处理冲突，建立的哈希表如图 8-41 所示。

0	1	2	3	4	5	6	7	8	9	10
11	22	14	36	81	16		7	40	8	

图 8-41　用二次探测法处理冲突时的哈希表

为关键字寻找空的哈希地址，只有 14 这个关键字与用线性探测法时不同。
$\text{Hash}(14) = 3$，哈希地址冲突，计算
$H_1 = (\text{Hash}(14) + 1^2)\% 11 = 4$，仍然冲突；
$H_2 = (\text{Hash}(14) - 1^2)\% 11 = 2$，找到空的哈希地址，存入。

c) 双哈希函数探测法。先用第一个哈希函数 Hash(key) 对关键字计算哈希地址，一旦产生地址冲突，再用第二个哈希函数 ReHash(key) 确定移动的步长因子，最后通过步长因子序列由探测函数寻找空的哈希地址，即

$$H_i = (\text{Hash}(key) + i * \text{ReHash}(key))\% m \quad (i = 1, 2, \cdots, m-1)$$

式中，Hash(key) 和 ReHash(key) 是两个哈希函数；m 为哈希表的长度。

例如，$\text{Hash}(key) = a$ 时产生地址冲突，就计算 $\text{ReHash}(key) = b$，则探测的地址序列为 $H_1 = (a+b)\% m, H_2 = (a+2b)\% m, \cdots, H_{m-1} = (a+(m-1)b)\% m$。

② 链地址法（拉链法）。链地址法的基本思想是：将所有哈希地址相同的记录存储在一个单链表中，在哈希表中存储指向各单链表的头指针。

【例 8-16】为关键字序列 {36,7,40,11,16,81,22,8,14} 建立哈希表，哈希函数为

$$\text{Hash}(key) = key \% 11$$

用链地址法处理冲突。

解：建立的哈希表如图 8-42 所示。

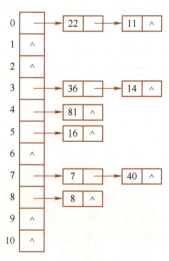

图 8-42　用拉链法处理冲突时的哈希表

（4）哈希表的查找算法

1) 算法的基本思想。在哈希表上查找给定值 k 的过程，基本上和建立哈希表的过程相同。

首先，根据哈希函数求出给定值 k 的哈希地址，然后，用哈希表中位于该地址的记录关键字值与 k 值进行比较，如果相等，说明查找成功，否则按处理冲突的方法去"下一个

地址"进行查找,直到哈希表中某个位置为空(查找不成功)或表中某个位置的记录关键字值与 k 值相等(查找成功)为止。

2)算法设计。下面分别给出用线性探测法解决冲突建立的哈希表和用链地址法解决冲突建立的哈希表的查找算法。为描述清晰,设哈希记录为整型数、哈希表长度为 m、哈希函数为 Hash(key) = key % m。

算法 8-10 用线性探测法解决冲突建立的哈希表的查找

```
int HashSearch_1(int hash[], int m, int k)
{
    int pos, t;
    pos = k % m;                        //计算哈希地址
    t = pos;
    while (hash[pos] != EMPTY)          //当哈希地址中的记录不为空时循环
        {
            if (hash[pos] == k)
                return pos;             //查找成功,返回下标
            else
                pos = (pos + 1) % m;
            if (pos == t) return -1;    //查找失败,返回-1
        }
    return -1;                          //查找失败,返回-1
}
```

算法 8-11 用链地址法解决冲突建立的哈希表的查找

```
Node * HashSearch_2(Node * hash[], int m, int k)
{
    int pos;
    Node * p;
    pos = k % m;                        //计算哈希地址
    p = hash[pos];                      //p 指向对应单链表的表头
    while (p && p->data != k)           //在对应单链表中顺序查找
        p = p->next;
    if (p)
        return p;                       //查找成功,返回地址
    else
        return NULL;                    //查找失败,返回空指针
}
```

✉ **说明**:算法 8-11 中单链表结点类型 Node 请参见 2.1.3 小节。

3)算法的时间复杂度。在用线性探测法和链地址法解决冲突建立的哈希表的查找算法时,产生冲突后的查找仍然是给定值与关键字进行比较的过程。所以,对哈希表查找效率的量度,依然用平均查找长度来衡量。

在查找过程中,关键字的比较次数取决于产生冲突的多少。冲突少,查找效率就高;冲突多,查找效率就低。因此,影响产生冲突多少的因素,也就是影响查找效率的因素。

影响产生冲突多少的因素有 3 个:哈希函数、处理冲突的方法及哈希表的装填因子。

从前面的分析可以看出,尽管哈希函数的"好坏"会直接影响冲突产生的频率,但一般情况下,人们总认为所选的哈希函数是"均匀的",因此,可不考虑哈希函数对平均查找长度的影响。

从用线性探测法和用链地址法处理冲突的例子看,相同的关键字集合、同样的哈希函数,在记录查找等概率的情况下,它们在查找成功时的平均查找长度却不同。

在例 8-15 中,线性探测法的平均查找长度 ASL=(5×1+3×2+1×4)/9=5/3。

在例 8-16 中,链地址法的平均查找长度 ASL=(6×1+3×2)/9=4/3。

实际上,哈希表的平均查找长度是装填因子 α 的函数,只是不同的处理冲突方法有不同的函数。表 8-4 列出了几种不同的处理冲突方法的平均查找长度。

表 8-4 几种不同的处理冲突方法的平均查找长度

处理冲突的方法	平均查找长度	
	查找成功时	查找不成功时
线性探测法	$S_{nl} \approx \frac{1}{2}\left(1+\frac{1}{1-\alpha}\right)$	$U_{nl} \approx \frac{1}{2}\left(1+\frac{1}{(1-\alpha)^2}\right)$
二次探测法与双哈希法	$S_{nr} \approx -\frac{1}{\alpha}\ln(1-\alpha)$	$U_{nr} \approx \frac{1}{1-\alpha}$
链地址法(拉链法)	$S_{nc} \approx 1+\frac{\alpha}{2}$	$U_{nc} \approx \alpha+e^{-\alpha}$

📌说明:哈希表存取速度快,也较节省空间,静态查找、动态查找均适用,但由于存取是随机的,因此不便于顺序查找。

本章小结

查找是数据处理领域中的一种基本操作,同时也是许多程序中最耗时的一种操作。一个好的查找方法将会大大提高程序的运行速度。根据查找时查找表是否可进行插入、删除操作,查找表分为静态查找和动态查找两种。本章介绍的顺序表查找属于静态查找表上的查找,树表查找和哈希表查找属于动态查找表上的查找。

思考与练习

一、单项选择题

1. 已知一个长度为 16 的顺序表 L,其元素按关键字有序排列,若采用折半查找法查找一个不存在的元素,则比较次数最多是(   )。

    A. 4   B. 5   C. 6   D. 7

2. 下列选项中,不能构成折半查找中关键字比较序列的是(   )。

    A. 500, 200, 450, 180   B. 500, 450, 200, 180

    C. 180, 500, 200, 450   D. 180, 200, 500, 450

3. 下列二叉树中,可能成为折半查找判定树(不含外部结点)的是(   )。

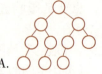
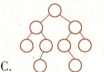

    A.   B.   C.   D.

4. 在有 n(n>1000)个元素的升序数组 A 中查找关键字 x。查找算法的伪代码如下。

```
k = 0;
while (k < n 且 A[k] < x)   k=k+3;
if (k < n 且 A[k] == x)   查找成功；
else if (k-1 < n 且 A[k-1] == x)   查找成功；
    else if (k-2 < n 且 A[k-2] == x)   查找成功；
        else   查找失败；
```

本算法与折半查找算法相比，有可能具有更少比较次数的情形是（　　）。

　　A. 当 x 不在数组中　　　　　　B. 当 x 接近数组开头处

　　C. 当 x 接近数组结尾处　　　　D. 当 x 位于数组中间位置

5. 已知二叉排序树如图 8-43 所示，元素之间应满足的大小关系是（　　）。

　　A. $x_1<x_2<x_5$　　B. $x_1<x_4<x_5$　　C. $x_3<x_5<x_4$　　D. $x_4<x_3<x_5$

6. 设二叉排序树中有 n 个结点，则该二叉排序树的平均查找长度为（　　）。

　　A. $O(1)$　　　　B. $O(\log_2 n)$　　　　C. $O(n)$　　　　D. $O(n^2)$

7. 下列给定的关键字输入序列中，不能生成图 8-44 所示的二叉排序树的是（　　）。

　　A. 4,5,2,1,3　　　　　　　　　B. 4,5,1,2,3

　　C. 4,2,5,3,1　　　　　　　　　D. 4,2,1,3,5

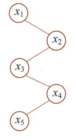

图 8-43　题 5 的二叉排序树　　　　图 8-44　题 7 的二叉排序树

8. 对于下列关键字序列，不可能构成某二叉排序树中一条查找路径的序列是（　　）。

　　A. 95,22,91,24,94,71　　　　　B. 92,20,91,34,88,35

　　C. 21,89,77,29,36,38　　　　　D. 12,25,71,68,33,34

9. 在任意一棵非空二叉排序树 T_1 中，删除某结点 v 之后形成二叉排序树 T_2，再将 v 插入 T_2 形成二叉排序树 T_3。下列关于 T_1 与 T_3 的叙述中，正确的是（　　）。

Ⅰ. 若 v 是 T_1 的叶子结点，则 T_1 与 T_3 不同

Ⅱ. 若 v 是 T_1 的叶子结点，则 T_1 与 T_3 相同

Ⅲ. 若 v 不是 T_1 的叶子结点，则 T_1 与 T_3 不同

Ⅳ. 若 v 不是 T_1 的叶子结点，则 T_1 与 T_3 相同

　　A. 仅Ⅰ、Ⅲ　　　B. 仅Ⅰ、Ⅳ　　　C. 仅Ⅱ、Ⅲ　　　D. 仅Ⅱ、Ⅳ

10. 下列二叉排序树中，满足平衡二叉树定义的是（　　）。

A.　　　　　　B.　　　　　　C.　　　　　　D.

11. 若将关键字序列 1,2,3,4,5,6,7 依次插入初始为空的平衡二叉树 T 中，则 T 中平衡因子为 0 的分支结点的个数是（　　）。

    A. 0　　　　　　B. 1　　　　　　C. 2　　　　　　D. 3

12. 在图 8-45 所示的平衡二叉树中插入关键字 48 后得到一棵新平衡二叉树，在新平衡二叉树中，关键字 37 所在结点的左、右子结点中保存的关键字分别是（　　）。

    A. 13,48　　　　B. 24,48　　　　C. 24,53　　　　D. 24,90

13. 给定图 8-47 所示的平衡二叉树，插入关键字 23 后，根中的关键字是（　　）。

    A. 16　　　　　　B. 20　　　　　　C. 23　　　　　　D. 25

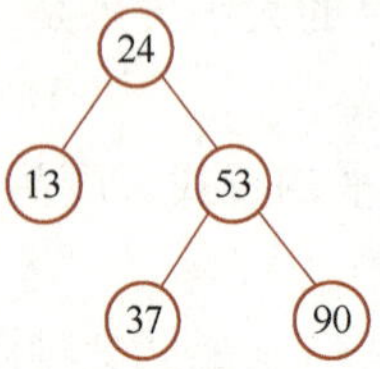

图 8-45　题 12 的平衡二叉树 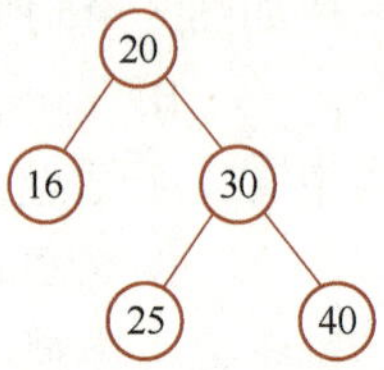　　　　图 8-46　题 13 的平衡二叉树

14. 现有一棵无重复关键字的平衡二叉树，对其进行中序遍历可得到一个降序序列。下列关于该平衡二叉树的叙述中，正确的是（　　）。

    A. 根结点的度一定为 2　　　　　　B. 树中的最小元素一定是叶子结点
    C. 最后插入的元素一定是叶子结点　　D. 树中的最大元素一定无左子树

15. 若平衡二叉树的高度为 6，且所有非叶子结点的平衡因子均为 1，则平衡二叉树的结点总数为（　　）。

    A. 10　　　　　　B. 20　　　　　　C. 32　　　　　　D. 33

16. 下列关于红黑树的说法中，不正确的是（　　）。

    A. 一棵含有 n 个结点的红黑树的高度至多为 $2\log_2(n+1)$
    B. 如果一个结点是红色的，则它的父结点和孩子结点都是黑色的
    C. 从一个结点到其叶子结点的所有路径上包含相同数量的黑色结点
    D. 红黑树的查询效率一般要优于含有相同结点数的 AVL 树

17. 下列关于红黑树和 AVL 树的描述中，不正确的是（　　）。

    A. 两者都属于自平衡的二叉树
    B. 两者查找的时间复杂度都相同
    C. 红黑树插入的结点均是红色结点
    D. 红黑树的任一结点的左、右子树高度之差不超过 2 倍

18. 下列关于红黑树的说法中，正确的是（　　）。

    A. 红黑树是一种特殊的平衡二叉树
    B. 如果红黑树的所有结点都是黑色的，那么它一定是一棵满二叉树
    C. 红黑树的任一分支结点都有两个非空孩子结点
    D. 红黑树的子树也一定是红黑树

19. 将关键字 1,2,3,4,5,6,7 依次插入初始为空的红黑树 T，则 T 中红色结点的个数是（　　）。

    A. 1　　　　　　B. 2　　　　　　C. 3　　　　　　D. 4

20. 将关键字 5,4,3,2,1 依次插入初始为空的红黑树 T，则 T 的最终形态是（　　）。

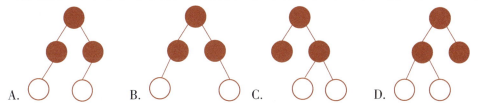

　A.　　　　　　B.　　　　　　C.　　　　　　D.

21. 下列叙述中，不符合 m 阶 B 树定义要求的是（　　）。
    A. 根结点最多有 m 棵子树　　　　B. 所有叶子结点都在同一层上
    C. 各结点内关键字均升序或降序排列　　D. 叶子结点之间通过指针链接

22. 已知一棵 3 阶 B 树，如图 8-47 所示，删除关键字 78 得到一棵新 B 树，其底层最右的结点中的关键字是（　　）。

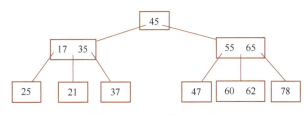

图 8-47　题 22 的 3 阶 B 树

    A. 60　　　　　B. 60,62　　　　C. 62,65　　　　D. 65

23. 依次将关键字 5,6,9,13,8,2,12,15 插入初始为空的 4 阶 B 树后，根结点中包含的关键字是（　　）。
    A. 8　　　　　B. 6,9　　　　　C. 8,13　　　　D. 9,12

24. 在一棵高度为 3 的 3 阶 B 树中，根为第 1 层，若第 2 层中有 4 个关键字，则该树的结点个数最多是（　　）。
    A. 11　　　　　B. 10　　　　　C. 9　　　　　D. 8

25. 高度为 5 的 3 阶 B 树含有的关键字个数至少是（　　）。
    A. 15　　　　　B. 31　　　　　C. 62　　　　　D. 242

26. 在一棵具有 15 个关键字的 4 阶 B 树中，含关键字的结点数最多是（　　）。
    A. 5　　　　　B. 6　　　　　C. 10　　　　　D. 15

27. 在一棵高度为 2 的 5 阶 B 树中，所含关键字的个数最少是（　　）。
    A. 5　　　　　B. 7　　　　　C. 8　　　　　D. 14

28. 下面关于 B 和 B+ 树的叙述中，不正确的是（　　）。
    A. 在相同数据量的情况下，B+树比 B 树需要使用更多的存储空间
    B. B 树和 B+ 树都可用作文件的索引结构
    C. B 树和 B+ 树都能有效地支持顺序检索
    D. B 树和 B+ 树都能有效地支持随机检索

29. B+ 树不同于 B 树的特点之一是（　　）。
    A. 能支持顺序查找　　　　　　B. 结点中含有关键字
    C. 根结点至少有两个分支　　　D. 所有叶子结点都在同一层上

30. 下列应用中，适合使用 B+ 树的是（　　）。

257

A. 编译器中的词法分析 B. 关系数据库系统中的索引
C. 网络中的路由表快速查找 D. 操作系统的磁盘空闲块管理

31. 对于线性表（7,34,55,25,64,46,20,10）进行哈希存储时，若选用 $H(k)=k\%9$ 作为哈希函数，则哈希地址为 1 的元素有（　　）个。

A. 1　　　　B. 2　　　　C. 3　　　　D. 4

32. 为提高哈希表的查找效率，可以采取的正确措施是（　　）。

Ⅰ. 增大装填因子

Ⅱ. 设计冲突（碰撞）少的哈希函数

Ⅲ. 处理冲突（碰撞）时避免产生聚集现象

A. 仅Ⅰ　　　B. 仅Ⅱ　　　C. Ⅰ、Ⅱ　　　D. Ⅱ、Ⅲ

33. 用哈希（散列）方法处理冲突（碰撞）时可能出现堆积（聚集）现象，下列选项中，会受堆积现象直接影响的是（　　）。

A. 存储效率 B. 哈希函数
C. 装填（装载）因子 D. 平均查找长度

34. 现有长度为 7、初始为空的哈希表 HT，哈希函数 $H(k)=k\%7$，用线性探测法解决冲突，将关键字 22,43,15 依次插入 HT 后，查找成功的平均查找长度是（　　）。

A. 1.5　　　B. 1.6　　　C. 2　　　　D. 3

35. 现有长度为 11 且初始为空的哈希表 HT，哈希函数是 $H(key)=key\%7$，采用线性探测法解决冲突。将关键字 87,40,30,6,11,22,98,20 依次插入 HT 后，HT 查找失败的平均查找长度是（　　）。

A. 4　　　　B. 5.25　　　C. 6　　　　D. 6.29

二、填空题

1. 设查找表中有 100 个元素，如果用折半查找法查找数据元素 x，则最多需要比较_____次就可以断定数据元素 x 是否在查找表中。

2. 设一组初始记录关键字序列为（11,16,25,36,48,50,65,86,90,101,126），则利用折半查找法查找关键字 90，需要比较_____次。

3. 设一组初始记录关键字序列为（19,11,40,30,16,12,29），则根据这些记录关键字构造的二叉排序树的平均查找长度是_____。

4. 在向一棵 B 树插入元素的过程中，若最终引起树根结点的分裂，则新树比原树高_____度。

5. 哈希表中解决冲突的两种方法是_____和_____。

三、简答题

1. 设有序顺序表中的元素依次为 17,54,67,75,85,93,94,112,203,261。试画出对其进行折半查找时的二叉判定树，并计算查找成功的平均查找长度和查找不成功的平均查找长度。

2. 若对有 n 个元素的有序顺序表和无序顺序表进行顺序搜索，试就下列 3 种情况分别讨论两者在等查找概率时的平均查找长度是否相同。

（1）查找失败。

（2）查找成功，且表中只有一个关键字等于给定值 k 的记录。

（3）查找成功，且表中有若干个关键字等于给定值 k 的记录，要求一次查找出所有

3. 按照分块查找，将 144 个元素的表分成多少块最好？每块的最佳长度是多少？假定每块的长度为 8，其平均查找长度是多少？

4. 设有一个输入数据的序列是 {46,25,78,62,12,37,70,29}，试画出从空树起，逐个输入各个数据而生成的二叉排序树。

5. 有一棵 3 阶 B 树如图 8-48 所示。试分别画出在插入 65、15、40、30 之后 B 树的形状。

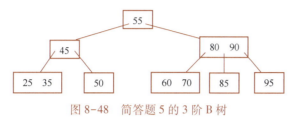

图 8-48　简答题 5 的 3 阶 B 树

6. 有一棵 4 阶 B 树如图 8-49 所示。试画出插入关键字 87 后树的形状。

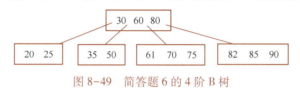

图 8-49　简答题 6 的 4 阶 B 树

7. 假定一个文件由 15 个记录组成，每个记录的关键字均为整数，分别为 1,4,9,16,25,…,225，每个数据页块存放 3 个记录，要求：

（1）用 B 树组织索引，设阶 $m=3$，依次将上述 15 个记录插入 B 树，画出插入后的 B 树。

（2）用 B+树组织索引，设阶 $m=3$，依次将上述 15 个记录插入文件中，画出插入后的整个文件的结构图（包括 B+树索引）。

8. 将关键字序列 (7,8,30,11,18,9,14) 存储到哈希表中，哈希表的存储空间是一个下标从 0 开始的一维数组，函数 $H(\text{key})=(\text{key}*3) \bmod 7$，处理冲突时采用线性探测法，要求装填（载）因子为 0.7。

（1）请画出所构造的哈希表。

（2）分别计算等概率情况下，查找成功和查找不成功的平均查找长度。

9. 设有包含 4 个数据元素的集合 $S=\{"do","for","repeat","while"\}$，各元素的查找概率依次为 $p_1=0.35, p_2=0.15, p_3=0.15, p_4=0.35$。将 S 保存在一个长度为 4 的顺序表中，采用折半查找法，查找成功时的平均查找长度为 2.2。

（1）若采用顺序存储结构保存 S，且要求平均查找长度更短，则元素应如何排列？应使用何种查找方法？查找成功时的平均查找长度是多少？

（2）若采用链式存储结构保存 S，且要求平均查找长度更短，则元素应如何排列？应使用何种查找方法？查找成功时的平均查找长度是多少？

应用实战

1. 实现顺序表的查找算法。

基本要求:
(1) 实现顺序查找的有监视哨算法和无监视哨算法。
(2) 实现折半查找的递归和非递归算法。
(3) 在main()函数中使用菜单选择各项功能。
2. 采用二叉排序树的结构存储通讯录信息,实现二叉排序树上的查找算法。
基本要求:
(1) 用二叉链表作为存储结构,输入若干通讯录数据,建立一棵二叉排序树。
(2) 判断是否为二叉排序树。
(3) 在二叉排序树上插入结点。
(4) 删除二叉排序树上的某一个结点。
(5) 输入关键字,在二叉排序树上实现查找。

学习目标检验

请对照表 8-5,自行检验实现情况。

表 8-5　第 8 章学习目标列表

	学 习 目 标	达到情况
知识	了解查找的常用术语:查找表、主关键字、次关键字	
	了解查找算法的性能关键取决于关键字的比较次数。关键字的比较次数的影响因素包括:算法;问题规模;待查关键字在查找集合中的位置;查找频率	
	了解查找算法性能的度量方法,即计算平均查找长度	
	了解常用的静态查找算法:顺序查找、有监视哨的顺序查找、折半查找(非递归、递归、问题改进、二叉判定树)、分块查找	
	了解常用的动态查找算法:二叉排序树、二叉平衡树、2-3 树、红黑树	
	了解常用的索引查找算法:B 树、B+树、哈希表查找	
能力	能够编码实现静态查找算法	
	能够分析折半查找算法存在的安全隐患并进行改进	
	能够编码实现构建二叉排序树、计算平衡因子、哈希查找等算法	
	能够根据装填因子设计哈希表、哈希函数,选择冲突解决方法,能够计算查找成功的平均查找长度和查找不成功的平均查找长度	
	能够合理选择静态、动态和索引这几类算法解决实际问题	
	能够理解并掌握分治编程思想	
素养	为实际问题设计算法,给出算法的伪代码,并利用编程语言实现算法	
	自主学习,通过查阅资料,获得解决问题的思路。进一步了解哈希算法的应用	
	实验文档书写整洁、规范,技术要点总结全面	
	学习中乐于与他人交流分享,善于使用生成式人工智能工具	
思政	由浅及深地从较简单的二叉排序树开始,逐步改进,引入平衡二叉树、2-3 树、红黑树的概念,进而到多叉平衡的 B 树、B+树,引导发现算法的改进空间非常广阔,作为工程师应该具有精益求精的工匠精神和不断探索的创新精神	
	通过快递配送及取快递中的查找问题,引发对现实问题的思考,强调理论联系实际、从实践中来到实践中去、以人为本等重要思想	

第 9 章
数据元素处理 2：排序

学习目标

1) 了解排序算法的时间复杂度、空间复杂度及稳定性等性能的分析方法。
2) 掌握交换类、插入类、选择类、归并类及分配类经典排序算法设计思想并能够应用实现。
3) 了解大数据环境下外部排序的应用需求和相关算法。

学习导图

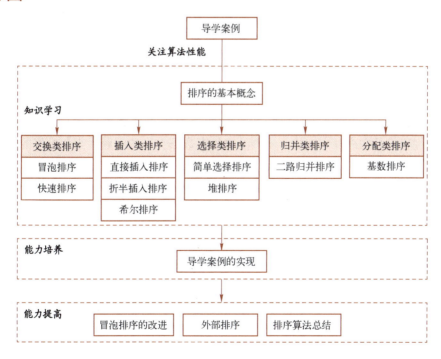

导学案例：网络购物中的商品排序

【案例问题描述】

在淘宝网、京东、当当、亚马逊等网络商城购物时，常用的一项功能就是排序。如图 9-1 所示，在搜索"手机"时，网站提供按综合、销量、评论数、新品及价格等选项供用户进行比较和挑选。试设计并编写程序帮助找出销量最高的 5 款手机中上市时间最短的

（新款）手机。

图 9-1　网站提供的排序选项

【案例问题分析】

排序（Sorting）是数据处理中经常使用的一种重要操作。通过排序可以了解排名情况，如本导学案例中，用户可以在购物网站上了解哪款手机销量最大、哪款手机上市时间最短（新款）。通过排序也可以提高查找性能，如图 9-1 中，用户还可以结合选择品牌、分类、机身内存、CPU 型号等关键字作为筛选条件，快速找到自己心仪的手机。另外，生活中如字典和手机通讯录中的信息也都是按照一定的顺序编排的，可以方便查找所需信息。因此，研究和掌握各种排序方法非常重要。

9.1 节将介绍排序的基本概念，以及交换类、插入类、选择类、归并类、分配类等经典排序算法。9.2 节将介绍本导学案例的一种实现。不过，上述算法都属于内部排序算法，即排序的整个过程只是在内存中完成，不涉及内外存数据交换的问题。当待排序的数据文件比内存的可使用容量还大时，数据文件无法一次性放到内存中进行排序，整个排序过程需要借助于外部存储器（如硬盘、U 盘等）将数据分批调入内存才能完成，这一过程就是外部排序。9.3 节将介绍外部排序方法，此外，还将讨论冒泡排序的改进，并对多种内部排序算法进行总结比较。

9.1　知识学习

本节介绍排序的基本概念，讨论几种经典的排序算法，重点分析每类排序算法的特点及设计思想。

9.1.1　排序的基本概念

1. 排序

设有 n 个记录的序列 $\{r_0, r_1, \cdots, r_{n-1}\}$，其相应的关键字分别是 $\{k_0, k_1, \cdots, k_{n-1}\}$，排序就是将这 n 个记录重新排列，使之按关键字大小递增（或递减）有序排列。从操作角度看，排序是线性结构的一种操作，待排序记录可以用顺序结构或链接结构来存储。本章讨论的排序算法除分配类排序外，均采用顺序存储结构。

说明：为了让读者更多地关注各排序算法的原理，在后续介绍中做如下约定。

1）简化了记录的数据类型，假定每个记录中只有一个整型数据，因此含有 n 个记录的待排数据表就可以简化为一个整型数组 $r[n]$，若不做特别说明，则记录数据存放在下标为 0~$n-1$ 的存储空间里，记录的关键字就是记录本身。

2）讨论算法时均按递增有序排列。

2. 内部排序与外部排序

根据排序过程中数据所占用存储器的不同，可将排序分为以下两类。

- 内部排序：整个排序过程全部在内存中进行。
- 外部排序：由于待排序记录数据量太大，内存无法容纳全部数据，在排序过程中需要借助外存才能完成。

3. 排序的稳定性

假设在待排序序列中存在多个具有相同关键字的记录，设 $k_i = k_j (0 \leq i \leq n-1, 0 \leq j \leq n-1, i \neq j)$，若排序前 r_i 排在 r_j 的前面，排序后 r_i 仍在 r_j 的前面，则称这种排序方法是稳定的，否则，称这种排序方法是不稳定的。

在某些排序场合，如选举、比赛，要求排序方法是稳定的。例如，一组学生记录已按学号排好序，现需要按照考试成绩进行排序，当成绩相同时，要求学号小的排在前面，显然这时必须选用稳定的排序方法。要证明一种排序方法是稳定的，则必须对算法本身的步骤加以证明，但证明一种排序方法是不稳定的，只要给出一个实例说明即可。

4. 排序算法的性能指标

排序算法的性能主要包括算法的时间复杂度、空间复杂度和算法的稳定性。其中，排序算法的时间开销主要取决于关键字的比较次数和记录的移动次数，空间开销主要是执行算法所需要的辅助存储空间。

9.1.2 交换类排序

交换类排序的基本思想是：两两比较待排序记录的关键字，若反序则交换相邻两个记录，直到没有反序的记录为止。下面来介绍两种交换类排序：冒泡排序和快速排序。

1. 冒泡排序

（1）算法思想

看一看：微课视频 9-1 冒泡排序

冒泡排序（Bubble Sort）是一种典型的排序方法，其基本思想是：通过两两比较相邻记录的关键字，使关键字较小的记录如气泡一般逐渐往上"漂浮"。

（2）算法设计

冒泡排序处理过程如下：

1）将第一个记录的关键字值与第二个记录的关键字值进行比较，若为反序（即 $r[j] > r[j+1]$），则两者交换。然后，比较第二个记录和第三个记录的关键字值。以此类推，直到第 $n-1$ 个记录的关键字值和第 n 个记录的关键字值进行比较为止。上述过程称为冒泡排序的第一趟处理，经第一趟处理后，关键字值最大的记录被放在最后一个位置上。

2）进行第二趟处理，即对前 $n-1$ 个记录进行类似的处理，其结果是使关键字值次大的记录被放到倒数第二的位置上。

通常，冒泡排序的整个排序过程需进行 $n-1$ 趟处理，第 i 趟处理是从 $r[0]$ 到 $r[n-i]$，依次比较相邻两个记录的关键字值，并在反序时交换，其结果是将这 $n-i+1$ 个记录中关键字值最大的元素交换到 $n-i$ 的位置上。

【例 9-1】 对数据集 $\{51,38,49,27,62,05,16\}$ 进行冒泡排序。

解：对这 7 个数据进行冒泡排序的过程如图 9-2 所示。

```
初始序列    51  38  49  27  62  05  16
第1趟结果   38  49  27  51  05  16  [62]
第2趟结果   38  27  49  05  16  [51]
第3趟结果   27  38  05  16  [49]
第4趟结果   27  05  16  [38]
第5趟结果   05  16  [27]
第6趟结果   05  [16]
```

图 9-2 冒泡排序过程示例

冒泡排序算法描述如算法 9-1 所示。

算法 9-1 冒泡排序

```
void  BubbleSort(int r[ ], int n)        //用数组 r 保存 n 个数据
{
    int i, j, temp;
    for (i = 1; i < n; i++)
        for (j = 0; j < n - i; j++)
            if (r[j] > r[j + 1])
            {
                temp = r[j];
                r[j] = r[j + 1];
                r[j + 1] = temp;
            }
}
```

（3）算法分析

冒泡排序算法的执行时间取决于排序的趟数。不论初始待排序记录如何，每趟排序中总有一个最大的记录被交换到最终位置，故算法执行 $n-1$ 趟，第 $i(1 \leq i < n)$ 趟排序执行 $n-i$ 次关键字值的比较和 $n-i$ 次记录的交换，这样关键字值的比较次数为

$$\sum_{i=1}^{n-1}(n-i) = \frac{n(n-1)}{2}$$

记录的移动（交换）次数为

$$3\sum_{i=1}^{n-1}(n-i) = \frac{3n(n-1)}{2}$$

因此，冒泡排序算法的时间复杂度为 $O(n^2)$。本章将在 9.3.1 小节从待排序数据分布的特殊性角度讨论冒泡排序算法的改进。

冒泡排序只需要一个记录的辅助空间用作记录交换的暂存单元。

冒泡排序是一种稳定的排序方法。

2. 快速排序

（1）算法思想

在冒泡排序中，记录的比较和移动是在相邻单元中进

行的，记录每次交换只能上移或下移一个单元，因而总的比较次数和移动次数较多。能不能通过增大记录的比较和移动距离来减少总的比较次数和移动次数，也就是让较大记录从前面直接移动到后面，让较小记录从后面直接移动到前面？

快速排序（Quick Sort）由英国计算机科学家托尼·霍尔（Tony Hoare）于 1961 年 7 月提出。

快速排序的基本思想是：从待排序记录序列中选取一个记录（通常选取第一个记录）为枢轴，其关键字值设为 k，将关键字值小于 k 的记录移到前面，而将关键字值大于 k 的记录移到后面，结果是将待排序记录序列分成两个子表，最后将关键字值为 k 的记录插到分界线处，这个过程称为"划分"。通过一次划分后，以关键字值 k 为基准，将待排序序列分成两个子表，前面子表中所有记录的关键字值均不大于 k，后面子表中所有记录的关键字值均不小于 k。对划分后的子表继续按上述原则进行划分，直到所有子表的表长不超过 1 为止，此时待排序记录序列就变成了一个有序序列。

（2）算法设计

显然，快速排序是一个递归过程，需解决 4 个关键问题。

1）如何选择基准（轴值）？

选择基准的方法如下：

- 使用第一个记录的关键字值。
- 选取序列中间记录的关键字值。
- 比较序列中第一个记录、最后一个记录和中间记录的关键字，取关键字居中的作为基准并调换到第一个记录的位置。
- 随机选取轴值。

因为基准决定了两个子序列的长度，所以如果基准选得恰当，则子序列的长度能尽可能相等。

2）在待排序序列中如何进行一次"划分"？

下面介绍划分的过程。

① 取第一个记录的关键字值作为轴值，将第一个记录暂存于 temp 中，设两个变量 i、j 分别指示将待划分区域的最左、最右记录的位置。

② 将 j 指向的记录的关键字值与轴值进行比较，如果 j 指向的记录的关键字值大，则 j 前移一个位置。重复此过程，直到 j 指向的记录的关键字值小于轴值。若 $i<j$，则将 j 指向的记录移到 i 所指向的位置。

③ 将 i 指向的记录的关键字值与轴值进行比较，如果 i 指向的记录的关键字值小，则 i 后移一个位置。重复此过程，直到 i 指向的记录的关键字值大于轴值。若 $i<j$，则 i 指向的记录移到 j 所指向的位置。

④ 重复步骤②和③，直到 i 与 j 相等。

【例 9-2】对数据集 {33,23,59,16,41,29,38} 进行快速排序的一次划分。

解：以第一个记录的关键字值为轴值，将其存入 temp 中，一次划分过程如图 9-3 所示。

快速排序的划分算法描述如算法 9-2 所示。

算法 9-2 快速排序的一次划分

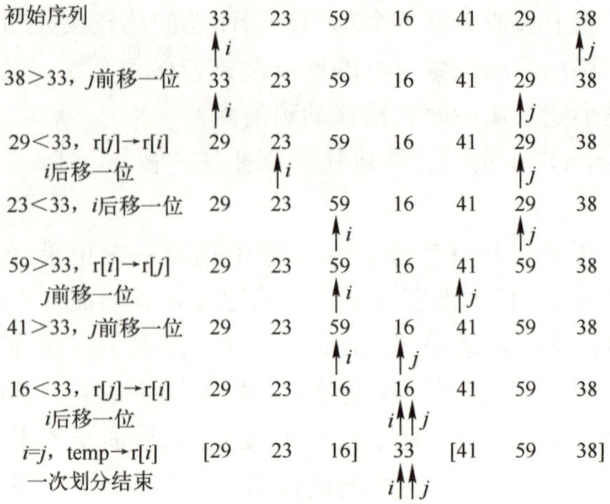

```
初始序列              33  23  59  16  41  29  38
                     ↑i                      ↑j
38＞33，j前移一位     33  23  59  16  41  29  38
                     ↑i                  ↑j
29＜33，r[j]→r[i]    29  23  59  16  41  29  38
  i后移一位              ↑i              ↑j
23＜33，i后移一位     29  23  59  16  41  29  38
                         ↑i              ↑j
59＞33，r[i]→r[j]    29  23  59  16  41  59  38
  j前移一位              ↑i      ↑j
41＞33，j前移一位     29  23  59  16  41  59  38
                         ↑i  ↑j
16＜33，r[j]→r[i]    29  23  16  16  41  59  38
  i后移一位                  ↑i↑j
i=j，temp→r[i]      [29  23  16] 33 [41  59  38]
  一次划分结束               ↑i↑j
```

图 9-3　一次划分过程

```
int  Partition(int r[ ], int i, int j)   //一次划分，i 和 j 分别表示待划分区域的起点和终点位置
{
    int temp = r[i];
    while (i < j)
    {
        while (i < j && r[j] >= temp)   j--;
        if (i < j)    r[i++] = r[j];
        while (i < j && r[i] <= temp)   i++;
        if (i < j)    r[j--] = r[i];
    }
    r[i] = temp;
    return i;
}
```

💡想一想：

算法 9-2 中采用左右指针（头尾两端的 *i* 和 *j*）遍历，首先选取第一个数为轴值，然后先移动右指针，再移动左指针。那么，左右这两个指针的移动顺序有要求吗？能否先移动左指针再移动右指针呢？

算法 9-2 核心代码若修改如下，对左右两个指针的移动顺序有要求吗？

```
while (i != j)
{
    while (i < j && r[j] >= temp)   j--;
    while (i < j && r[i] <= temp)   i++;
    if (i < j)    swap(r[i], r[j]);   //swap 函数用于交换两个参数的值
}
swap(temp, r[i]);
return i;
```

3）如何处理分割得到的两个待排序子序列？

对分割得到的两个子序列递归地执行快速排序。

4）如何判别快速排序是否结束？

若待排序序列只有一个记录，则递归结束；否则，进行一次划分后，再分别对划分得到的两个子序列进行快速排序（递归调用）。

具体的快速排序算法描述如算法 9-3 所示。

算法 9-3 快速排序

```
void  QuickSort(int r[ ], int i, int j)        //i 和 j 分别表示待排序区域的起点和终点位置
{
    if (i < j)
    {
        int pivot = Partition(r, i, j);
        QuickSort(r, i, pivot - 1);
        QuickSort(r, pivot + 1, j);
    }
}
```

显然，初始调用为 QuickSort(r, 0, n-1)。

快速排序的趟数取决于递归的深度。

(3) 算法分析

在最好情况下，每次划分对一个记录定位后，该记录的左侧子序列与右侧子序列的长度相同。在具有 n 个记录的序列中，对一个记录定位需要对整个待划分序列扫描一遍，则时间复杂度为 $O(n)$。

设 $T(n)$ 是对 n 个记录的序列进行排序的时间，每次划分后，正好把待划分区间划分为长度相等的两个子序列，则有

$$
\begin{aligned}
T(n) &\leq 2T(n/2) + n \\
&\leq 2(2T(n/4) + n/2) + n = 4T(n/4) + 2n \\
&\leq 4(2T(n/8) + n/4) + 2n = 8T(n/8) + 3n \\
&\cdots \\
&\leq nT(1) + n\log_2 n = O(n\log_2 n)
\end{aligned}
$$

因此，时间复杂度为 $O(n\log_2 n)$。

在最坏情况下，待排序记录序列为正序或逆序，每次划分只得到一个比上一次划分少一个记录的子序列（另一个子序列为空）。此时，必须经过 $n-1$ 次递归调用才能把所有记录定位，而且第 i 趟划分需要经过 $n-i$ 次关键字的比较才能找到第 i 个记录的基准位置，因此，总的比较次数为

$$\sum_{i=1}^{n-1}(n-i) = \frac{1}{2}n(n-1)$$

若正序，记录无须移动；若逆序，记录的移动次数等于比较次数。因此，时间复杂度为 $O(n^2)$。

在平均情况下，设基准记录的关键字第 k 小 $(1 \leq k \leq n)$，则快速排序的平均时间性能可以由基准值的选择、基准值左右两部分的时间复杂度组成：

$$T(n) = \frac{1}{n}\sum_{k=1}^{n}(T(n-k) + T(k-1)) + n = \frac{2}{n}\sum_{k=1}^{n}T(k) + n$$

可以用归纳法证明，其数量级也为 $O(n\log_2 n)$。

空间性能分析：由于快速排序是递归的，需要用一个栈来存放每一层递归调用的必要信息，其最大容量应与递归调用的深度一致。最好情况下，栈的深度为 $O(\log_2 n)$；最坏情况下，因为要进行 $n-1$ 次递归调用，所以栈的深度为 $O(n)$；平均情况下，栈的深度为 $O(\log_2 n)$。

快速排序是一种不稳定的排序方法。

🎓 **科学人物和科学精神：算法大师托尼·霍尔（Tony Hoare）**

霍尔（见图9-4）1934年1月11日出生于斯里兰卡的科伦坡。他小时候的理想是当个作家，喜欢萧伯纳和罗素的作品。因为勤奋好学、少言寡语，他被同学称为"教授"。中学毕业后，他进入牛津的莫顿学院学习，对数理逻辑产生了兴趣，并首次接触到了计算机。他的第一个程序解决了冯·诺依曼书中的两人博弈问题。

1960年，霍尔成为一名程序员。他接到的第一个任务就是为Elliott 803计算机编写一个库程序，实现新发明出来的Shell排序算法。在此过程中，霍尔对不断提升代码的效率着了迷，他不仅很好地完成了任务，还发明了一种新算法，比Shell还快，而且不会耗费太多空间——快速排序诞生了。

图9-4 托尼·霍尔

快速排序算法虽然迄今已有60多年，它仍然被誉为最好的排序算法之一，并在许多编程语言和程序库中被应用。霍尔本人被称为"影响算法世界的十位大师之一"。由霍尔发明的快速排序算法被称为"二十世纪十大算法之一"。

霍尔的贡献远不止是发明了快速排序算法，1980年因"对程序设计语言的定义和设计方面的基础性贡献"而获得图灵奖。

9.1.3 插入类排序

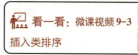

本小节介绍常用的几种插入类排序方法：直接插入排序、折半插入排序，以及希尔排序。

1. 直接插入排序

（1）算法思想

直接插入排序的基本思想是：将待排序表看作左、右两部分，其中左边为有序区，右边为无序区，整个排序过程就是将右边无序区中的记录依次逐个插入左边的有序区中，以构成新的有序区，直到全部记录都排好序。

（2）算法设计

直接插入排序具体的排序过程如下。

① 将整个待排序的记录序列划分成有序区和无序区，初始时有序区为待排序记录序列中的第一个记录，无序区包括所有剩余其他记录。

② 将无序区的第一个记录插入有序区的合适位置，从而使无序区减少一个记录，有序区增加一个记录。

③ 重复执行步骤②，直到无序区中没有记录为止。

【例9-3】对数据集{12,15,09,20,06,36,28}进行直接插入排序。

解： 对这7个数据进行直接插入排序的过程如图9-5所示。

直接插入排序算法描述如算法9-4所示。

算法9-4 直接插入排序

初始序列	[12]	15	09	20	06	36	28
第1趟结果	[12	15]	09	20	06	36	28
第2趟结果	[09	12	15]	20	06	36	28
第3趟结果	[09	12	15	20]	06	36	28
第4趟结果	[06	09	12	15	20]	36	28
第5趟结果	[06	09	12	15	20	36]	28
第6趟结果	[06	09	12	15	20	28	36]

图 9-5 直接插入排序过程示例

```
void  InsertSort( int r[ ], int n)
{
    int i, j, temp;
    for (i = 1; i < n; i++)
    {
        temp = r[i];
        for (j = i - 1; j >= 0 && temp < r[j]; j--)
            r[j + 1] = r[j];
        r[j + 1] = temp;
    }
}
```

(3) 算法分析

直接插入排序算法由两层嵌套循环组成。外层循环控制排序趟数,执行 $n-1$ 次;内层循环的执行次数取决于在第 i 个记录前有多少个记录的关键字值大于第 i 个记录的关键字值。

在最好情况下,待排序记录序列为正序,每趟只需与有序序列的最后一个记录的关键字值比较一次,移动两次记录。总的比较次数为 $n-1$,记录移动的次数为 $2(n-1)$,因此时间复杂度为 $O(n)$。

在最坏情况下,待排序记录序列为逆序,在第 i 趟插入时,每 i 个记录必须与前面 $i-1$ 个记录的关键字值做比较,因此比较的总次数为

$$\sum_{i=2}^{n}(i-1)=\frac{1}{2}n(n-1)$$

每比较一次就要做一次记录的移动,而且开始时需要将待插入元素移入 temp 中,最后找到插入位置后,还需要从 temp 中移过去,因此记录的总的移动次数为

$$\sum_{i=2}^{n}(i+1)=\frac{1}{2}(n+4)(n-1)$$

因此,时间复杂度为 $O(n^2)$。

在平均情况下,待排序记录序列中各种可能排列的概率相同,在插入第 i 个记录时平均需要比较有序区中全部记录的一半,所以总的比较次数为

$$\sum_{i=2}^{n}\frac{i-1}{2}=\frac{1}{4}n(n-1)$$

总的移动次数为

$$\sum_{i=2}^{n}\frac{i+1}{2}=\frac{1}{4}(n+4)(n-1)$$

因此,时间复杂度为 $O(n^2)$。

直接插入排序只需要一个记录的辅助空间用作待插入记录的暂存单元。

直接插入排序是一种稳定的排序方法,算法简单、容易实现。当待排序记录序列基本有序或待排序记录较少时,它是最佳的排序方法。但是,当待排序记录个数较多时,大量的比较和移动操作使它的效率降低。

练一练:

算法9-4的一个关键步骤是顺序查找待插入位置,读者可以利用8.1.2小节介绍的有监视哨的顺序查找来提高算法效率。

2. 折半插入排序

(1) 算法思想

直接插入排序利用顺序查找的方法确定记录的插入位置。由第8章中关于查找的讨论可知,对有序表采用折半查找方法,其性能优于顺序查找,所以,在插入排序过程中可以利用折半查找方法来确定记录的插入位置,相应的插入排序方法称为**折半插入排序**。

(2) 算法设计

折半插入排序算法描述如算法9-5所示。

算法9-5 折半插入排序

```
void BinInsertSort(int r[ ], int n)
{
    int i, j, mid, low, high, temp;
    for (i = 1; i < n; i++)
    {
        temp = r[i],
            low = 0; high = i - 1;
        while (low <= high)
        {
            mid = (low + high) / 2;
            if (temp < r[mid])
                high = mid - 1;
            else
                low = mid + 1;
        }
        for (j = i - 1; j >= low; j--)
            r[j + 1] = r[j];
        r[low] = temp;
    }
}
```

(3) 算法分析

采用折半插入排序法,可减少关键字值的比较次数。每插入一个元素,需要比较的次数最多为折半查找判定树的深度,如插入第 i 个元素时,则需进行 $\log_2 i$ 次比较,因此,插入 $n-1$ 个元素的平均比较次数为 $O(n\log_2 n)$。

与直接插入排序法相比,折半插入排序法虽然改善了算法中比较次数的数量级,即为 $O(n\log_2 n)$,但其并未改变移动元素的时间耗费,所以折半插入排序法总的时间复杂度仍然是 $O(n^2)$。

3. 希尔排序

（1）算法思想

希尔排序（Shell Sort）是 D. L. Shell 于 1959 年提出的。希尔排序是对直接插入排序的一种改进，它利用了直接插入排序的两个性质：

1）若待排序记录按关键字值基本有序，则直接插入排序效率很高。

2）若待排序记录个数较少，则直接插入排序效率也较高。

因此，希尔排序先将待排序序列划分为若干小序列，在这些小序列中进行直接插入排序；然后，逐步扩大小序列的长度，减少小序列的个数，这样使待排序序列逐渐处于更有序的状态；最后，对全体序列进行一次直接插入排序，从而完成排序。

（2）算法设计

在希尔排序中，要解决以下两个关键问题。

1）应如何划分待排序序列才能保证整个序列逐步向基本有序发展？

子序列的构成不能是简单地逐段分割，而是将相距某个"增量"的记录组成一个子序列，这样才能有效地保证在子序列内分别进行直接插入排序后得到的结果是基本有序而不是局部有序。

那么，如何选取增量呢？到目前为止，尚未有人求得一个最好的增量序列。希尔最早提出的方法是 $d_1 = \lfloor n/2 \rfloor$（$n$ 为待排序的记录个数），$d_{i+1} = d_i/2$，且没有除 1 之外的公因子，并且最后一个增量必须等于 1。开始时增量的取值较大，每个子序列中的记录个数较少，并且提供了记录跳跃移动的可能，排序效率较高；后来增量逐步缩小，每个子序列中的记录个数增加，但已基本有序，排序效率也较高。

2）子序列内如何进行直接插入排序？

在每个子序列中，将待插入记录和同一子序列中的前一个记录做比较。例如，在插入记录 $r[i]$ 时，自 $r[i-d]$ 起往前跳跃式（跳跃幅度为 d）查找待插入位置，在查找过程中，记录后移也是跳跃 d 个位置。

【例 9-4】对数据集 {59,20,17,36,98,14,23,83,13,25} 进行希尔排序。

解：对这 10 个数据进行希尔排序的过程如图 9-6 所示。

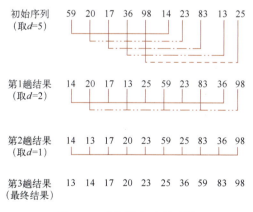

图 9-6　希尔排序过程示例

如图 9-6 所示，首先取 $d=5$，将整个待排序记录序列分割为 5 个子序列，对每个子序列分别进行直接插入排序；然后缩小间隔 d，取 $d=2$，重复上述分割，再对每个子序列分别进行直接插入排序;最后取 $d=1$,即将所有记录放在一起进行一次直接插入排序。最终,将所有记录重新排列成按关键字有序的序列。

完整的希尔排序算法如算法 9-6 所示。

算法 9-6　希尔排序

```
void ShellSort(int r[ ], int n)
{
    int i, j, d, temp;
    for (d = n / 2; d >= 1; d = d / 2)        //以增量为 d 进行直接插入排序
    {
        for (i = d; i < n; i++)
        {
            temp = r[i];                       //暂存被插入记录
            for (j = i - d; j >= 0 && temp < r[j]; j = j - d)
                r[j + d] = r[j];               //记录后移 d 个位置
            r[j + d] = temp;
        }
    }
}
```

(3) 算法分析

对希尔排序算法的时间性能的分析是一个复杂的问题,因为它是所取增量的函数。有人在大量试验的基础上指出,希尔排序的时间性能在 $O(n^2)$ 和 $O(n\log_2 n)$ 之间,当 n 在某个特定范围时,希尔排序的时间性能约为 $O(n^{1.3})$。

希尔排序只需要一个记录的辅助空间,用于暂存当前待插入的记录。

希尔排序是一种不稳定的排序方法。

9.1.4　选择类排序

本小节介绍两种选择类排序:简单选择排序和堆排序。

1. 简单选择排序

(1) 算法思想

简单选择排序的基本思想是:每趟排序在当前待排序序列中选出关键字值最小的记录,将其添加到有序序列中,直到全部记录排序完毕。由于选择排序方法每一趟总是从无序区中选出全局最小(或最大)的关键字值记录,所以适用于从大量的记录中选择一部分排序记录的问题。

(2) 算法设计

简单选择排序的基本过程是:第 i 趟排序过程中,在 $n-i+1(i=1,2,\cdots,n-1)$ 个记录中,通过 $n-i$ 次关键字值的比较选取关键字值最小的记录,并与第 i 个记录进行交换。

【例 9-5】对数据集 $\{49,27,65,97,76,13,38\}$ 进行简单选择排序。

解:对这 7 个数据进行简单选择排序的过程如图 9-7 所示。

简单选择排序算法描述如算法 9-7 所示。

```
初始序列      49  27  65  97  76  13  38
第 1 趟结果   13  27  65  97  76  49  38
第 2 趟结果   13  27  65  97  76  49  38
第 3 趟结果   13  27  38  97  76  49  65
第 4 趟结果   13  27  38  49  76  97  65
第 5 趟结果   13  27  38  49  65  97  76
第 6 趟结果   13  27  38  49  65  76  97
```

图 9-7　简单选择排序的过程示例

算法 9-7　简单选择排序

```c
void   SelectSort(int r[ ], int n)
{
    int i, j, k, temp;
    for (i = 0; i < n - 1; i++)
    {
        k = i;
        for (j = i + 1; j < n; j++)
            if (r[j] < r[k])
                k = j;
        if (k != i)
        {
            temp = r[i];   r[i] = r[k];   r[k] = temp;
        }
    }
}
```

（3）算法分析

可以容易看出，在简单选择排序中记录的移动次数较少。在待排序记录序列为正序时，记录的移动次数最少，为 0 次；在待排序序列为逆序时，记录的移动次数最多，为 $3(n-1)$ 次。

无论记录的初始排列如何，关键字值的比较次数都是相同的，第 i 趟排序需进行 $n-i$ 次关键字值的比较，而简单选择排序需进行 $n-1$ 趟排序，则总的比较次数为

$$\sum_{i=1}^{n-1}(n-i) = \frac{1}{2}n(n-1) = O(n^2)$$

因此，总的时间复杂度为 $O(n^2)$。

在简单选择排序过程中，只需要一个记录的辅助空间用来作为记录交换的暂存单元。

简单选择排序是一种不稳定的排序方法。

2. 堆排序

（1）算法思想

堆排序（Heap Sort）是由 Robert W. Floyd 和 J. Williams 于 1964 年提出的。它是简单选择排序的一种改进，改进的着眼点在于如何减少关键字的比较次数。简单选择排序没有将前一趟的比较结果保留下来，在后一趟选择时，将前一趟已做过的比较又重复了一遍，因而记录的比较次数较多。堆排序利用每趟比较后的结果，也就是在找出关键字值最小记录的同时，也找出关键字值较小的记录，减少了在后面选择中的比较次数，从而提高了排序效率。

（2）算法设计

1）堆的定义。堆（Heap）是具有下列性质的完全二叉树：每个结点的值都小于或等于其左、右孩子结点的值（小顶堆或称小根堆）；或者每个结点的值都大于或等于其左、右孩子结点的值（大顶堆或称大根堆）。

如果将堆按层从上到下、每层从左到右的顺序对每个结点从 1 开始进行编号，则结点之间满足关系：

$$\begin{cases} k_i \leq k_{2i} \\ k_i \leq k_{2i+1} \end{cases} \text{或} \begin{cases} k_i \geq k_{2i} \\ k_i \geq k_{2i+1} \end{cases} \quad 1 \leq i \leq \lfloor n/2 \rfloor$$

图 9-8 所示是两个堆的示例。

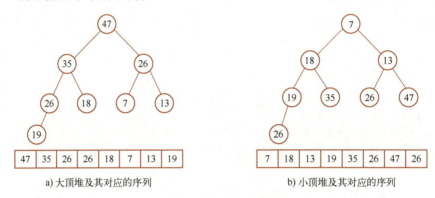

a）大顶堆及其对应的序列　　　　　　　b）小顶堆及其对应的序列

图 9-8　两个堆的示例

从堆的定义可以看出，一个完全二叉树如果是堆，则根结点（称为堆顶）一定是当前堆中所有结点的最大关键字值（大顶堆）或最小关键字值（小顶堆）。以结点的编号作为下标，将堆用顺序存储结构（即数组）来存储，则堆对应于一组序列，如图 9-8 所示。

2）堆排序的基本过程。堆排序是利用堆（假设利用大顶堆）的特性进行排序的方法，其基本过程是：首先用待排序的记录序列构造成一个堆，此时选出堆中所有记录的最大关键字值，即堆顶记录；然后将它从堆中移走（通常将堆顶记录和堆中最后一个记录交换），并将剩余的记录再调整成堆，这样又找出了次大的记录；以此类推，直到堆中只有一个记录为止。

在堆排序过程中，需解决以下两个关键问题。

① 如何将一个无序序列构造成一个堆（即初始建堆）？

② 当堆顶记录被移走后，如何调整剩余记录，使之成为一个新的堆（即重建堆）？

3）堆的调整算法。首先讨论堆调整问题，即在一棵完全二叉树中，根结点的左、右子树都是堆，如何调整根结点，使整个完全二叉树成为一个堆？

图 9-9a 所示是一棵完全二叉树，且根结点 28 的左、右子树都是堆。为了将整个二叉树调整为堆，首先将根结点 28 与其左、右子树的根结点比较。根据堆的定义，应将 28 与 35 交换，如图 9-9b 所示。经过这次交换，破坏了原来左子树的堆结构，需要对左子树进行调整，调整后的堆如图 9-9c 所示。

由这个例子可以看出，在调整堆的过程中，总是将根结点（即被调整结点）与左、右子树的根结点进行比较，若不满足堆的条件，则将根结点与左、右子树根结点的较大者进行交换，这个调整过程一直进行到所有子树均为堆或将被调整的结点（即原来的根结点）交换到叶子结点为止。这个自堆顶至叶子结点的调整过程称为"筛选"。

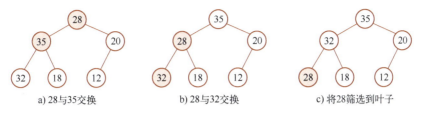

图 9-9　堆的调整算法

假设 n 个记录存放在数组 r[1]~r[n]中，当前要筛选结点的编号为 k，堆中最后一个结点的编号为 m，并且结点 k 的左、右子树均是堆（即 r[k+1]~r[m]满足堆的条件），则筛选算法的描述如算法 9-8 所示。

算法 9-8　堆排序中的筛选

```
void  Sift(int r[ ], int k, int m)
{
    int i, j, temp;
    i = k;                                    //i 为要筛选的结点
    j = 2 * i;                                //j 为 i 的左孩子
    while (j <= m)                            //筛选还没有进行到叶子结点
    {
        if (j < m && r[j] < r[j + 1])    j++; //比较 i 的左、右孩子,j 为较大者
        if (r[i] > r[j])    break;            //根结点已经大于左、右孩子中的较大者
        else
        {
            temp = r[i];
            r[i] = r[j];                      //将根结点与结点 j 交换
            r[j] = temp;
            i = j; j = 2 * i;                 //被筛选结点位于原来结点 j 的位置
        }
    }
}
```

4）建堆的算法。下面来讨论由一个无序序列建堆的过程。

由一个无序序列建堆的过程就是一个反复筛选的过程。因为无序序列就是一个完全二叉树的顺序存储，则所有的叶子结点都已经是堆，所以只需从第⌊$n/2$⌋个记录（即最后一个分支结点）开始，执行上述筛选过程，直到根结点。

【例 9-6】 对数据集{36,30,18,40,32,45,22,50}进行初始建堆。

解：对这 8 个数据的初始建堆过程如图 9-10 所示。

由此，初始建堆算法可描述为

```
for (i=n/2; i>=1; i--)    //初始建堆,从最后一个分支结点至根结点进行筛选
    Sift (r,i, n);
```

5）堆排序的完整过程。初始建堆完成后，将堆顶与堆中最后一个记录交换。一般情况下，第 i 趟堆排序中堆有 $n-i+1$ 个记录，堆中最后一个记录是 r[$n-i+1$]，将 r[1]与 r[$n-i+1$]进行交换。

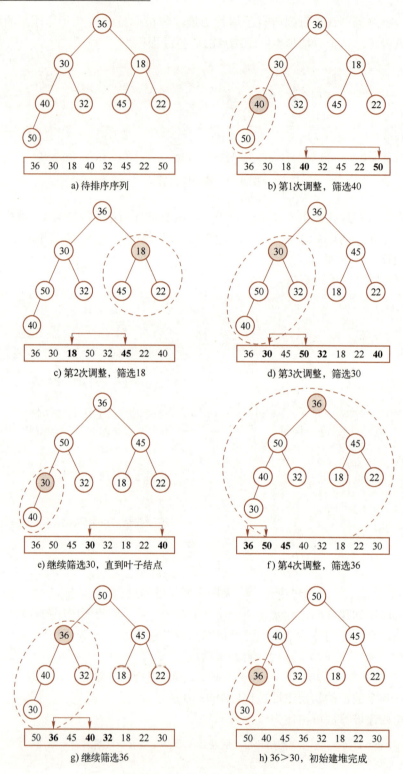

图 9-10 初始建堆的过程示例

接下来，就是调整剩余记录，使之成为一个新堆。这一过程只需筛选根结点即可重新建堆。

【例9-7】 对例9-6得到的初始建堆结果继续进行堆排序。

解：图9-11所示的是堆排序前两趟的排序结果，其余部分请读者自行给出。

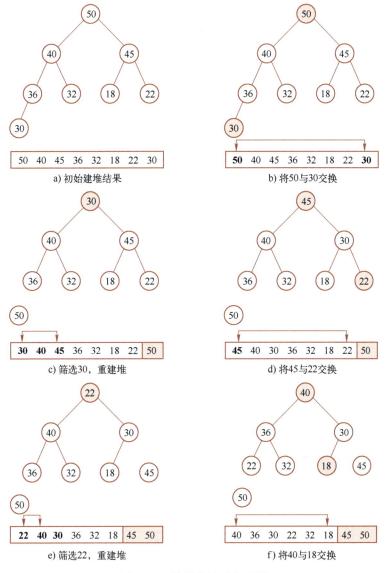

图9-11　堆排序的过程示例

假设待排序记录存放在 $r[1]\sim r[n]$ 中，堆排序主调函数如算法9-9所示。

算法9-9 堆排序

```
void    HeapSort( int r[ ], int n)
{
    int i, temp;
    for (i = n / 2; i >= 1; i--)        //初始建堆，从最后一个非终端结点至根结点进行筛选
        Sift(r, i, n);
    for (i = 1; i < n; i++)             //移走堆顶及重建堆的操作
    {
        temp = r[1];
```

```
        r[1] = r[n - i + 1];
        r[n - i + 1] = temp;
        Sift(r, 1, n - i);
    }
}
```

（3）算法分析

堆排序的运行时间主要消耗在初始建堆和重建堆时进行的反复筛选上。初始建堆的时间复杂度为 $O(n)$，第 i 趟取堆顶记录重建堆的时间复杂度为 $O(\log_2 n)$，共需 $n-1$ 趟，因此总的时间复杂度为 $O(n\log_2 n)$，这是堆排序最好、最坏和平均的时间代价。堆排序对原始记录的排序状态并不敏感，相对于快速排序，这是堆排序的最大的优点。

在堆排序算法中，只需要一个记录的辅助空间用来作为记录交换的暂存单元。

堆排序是一种不稳定的排序方法。

9.1.5 归并类排序

看一看：微课视频 9-5
二路归并排序

归并就是将两个或两个以上的有序序列合并成一个有序序列的过程。本小节以二路归并为例，介绍其两种实现方法：非递归实现和递归实现。

1. 二路归并排序的非递归实现

（1）算法思想

归并排序的主要思想是：将若干有序序列逐步归并，最终归并为一个有序序列。

二路归并排序（2-way Merge Sort）是归并排序中最简单的排序方法，其基本思想是：将若干有序序列进行两两归并，直至所有待排序记录为一个有序序列为止。

（2）算法设计

二路归并排序的非递归实现的具体过程是：首先将具有 n 个待排序的记录序列看成 n 个长度为 1 的有序序列，然后进行两两归并，得到 $n/2$ 个长度为 2 的有序序列（最后一个有序序列的长度可能是 1）；再进行两两归并，得到 $n/4$ 个长度为 4 的有序序列（最后一个有序序列的长度可能小于 4）。如此重复，直至得到一个长度为 n 的有序序列。

二路归并排序需要解决 3 个关键问题。

1）如何将两个有序序列合成一个有序序列？

从以上排序过程可以看出其核心操作是归并操作。

第 2 章介绍过两个有序序列的归并方法。这里的特殊性在于，是对同一个块记录数据的两个相邻有序序列归并。如图 9-12 所示，通常设两个相邻的有序序列为 $r[s] \sim r[m]$ 和 $r[m+1] \sim r[t]$，为了将这两个有序序列归并成一个有序序列 $r1[s] \sim r1[t]$，设 3 个参数 i、j 和 k，分别指向两个待归并的有序序列和最终有序序列的当前记录，初始时 i、j 分别指向两个有序序列的第一个记录，即 $i=s$、$j=m+1$，k 指向存放归并结果的位置，即 $k=s$。然后，比较 i 和 j 所指向记录的关键字值，取出较小的作为归并结果存入 k 所指向位置，直至两个有序序列之一的所有记录都取完，再将另一个有序序列的剩余记录顺序存入归并后的有序序列中。

一次归并算法如算法 9-10 所示。为方便起见，假设待排序记录存放在 $r[1] \sim r[n]$ 中。

算法 9-10　一次归并

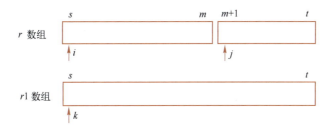

图 9-12　一次归并时的参数设置

```
void   Merge(int r[ ], int r1[ ], int s, int m, int t)        //一次归并
{
    int i, j, k;
    i = s; j = m + 1; k = s;
    while (i <= m && j <= t)
        if (r[i] <= r[j])   r1[k++] = r[i++];    //取 r[i]和 r[j]中较小的放入 r1[k]中
        else              r1[k++] = r[j++];
    while (i <= m)    r1[k++] = r[i++];          //若第一个子序列没处理完,则进行收尾处理
    while (j <= t)    r1[k++] = r[j++];          //若第二个子序列没处理完,则进行收尾处理
}
```

2) 怎样完成一趟归并？

在一趟归并中,除最后一个有序序列外,其他有序序列中记录的个数(称为序列长度)相同,用 h 表示。一趟归并的任务是把若干个相邻的长度为 h 的有序序列和最后一个长度有可能小于 h 的有序序列进行若干次两两归并,把结果存放到 $r1[1]$~$r1[n]$ 中。为此,设参数 i,指向待归并序列的第一个记录。初始时 $i=1$,显然归并的步长应是 $2h$。

在一趟归并过程中,要处理以下 3 种情况。

① 如图 9-13a 所示,若 $i \leq n-2h+1$,则表示待归并的两个相邻有序序列的长度均为 h,执行一次归并,完成后 i 加 $2h$,准备进行下一次归并。

② 如图 9-13b 所示,若 $i < n-h+1$,则表示仍有两个相邻的有序序列,一个长度为 h,另一个长度小于 h,执行这两个有序序列的归并,完成后退出一次归并。

③ 如图 9-13c 所示,若 $i \geq n-h+1$,则表明只剩下一个有序序列,直接将该有序序列传送给 $r1$ 的相应位置,归并,完成后退出一次归并。

综上所述,一趟归并排序算法描述如算法 9-11 所示。

算法 9-11　一趟归并排序

```
void   MergePass(int r[ ], int r1[ ], int n, int h)       //一趟归并
{
    int i, k;
    i = 1;
    while (i <= n - 2 * h + 1)                           //待归并记录至少有两个长度为 h 的子序列
    {
        Merge(r, r1, i, i + h - 1, i + 2 * h - 1);
        i = i + 2 * h;
    }
    if (i < n - h + 1)
        Merge(r, r1, i, i + h - 1, n);                   //待归并序列中有一个长度小于 h
```

```
        else
           for ( k = i; k <= n; k++)    r1[k] = r[k];    //待归并序列中只剩一个子序列
}
```

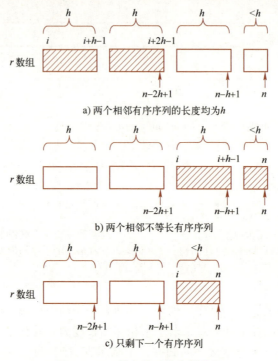

图 9-13 一趟归并时的参数设置

3) 如何控制二路归并的结束？

开始时，有序序列的长度 $h=1$，结束时，有序序列的长度 $h=n$，用有序序列的长度来控制排序的结束。

【例 9-8】对数据集 $\{60,20,10,50,15,30,55\}$ 进行二路归并排序。

解：对这 8 个数据进行二路归并排序的过程如图 9-14 所示。

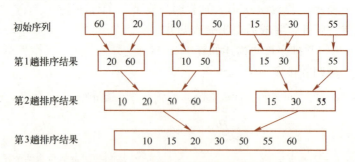

图 9-14 二路归并排序的过程示例

综上，二路归并排序的非递归算法描述如算法 9-12 所示。

算法 9-12 二路归并排序（非递归）

```
void MergeSort1(int r[ ], int r1[ ], int n)    //归并非递归
{
```

```
        int h = 1;
        while (h < n)
        {
            MergePass(r, r1, n, h);
            h = 2 * h;
            MergePass(r1, r, n, h);
            h = 2 * h;
        }
}
```

(3) 算法分析

对二路归并排序算法的时间复杂度分析非常直观。将 $r[1] \sim r[n]$ 中相邻的长度为 h 的有序序列进行两两归并，并把结果存放到 $r1[1] \sim r1[n]$ 中，时间复杂度为 $O(n)$。整个归并排序需要进行 $\log_2 n$ 趟，因此，总的时间复杂度是 $O(n\log_2 n)$。这是归并排序算法最好、最坏、平均的时间性能。

二路归并排序在归并过程中需要与原始记录序列同样数量的存储空间，以便存放归并结果，因此其空间复杂度为 $O(n)$。

归并排序是一种稳定的排序方法。

2. 二路归并排序的递归实现

(1) 算法思想

二路归并排序也可以用递归的形式描述，即首先将待排序的记录序列分为两个相等的子序列，并分别将这两个子序列用归并方法进行排序，然后调用一次归并算法（算法 9-10 Merge()），再将这两个有序子序列合并成一个含有全部记录的有序序列。

图 9-15 所示是一个用递归方法进行二路归并排序的例子。

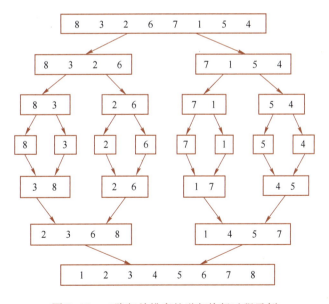

图 9-15 二路归并排序的递归执行过程示例

(2) 算法设计

二路归并排序的递归算法描述如算法 9-13 所示。

算法 9-13 二路归并排序（递归）

```
void    MergeSort2(int r[ ], int r1[ ], int s, int t)    //归并递归
{
    int m;
    int r2[COUNT];
    if (s == t)
        r1[s] = r[s];
    else
    {
        m = (s + t) / 2;
        MergeSort2(r, r2, s, m);                //归并排序前半部分
        MergeSort2(r, r2, m + 1, t);            //归并排序后半部分
        Merge(r2, r1, s, m, t);                 //将两个已排序的子序列归并
    }
}
```

❉ 算法思想：动态规划法

每次决策依赖于当前状态，又随即引起状态的转移。一个决策序列就是在变化的状态中产生出来的，所以，这种多阶段最优化决策解决问题的过程就称为**动态规划**。

动态规划法（Dynamic Programming）的实质是分治思想和解决冗余，因此它与分治法和贪心法类似，它们都是将待求解问题分解为更小的、相同的子问题，然后对子问题进行求解，最终产生一个整体最优解。

这几种算法的区别在于，贪心法的当前选择可能要依赖于已经做出的选择，但并不依赖于还未做出的选择和子问题，因此它的特征是自顶向下、一步一步地做出贪心选择。但如果当前选择可能要依赖子问题的解时，就难以通过局部的贪心策略实现整体最优解。

分治法中的各个子问题是独立的（即不包含公共的子问题），因此一旦递归地求出各子问题的解后，便可自下而上地将子问题的解合并成原问题的解。

适合采用动态规划法求解的问题的特点是，经分解得到的各个子问题往往不是相互独立的。在求解过程中，将已解决的子问题的解进行保存，在需要时可以再轻松找出。这样就避免了大量的无意义的重复计算，从而降低了算法的时间复杂度。

因此，动态规划的关键在于解决冗余，将原先具有指数级复杂度的搜索算法改进成具有多项式时间复杂度的算法。可以把动态规划法看成对贪心法和分治法的一种折中，它所解决的问题往往不具有贪心实质，但是各个子问题又不是完全零散的。在实现的过程中，动态规划方法需要存储各种状态，所以它的空间复杂度要大于其他的算法，这是一种以空间换取时间的技术。

本章介绍的直接插入排序算法、简单选择排序算法，以及二路归并排序算法均属于动态规划算法。

9.1.6 分配类排序

（1）算法思想

前面介绍的排序方法都需要进行关键字值之间的比较和移动记录两种操作，与它们不同的是，分配类排序通过设置额外的空间进行"分配"和"收集"来实现排序，当额外空间

较大时，分配类排序的时间复杂度可达到线性阶 $O(n)$。因此说分配类排序是一种基于空间换时间的排序方法，其性能比基于比较的排序有数量级的提高。基数排序（Radix Sorting）是一种分配类排序方法。

分配类排序通常是根据多个关键字，反复进行分配与收集操作来完成排序。下面通过一个例子说明多关键字排序的问题。例如，可以将一副扑克牌的排序过程看成由花色和面值两个关键字进行排序的问题。若规定花色和面值的顺序为

花色:梅花<方块<红桃<黑桃
面值:A<2<3<⋯<10<J<Q<K

并进一步规定花色的优先级高于面值，则一副扑克牌从小到大的顺序为梅花 A,梅花 2,⋯,梅花 K；方块 A,方块 2,⋯,方块 K；红桃 A,红桃 2,⋯,红桃 K；黑桃 A,黑桃 2,⋯,黑桃 K。

具体进行排序时有两种做法。一种是先按花色分成有序的 4 类，然后再按面值对每一类从小到大排序。该方法称为"高位优先"排序法。另一种的过程则相反，首先按面值从小到大将牌放成 13 叠（每叠 4 张牌），然后将每叠牌按面值的次序收集到一起，再对这些牌按花色放成 4 叠，每叠有 13 张牌，最后把这 4 叠牌按花色的次序收集到一起。该方法称为"低位优先"排序法。

（2）算法设计

基数排序属于上述"低位优先"排序法。假设记录的关键字为 key，key 由 d 位十进制数字构成，即 key=$k^1k^2k^3$，则每一位可以视为一个子关键字，其中 k^1 是最高位，k^d 是最低位，每一位的值都在 0~9 的范围内，此时基数 radix=10。如果 key 是由 d 个英文字母构成的，则基数 radix=26。

排序时先按最低位的值对记录进行初步排序，在此基础上再按次低位的值进行进一步排序。以此类推，由低位到高位，每一趟都是在前一趟的基础上，根据关键字的某一位对所有记录进行排序，直至最高位。这样就完成了基数排序的全过程。

具体实现时，一般采用链式基数排序。

【例 9-9】对 10 个记录进行排序，每个记录的关键字是 1000 以下的正整数。给出链式基数排序的基本过程。

看一看：微课视频 9-6
基数排序示例

解：设每个关键字由 3 位子关键字构成 $k^1k^2k^3$，k^1 代表关键字的百位数，k^2 代表关键字的十位数，k^3 代表关键字的个位数，基数 radix=10。在进行分配与收集操作时使用链队列，队列的数目与基数 radix 相等，所以共设 10 个链队列，f[i] 和 e[i] 分别为队列 i 的头指针和尾指针。

首先将待排记录存储在一个链表中，如图 9-16a 所示，然后进行如下 3 趟分配、收集操作。

第一趟分配以最低位子关键字 k^3 进行，将所有最低位子关键字相等的记录分配到同一个队列中，如图 9-16b 所示，然后进行收集操作。收集时，改变所有非空队列的队尾结点的 next 指针，令其指向下一个非空队列的队头记录，从而将分配到不同队列中的记录重新链成一个链表。第一趟收集完成后，结果如图 9-16c 所示。

第二趟分配以次低位子关键字 k^2 进行，将所有次低位子关键字相等的记录分配到同一个队列中，如图 9-16d 所示。第二趟收集完成后，结果如图 9-16e 所示。

第三趟分配以高位子关键字 k^1 进行，将所有最高位子关键字相等的记录分配到同一个

队列中，如图 9-16f 所示。第三趟收集完成后，结果如图 9-16g 所示。至此，整个排序过程结束。

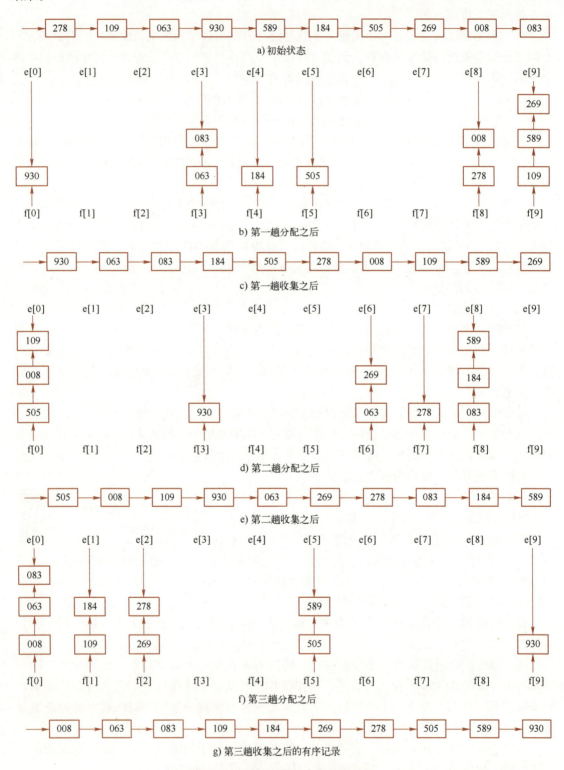

图 9-16 链式基数排序的过程示例

(3) 算法分析

由上述基数排序实现过程容易看出，对 n 个记录（每个记录含 d 个子关键字，每个子关键字的取值范围为 radix 个值）进行链式基数排序，每一趟分配算法的时间复杂度为 $O(n)$，每一趟收集算法的时间复杂度为 $O(radix)$，整个排序进行 d 趟分配和收集，因此总的时间复杂度为 $O(d(n+radix))$。所需辅助空间为 2radix 个队列指针。

基数排序是一种稳定的排序方法。

9.2 能力培养：导学案例的实现

假设采用数据文件存储手机信息，每条记录包括：货号、手机名称、价格、销售量、上市时间。如下所示为一条手机记录。

```
2892    苹果 iPhone    8899    8980    2024-9-16 0:0:0
```

上述记录表示货号为 2892 的苹果 iPhone 手机，售价 8899 元，销售量为 8980 台，上市时间为 2024-9-16 0:0:0。

程序实现时，从数据文件中读出数据，并从下标为 1 的位置开始，存放到一个顺序表中，顺序表类型定义如下：

```
const int MAXSIZE = 100;
typedef struct Record
{
    int no;                    //货号
    char name[20];             //手机名称
    int price;                 //价格
    int sales;                 //销售量
    char date[20];             //上市时间
    int interval;              //与当前时间的时间差
}ElemType;
typedef struct
{
    ElemType data[MAXSIZE];
    int length;                //记录条数
}Table;
```

为了后续查找最新上市的手机，每条记录增加了一个时间差字段 interval，该字段记录手机上市时间与用户查询当前时刻相差的秒数，该值越小，代表上市时间越新。因此，导学案例问题可转换为两个子问题：按销售量递减排序后得出的前 5 名；求销售量前 5 名中，时间差最小值所对应的手机品牌（即记录时间差最小值对应的存储位置）。

选用冒泡法进行排序，实现导学案例问题的主要源码如下：

```
#include <iostream>
#include <iomanip>
#include <cstring>
#include <fstream>
using namespace std;

time_t StringToDatetime(char * str1, char * str2)    //计算上市时间对应的秒数
{
    tm tm_;
```

```cpp
    int year, month, day, hour, minute, second;
    sscanf_s(str1, "%d-%d-%d", &year, &month, &day);
    sscanf_s(str2, "%d:%d:%d", &hour, &minute, &second);
    tm_.tm_year = year - 1900;
    tm_.tm_mon = month - 1;
    tm_.tm_mday = day;
    tm_.tm_hour = hour;
    tm_.tm_min = minute;
    tm_.tm_sec = second;
    tm_.tm_isdst = 0;
    time_t t = mktime(&tm_);            //已经减了8个时区
    return t;                            //秒时间
}
void Copy(ElemType& r1, ElemType r2)    //结构体赋值
{
    r1.no = r2.no;
    strcpy_s(r1.name, r2.name);
    r1.price = r2.price;
    r1.sales = r2.sales;
    strcpy_s(r1.date, r2.date);
    r1.interval = r2.interval;
}
void CreatTable(Table& L)                //读取数据文件，创建信息表
{
    char name[20], buffer[100];
    int no, price, sales;
    char date[20],t[20];
    time_t today;

    time(&today);
    ifstream infile("data.txt");
    if(!infile.is_open())
    {
        cout << "数据文件打开错误!\n";
        exit(1);
    }
    L.length = 0;
    while(!infile.eof())
    {
        infile.getline(buffer, 100);
        L.length++;
        sscanf_s(buffer, "%d %s %d %d %s %s", &no, name, sizeof(name), &price, &sales, date,
            sizeof(date), t, sizeof(t));
        L.data[L.length].no = no;;
        strcpy_s(L.data[L.length].name, name);
        L.data[L.length].price = price;
        L.data[L.length].sales = sales;
        strcpy_s(L.data[L.length].date, date);
        L.data[L.length].interval = today - StringToDatetime(date, t);
    }
    infile.close();
}
```

```cpp
void PrintTable(Table L)            //显示整个数据表
{
    int i;
    for (i = 1; i <= L.length; i++)
        cout << L.data[i].no << " " << L.data[i].name << " " << L.data[i].price << " " << L.data[i].
            sales << " " << L.data[i].date << endl;
}
void Show(Table L, int i)           //显示数据表中第 i 条记录
{
    cout << "名称";
    cout << setw(20) << "价格";
    cout << setw(20) << "上市日期" << endl;
    cout << L.data[i].name;
    cout << setw(20) << L.data[i].price;
    cout << setw(20) << L.data[i].date << endl;
}
void BubbleSort(Table& L)           //冒泡排序
{
    int i, j, n;
    ElemType temp;
    n = L.length;
    for (i = 1; i < n; i++)
        for (j = 1; j <= n - i; j++)
            if (L.data[j].sales < L.data[j + 1].sales)
            {
                Copy(temp, L.data[j]);
                Copy(L.data[j], L.data[j + 1]);
                Copy(L.data[j + 1], temp);
            }
}

int New(Table& L)
{
    int i, m = 1;
    for (i = 2; i <= 5; i++)
        if (L.data[i].interval < L.data[m].interval)
            m = i;
    return m;
}

int main()
{
    Table Phone;
    CreatTable(Phone);
    PrintTable(Phone);
    cout << endl;
    BubbleSort(Phone);
    int n = New(Phone);
    cout << "销量最高的五款手机中最新款是:\n";
    Show(Phone, n);
    return 0;
}
```

导学案例的完整实现代码请登录 www.cmpedu.com 下载。

说明：

上述源码中运用了冒泡排序，但是在解决实际问题时做了如下修改：从数据文件中读取数据后创建的信息表下标位置从 1 开始；且信息表中的每条记录不再是一个简单的整型数，而是一个结构体变量，由于结构体变量不能整体赋值，因此引入了 Copy( ) 函数，完成结构体变量间的赋值。请读者将本程序中的冒泡排序实现与 9.1.2 小节中的冒泡排序算法仔细比照，体会在解决实际问题时如何恰当运用所学算法。

想一想：

导学案例问题可进一步泛化为：①如何在 n 条记录中求销售量最大的 k 条记录？②如何在这 k 条记录中再求时间差最小的记录？

提示： 问题解决方案的时间复杂度主要取决于第一个子问题的解决方法。上述方法采用的是冒泡排序，因此时间复杂度为 $O(n^2)$。为了提高效率，可以选用更高效的快速排序，但快速排序在最差情况下的时间复杂度也可能达到 $O(n^2)$。

考虑到堆排序在找最大数方面具有优势，因此可借助堆排序的方法。建初始堆后，堆顶必然是销量最大的；然后移走堆顶元素重新调整成堆，此时堆顶元素必然是销量次大的；以次类推，共进行 $k-1$ 次堆调整，即可得到销量最大的 k 条记录。求时间差最小的过程也可以同时融合在其中。由 9.1.4 小节介绍可知，建立初始堆的时间复杂度为 $O(n)$，每次堆调整的时间复杂度为 $O(\log_2 n)$，因此总的时间复杂度为 $O(n+k\log_2 n)$，当 $k \leq n/\log_2 n$ 时，时间复杂度可达 $O(n)$。请读者自行完成导学案例问题的堆排序实现。参考程序请见配套资源第 9 章中的程序 D1_heap.cpp。

当 n 巨大时，问题进一步演化为在海量数据中查找有限 k 条销售量最大的记录。无论采用上述何种方法，存储代价都是巨大的。因此，可借助 Top k 问题的解决方法：先读取 k 条记录建立一个有 k 个元素的小顶堆；然后依次读取剩余的 $n-k$ 条记录，每读取一条记录就与堆顶元素比较，如果大于堆顶元素则替换堆顶，并重新调整成堆；当记录读取完后，堆中的 k 条记录就是所求的最大记录。总时间复杂度为 $O(k+(n-k)\log_2 n) = O(n\log_2 k)$。请读者自行查阅相关文献，完成 Top k 问题的算法实现。

9.3 能力提高

本节包括 3 个内容：针对冒泡算法的改进；外部排序算法；对本章介绍的各类内部排序算法进行总结与比较。

9.3.1 冒泡排序的改进

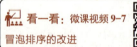

看一看：微课视频 9-7
冒泡排序的改进

1. 改进 1

（1）算法思想

从算法 9-1 的执行过程不难发现，若在第 i 趟循环中，相邻记录都是正序的，则排序实际上已经完成，此后的处理都是多余的。也就是说，算法 9-1 不论初始数据是什么情况，即使是已经正序的待排序序列，都需要进行 $n-1$ 趟扫描。实际上，若某一趟循环不发生记录交换，则可以停止进行余下的排序操作。

于是可对算法 9-1 进行改进，增设一个变量 exchange 用来记录是否发生交换，如果未发生交换则终止循环。

（2）算法设计

改进后的冒泡排序算法如算法 9-14 所示。

算法 9-14　改进后的冒泡排序算法 1

```
void BubbleSort1(int r[ ], int n)
{
    bool exchange = true;
    int i = 1, j, temp;
    while (exchange)
    {
        exchange = false;
        for (j = 0; j < n - i; j++)
        {
            if (r[j] > r[j + 1])
            {
                temp = r[j];
                r[j] = r[j + 1];
                r[j + 1] = temp;
                exchange = true;
            }
        }
        i++;
    }
}
```

2. 改进 2

（1）算法思想

算法 9-14 中的变量 exchange 用于标记是否发生了交换，实际上还可以考虑利用其记录发生交换的位置，以进一步提高算法的处理效率。

（2）算法设计

在算法 9-15 中，一趟排序后，exchange 记载的是这一趟排序中数据的最后一次交换的位置，且从此位置以后的所有数据均已经有序。

设 bound 记录无序区的最后一个数据，则每趟冒泡排序的范围是 $r[0]\sim r[bound]$。在一趟排序后，从 exchange 位置之后的记录一定是有序的，所以 bound=exchange。

算法 9-15　改进后的冒泡排序算法 2

```
void BubbleSort2(int r[ ], int n)
{
    int exchange = n - 1;
    int j, bound, temp;
    while (exchange)
    {
        bound = exchange;
        exchange = 0;
        for (j = 0; j < bound; j++)
        {
            if (r[j] > r[j + 1])
            {
                temp = r[j];
                r[j] = r[j + 1];
```

```
                r[j + 1] = temp;
                exchange = j;
            }
        }
    }
}
```

3. 改进3

(1) 算法思想

在算法 9-15 的改进中,默认的无序区间是 $r[0] \sim r[bound]$,考虑到数据可能的对称性,可以增加两个记录位,双向记录发生交换的最后位置,在排序过程中交替改变扫描方向。这种冒泡算法可称作双向冒泡算法。

(2) 算法设计

具体实现如算法 9-16 所示。

算法 9-16 改进后的冒泡排序算法 3

```
void BubbleSort3(int r[ ], int n)
{
    int compare_num3 = 0;    //记录比较次数
    int low = 0;
    int high = n - 1;
    bool exchange = true;
    int high1, low1;
    int i, j, temp;
    while (exchange && (high - low) > 1)
    //当 high 和 low 相差 1 时,则表明在前一次排序中,所有的数值均已排好序,故不用继续扫描
    {
        exchange = false;     //先正向扫描
        for (i = low; i < high; i++)
        {
            if (r[i] > r[i + 1])
            {
                temp = r[i];
                r[i] = r[i + 1];
                r[i + 1] = temp;
                exchange = true;
                high1 = i;
            }
        }
        //再反向扫描
        if (exchange)
        {
            high = high1;
            if (low < high)
            {
                exchange = false;
                for (i = high; low < i; i--)
                {
                    if (r[i] < r[i - 1])
                    {
                        int temp = r[i];
```

```
                    r[i] = r[i - 1];
                    r[i - 1] = temp;
                    exchange = true;
                    low1 = i;
                }
            }
            if (exchange)
                low = low1;
            }
        }
    }
}
```

练一练：

综上，请读者完成上述 3 个冒泡排序算法的改进程序，并在程序中增加统计比较次数的语句，填写表 9-1。如有困难，请查看网盘中的参考程序和表格数据。

表 9-1 冒泡排序算法改进程序的比较次数统计

测试数据	普通冒泡	冒泡改进 1	冒泡改进 2	冒泡改进 3
1,2,3,4,5,6,7,8,9,10	45			
10,9,8,7,6,5,4,3,2,1	45			
10,1,2,3,4,5,6,7,8,9	45			
2,1,3,4,5,6,7,8,9,10	45			
1,2,3,4,5,6,7,8,10,9	45			
2,1,3,4,5,6,7,8,10,9	45			
2,3,4,5,6,7,8,9,10,1	45			
2,1,7,9,5,6,4,8,10,3	45			

说明： 本小节对冒泡排序算法的改进主要是针对最好情况下的讨论，如待排序记录序列为正序，改进算法只执行一趟，进行 $n-1$ 次关键字值的比较，不需要移动记录，时间复杂度为 $O(n)$。在最坏情况下，这些改进算法的时间复杂度仍然为 $O(n^2)$。

9.3.2 外部排序

1. 外部排序概述

（1）为什么需要外部排序

9.1 节介绍了很多排序算法，交换类排序、插入类排序、选择类排序、归并类排序等，这些排序算法都属于内部排序算法，即排序的整个过程只是在内存中完成的，不涉及内、外存上数据交换的问题。当前大数据时代，常要处理海量数据，当待排序的数据文件比内存的可使用容量还大时，数据文件无法一次性放到内存中进行排序，整个排序过程需要借助于外部存储器（如硬盘、U 盘等）将数据分批调入内存才能完成，这一过程就是外部排序。这一过程中将涉及数据在外部存储器和内存之间的调度，以及在内存中的排序。

（2）外部排序的基本阶段

外部排序由两个基本阶段构成。

1）按照内存大小，将含有 n 个记录的大数据文件分成若干个长度为 l（应小于内存的可使用容量）的子文件（或称段（Segment）），然后将各个子文件依次读入内存，使用适当的内部排序算法对其进行排序（排好序的子文件统称为归并段或顺串），并将排好序的归并段重新写入外存，为下一个子文件排序腾出内存空间。

2）对得到的所有归并段进行合并，直至得到整个有序的文件为止。

【例 9-10】 假设要对一个含有 10000 个记录的文件进行排序，但是内存的可使用容量仅为 1000 个记录，给出外排序过程。

解： 由于记录文件比内存容量大，因此需要使用外部排序。两个主要步骤如下。

步骤 1：将整个文件等分为 10 个临时文件（每个文件中含有 1000 个记录），然后将这 10 个子文件依次调入内存，采取适当的内部排序算法对其进行排序，并将得到的有序文件（初始归并段）移至外存。

步骤 2：对得到的 10 个初始归并段进行如图 9-17 所示的两两归并，直至得到一个完整的有序文件。

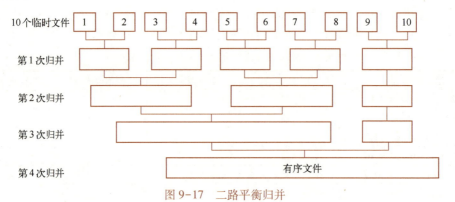

图 9-17　二路平衡归并

📩 说明：

- 例 9-10 采用了将文件进行等分的操作，还可以根据需要不等分，后续会介绍。
- 图 9-17 所示的并不是整个外排序过程，仅是步骤 2 的示意。
- 10 个初始归并段归并成一个有序文件，共进行了 4 趟归并，每次都由 m 个归并段得到 $\lceil m/2 \rceil$ 个归并段，这种归并方式被称为二路平衡归并。
- 将两个有序段归并成一个有序段的过程如果是在内存中进行，用 9.1.5 小节中介绍的算法即可实现。但是，在外部排序过程中，由于内存容量的限制不能满足同时将两个归并段全部完整地读入内存进行归并，只能不断地取两个归并段中的一小部分进行归并，通过不断地读数据和向外存写数据，直至两个归并段完成归并变为一个大的有序文件。

（3）外部排序要解决的两个主要问题

1）问题 1。由例 9-10 可知，对于外部排序来说，影响整体排序效率的因素主要取决于读/写外存的次数，即访问外存的次数越多，算法花费的时间就越多，效率也就越低。联想到从二叉平衡树到多叉平衡树（B 树和 B+ 树）以降低树的层数，从而减少磁盘读/写的次数，最终达到提高算法效率的目的，外部排序是否可以从二路平衡归并拓展到 k 路平衡归并呢？

一般情况下，对于具有 m 个初始归并段进行 k 路平衡归并时，归并的趟数 s 为

$$s = \lceil \log_k m \rceil$$

为了减少归并趟数 s，可以从以下两个方面进行改进：

① 增加 k 路平衡归并中的 k 值。由此引出多路平衡归并算法。

② 尽量减少初始归并段的数量 m，即增加每个归并段的容量。由此引出置换-选择排序算法。

2) 问题2。如果各初始归并段的长度不相等，那么归并段的归并顺序对排序的时间会不会有影响呢？

例如有 3 个初始归并段 a、b、c，段长分别为 1、2、3。如果先归并 b、c 得到归并段 e，那么 e 的长度为 5，再归并 a、e。得到最终归并段的总段长为 $(2+3)+(1+5)=11$。如果先归并 a、b 得到归并段 e，再归并 c、e，那么得到最终归并段的总段长为 $(1+2)+(3+3)=9$。

也就是说，如果一开始就归并很长的段，由于该段还会在以后的归并中出现，那么消耗时间就很长，所以应该先归并较短的段。可以联想到构造最优二叉树的经典算法——哈夫曼算法，可以通过构造哈夫曼树的方法得到最佳归并顺序。

下面分别介绍多路平衡归并排序、置换-选择排序及最佳归并树。

2. 多路平衡归并排序

（1）问题提出

由上面的讨论可知，增加 k 路平衡归并中的 k 值可以减少归并的总趟数。但是，如果毫无限度地增加 k 值，虽然会减少读/写外存数据的次数，但会增加内部归并的时间。

例如，对于例 9-10 中的 10 个临时文件，当采用二路平衡归并时，每次从 2 个文件中得到一个最小值时只需比较 1 次；而采用 5 路平衡归并时，每次从 5 个文件中想得到一个最小值就需要比较 4 次。这还仅是得到一个最小值记录，若要得到整个临时文件，其耗费的时间就会相差很大。

如何解决这之间的矛盾呢？在进行 k 路归并时可以使用败者树来实现，该方法在增加 k 值时不会影响其内部归并的效率。

（2）算法设计

败者树本身是一棵完全二叉树，是堆排序的一种变形。

败者树其双亲结点存储的是左、右孩子比较之后的失败者，而胜利者则继续去参加更高层的比较。

下面通过一个例子来讲解基于败者树的多路平衡归并排序算法过程。

【例 9-11】基于一棵败者树完成 5 路归并。

解：

1) 如图 9-18a 所示，初始情况下，叶子结点 $b_0 \sim b_4$ 中存储 5 个（0~4 号）待归并段中记录的首关键字。

非终端结点用一维数组 ls[ ] 表示，其中存储的数值表示第几归并段。

ls[4] 存储的是 b_3 和 b_4 两个叶子结点中的败者 b_4 的 "4"，而胜者 b_3 和 b_0 中的关键字比较，败者为 b_0，因此 ls[2] 中存储 "0"。

ls[3] 存储的是 b_1 和 b_2 两个叶子结点中的败者 b_2 的 "2"，而胜者 b_1 与左支中的胜者 b_3 进行比较，败者为 b_1，因此 ls[1] 中存储 "1"。

根结点 ls[1] 的双亲结点 ls[0] 为最终的胜者，此时的 "3" 表示各归并段中的最小关键字记录为 3 号段中的当前记录 "6"。

2) 在选得最小关键字记录（得到最终胜者）之后，只需要修改叶子结点 b_3 中的值，即导入同一归并段中的下一个关键字 15，然后让该结点不断同其双亲结点所表示的关键字进行比较，败者留在双亲结点中，胜者继续向上比较，直至根结点的双亲结点。

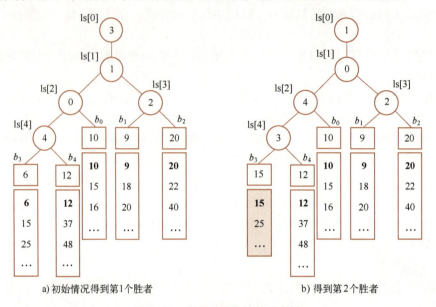

图 9-18　实现 5 路归并的败者树

如图 9-18b 所示，当 3 号归并段中的第 2 个记录参加归并时，选得的最小关键字记录为 1 号归并段中的记录 "9"。具体过程为：叶子结点中的 "15" 先同其双亲结点 ls[4] 中表示的 b_4 中的 "12" 进行比较，b_3 中的 "15" 为败者，则 ls[4] 改为 "3"；胜者 "12" 继续同 ls[2] 中表示的 b_0 中的 "10" 做比较，b_4 中的 "12" 为败者，则 ls[2] 改为 "4"；胜者 "10" 继续同其双亲结点 ls[1] 表示的 b_1 中的 "9" 做比较，b_0 中的 "10" 为败者，则 ls[1] 改为 "0"；最终胜者为 b_1 中的 "9"，因此 ls[0] 为 "1"。

3）为了防止在归并过程中某个归并段变为空，可以在每个归并段最后附加一个关键字为最大值的记录。这样，当某一时刻选出的最终胜者为最大值时，则表明 5 个归并段已全部归并完成。

🏋 练一练：

请读者继续画出例 9-11 中一趟 5 路归并的败者树。

3. 置换-选择排序

（1）问题提出

上面介绍了增加 k 路归并排序中的 k 值来提高外部排序效率的方法，而 k 值的增加不是无限度的，因此，还可以考虑减少初始归并段的个数 m 的值。

$$m = \lceil n/l \rceil$$

其中，n 表示外部文件中的记录总数；l 表示初始归并段中包含的记录数。

若要减小 m 的值，在外部文件总的记录数 n 值一定的情况下，只能增加每个归并段中所包含的记录数 l。而对于初始归并段的形成，就不能采用 9.1 节中介绍的内部排序算法，因为所有的内部排序算法正常运行的前提是所有的记录都存在于内存中，而内存的可使用空间是一定的，如果增大 l 的值，内存是装不下的。如何解决这个矛盾呢？

下面介绍一种新的排序方法——置换-选择排序算法。

（2）算法设计

下面通过一个例子来讲解置换-选择排序算法。

【例 9-12】已知初始文件中共有 24 个记录，假设内存工作区最多可容纳 6 个记录，使用之前介绍的内部排序算法最少能也只能分为 4 个初始归并段。而如果使用置换-选择排序算法，可以实现将 24 个记录分为 3 个初始归并段，如图 9-19 所示。

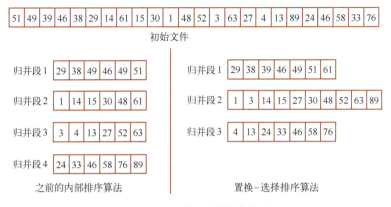

图 9-19　置换-选择排序算法

置换-选择排序算法的具体操作过程如下。

1）从初始文件中读取 6 个记录到内存工作区中。

2）从内存工作区中选出关键字最小的记录，将其记为 MINIMAX 记录。

3）将 MINIMAX 记录输出到归并段文件中，此时内存工作区中还剩余 5 个记录。

4）若初始文件不为空，则从初始文件中输入下一个记录到内存工作区中。

5）从内存工作区中所有比 MINIMAX 值大的记录中选出值最小的关键字的记录，作为新的 MINIMAX 记录。

6）重复步骤 3）~5），直至在内存工作区中选不出新的 MINIMAX 记录为止，由此就得到了一个初始归并段。

7）重复步骤 2）~6），直至内存工作区为空，由此就得到了全部的初始归并段。

以图 9-19 中的初始文件为例，首先输入前 6 个记录到内存工作区，其中关键字最小的为 29，所以将其记为 MINIMAX 记录，同时将其输出到归并段文件中，如图 9-20a 所示。

此时初始文件不为空，所以从中输入下一个记录 14 到内存工作区中，然后从内存工作区中比 29 大的记录中，选择一个最小值作为新的 MINIMAX 值输出到归并段文件中，如图 9-20b 所示。

这时，初始文件还不为空，所以继续输入 61 到内存工作区中，从内存工作区中所有关键字比 38 大的记录中，选择一个最小值作为新的 MINIMAX 值输出到归并段文件中，如图 9-20c 所示。

如此重复，直至选不出 MINIMAX 值为止，如图 9-20d 所示。

练一练：

请读者自行完成例 9-12 中其余两个归并段的生成过程。

说明： 在上述创建归并段文件的过程中，需要不断地在内存工作区中选择新的 MINIMAX 记录，即选择不小于原 MINIMAX 记录的最小值，此过程也可以利用"败者树"来实现。

图 9-20 置换-选择排序算法的一个归并段生成过程

4. 最佳归并树

（1）问题提出

无论是等分归并段还是通过置换-选择排序得到的归并段，如何设置它们的归并顺序，可以使得对外存的访问次数降到最低？

【**例9-13**】设有通过置换-选择排序算法得到的9个初始归并段，其长度分别为：9, 30, 12, 18, 3, 17, 2, 6, 24。对其采用3路平衡归并，计算对外存进行读或者写的次数。

解：一种3路平衡归并方式如图9-21所示。图中的叶子结点表示初始归并段，各自包含记录的长度用结点的权重来表示；非终端结点表示归并后的临时文件。

假设在进行平衡归并时，操作每个记录都需要单独进行一次对外存的读/写，那么图9-20中的归并过程需要对外存进行读或者写的次数为

$$(9+30+12+18+3+17+2+6+24) \times 2 \times 2 = 484$$

图9-21中涉及2次归并，对外存的读和写各进行2次。

显然，归并方式不同，树的带权路径长度（外存读/写次数）也不同。所以，对于如何减少访问外存的次数的问题，就等同于考虑如何使k路归并所构成的k叉树的带权路径长度最短。

(2) 算法设计

回顾本书第 6 章介绍的二叉树的带权路径长度最短算法——构造哈夫曼树。其实扩展到一般情况，对于 k 叉树，只要其带权路径长度最短，亦可以称为哈夫曼树。

以构建哈夫曼树的方式构建归并树，使其对读/写外存的次数降至最低（k 路平衡归并，需要选取合适的 k 值，构建哈夫曼树作为归并树），所以称此归并树为最佳归并树。

根据 6.3.3 小节介绍的哈夫曼树构造算法的基本原理，对例 9-13 中的 9 个初始归并段构建一棵哈夫曼树作为最佳归并树，如图 9-22 所示。

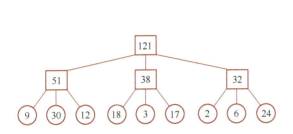

图 9-21 3 路平衡归并的总长度

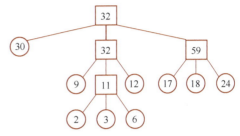

图 9-22 3 路平衡归并的最佳归并树

归并过程对外存的读/写次数为

$$(2\times3+3\times3+6\times3+9\times2+12\times2+17\times2+18\times2+24\times2+30)\times2=446$$

想一想：

若不是如例 9-13 所示的 9 个初始归并段，而是 8 个，如何处理呢？

提示：对于 3 路平衡归并，每个非叶子结点的度为 3，为了避免有一个结点的度为 2，可以附加一个权值为 0 的结点（称为"虚归并段"），然后再构建哈夫曼树。在构建完成后再去掉虚段即可。

练一练：

请完成思考与练习中简答题的第 9 题。

9.3.3　排序算法总结

迄今为止，已有的排序方法远远不止本章讨论的这几种。人们之所以热衷于研究排序方法，一方面是由于排序在计算机操作中所处的重要地位，另一方面是由于这些方法各有优缺点，难以得出哪个最好和哪个最坏的结论。因此，排序方法的选用应该根据具体情况而定。一般应该从以下几个方面综合考虑：时间复杂度、空间复杂度、稳定性、算法简单性、待排序记录个数 n 大小、记录本身信息量的大小、关键字的分布情况。

下面从多个方面对多种内部排序算法进行比较和分析，然后给出综合结论。

1. 时间复杂度

本章介绍的几种内部排序的时间复杂度和空间复杂度的比较结果见表 9-2。

表 9-2　几种内部排序的时间复杂度和空间复杂度的比较

排序方法	平均情况	最好情况	最坏情况	辅助空间
插入排序	$O(n^2)$	$O(n)$	$O(n^2)$	$O(1)$
希尔排序	$O(n\log_2 n) \sim O(n^2)$	$O(n^{1.3})$	$O(n^2)$	$O(1)$

(续)

排序方法	平均情况	最好情况	最坏情况	辅助空间
冒泡排序（改进）	$O(n^2)$	$O(n)$	$O(n^2)$	$O(1)$
快速排序	$O(n\log_2 n)$	$O(n\log_2 n)$	$O(n^2)$	$O(\log_2 n) \sim O(n)$
选择排序	$O(n^2)$	$O(n^2)$	$O(n^2)$	$O(1)$
堆排序	$O(n\log_2 n)$	$O(n\log_2 n)$	$O(n\log_2 n)$	$O(1)$
归并排序	$O(n\log_2 n)$	$O(n\log_2 n)$	$O(n\log_2 n)$	$O(n)$
基数排序	$O(d(n+radix))$	$O(d(n+radix))$	$O(d(n+radix))$	$O(radix)$

从时间复杂度的平均情况来看，有以下 3 类排序方法。

1）冒泡排序、选择排序和插入排序属于一类，其时间复杂度为 $O(n^2)$。其中，以插入排序方法最常用，特别是对于已按关键字基本有序的记录序列。

2）堆排序、快速排序和归并排序属于第二类，时间复杂度为 $O(n\log_2 n)$。其中，快速排序被认为是目前最快的一种排序方法，在待排序记录个数较多的情况下，归并排序比堆排序更快。

3）希尔排序介于 $O(n^2)$ 和 $O(n\log_2 n)$ 之间。

从最好情况看，冒泡排序和插入排序的时间复杂度最好，为 $O(n)$，其他排序算法的最好情况与平均情况相同。

从最坏情况看，快速排序的时间复杂度为 $O(n^2)$。插入排序和冒泡排序虽然与平均情况相同，但系数大约增加一倍，所以运行速度将降低一半。最坏情况对直接选择排序、堆排序和归并排序影响不大。

由此可知，在最好情况下，插入排序和冒泡排序最快；在平均情况下，快速排序最快；在最坏情况下，堆排序和归并排序最快。

2. 空间复杂度

从空间复杂度来看，几种内部排序方法分为 3 类：归并排序单独属于一类，其空间复杂度为 $O(n)$；快速排序单独属于一类，其空间复杂度为 $O(\log_2 n) \sim O(n)$；其他排序方法归为一类，其空间复杂度为 $O(1)$。

3. 稳定性

从稳定性来看，几种内部排序方法可分为两类：一类是稳定的，包括冒泡排序、插入排序、归并排序和基数排序；另一类是不稳定的，包括选择排序、希尔排序、快速排序和堆排序。

4. 算法简单性

从算法简单性来看，几种内部排序方法可分为两类：一类是简单算法，包括冒泡排序、选择排序和插入排序；另一类是改进算法，包括希尔排序、堆排序、快速排序和归并排序，这些算法都比较复杂。

5. 待排序的记录个数 n 的大小

从待排序的记录个数 n 的大小来看，n 越小，采用简单排序方法越合适；n 越大，采用改进排序方法越合适。因为 n 越小，$O(n^2)$ 与 $O(n\log_2 n)$ 的差距也越小。

6. 记录本身信息量的大小

从记录本身信息量的大小来看，记录本身信息量越大，表明占用的存储空间就越多，移动记录所花费的时间就越多，这对记录的移动次数较多的算法不利。

7. 关键字的分布情况

当待排序记录序列为正序时，插入排序和冒泡排序能达到 $O(n)$ 的时间复杂度。对于快速排序而言，这是最坏的情况，此时的时间复杂度变为 $O(n^2)$，选择排序、堆排序和归并排序的时间复杂度不随记录序列中关键字的分布而改变。

综合考虑以上 7 个方面，可得出下面的大致结论，供读者参考。

1) 当待排序记录个数 n 较大、关键字分布较随机，且对稳定性不做要求时，采用快速排序为宜。

2) 当待排序记录个数 n 较大，内存空间允许，且要求排序稳定时，采用归并排序为宜。

3) 当待排序记录个数 n 较大，而只要找出最小的前几个记录，采用堆排序或选择排序为宜。

4) 当待排序记录个数 n 较小（如小于 100）、记录已基本有序，且要求稳定时，宜采用插入排序。例如，在一个已排序序列上略做修改，若改动不大，最好用插入排序把它恢复为有序序列。

5) 当待排序记录个数 n 较小，记录所含数据项较多，所占存储空间较大时，采用选择排序为宜。

6) 快速排序和归并排序在待排序记录个数 n 较小时的性能不如插入排序，因此在实际应用时，可将它们和插入排序混合使用。例如：在快速排序中划分的子序列的长度小于某个值时，转而调用插入排序；或者对待排序记录序列先逐段进行插入排序，然后再利用归并操作进行两两归并，直至整个序列有序。

本章小结

本章介绍了排序的基本概念，分析了几种经典且重要的排序算法，重点介绍了每类排序算法的特点及设计思想。对于多关键字排序问题，介绍了一种分配类排序算法——基数排序。还介绍了大数据环境下外部排序的应用需求和相关算法。最后对本章介绍的各类排序算法进行了总结与比较。

思考与练习

一、单项选择题

1. 对一组数据 2,12,16,88,5,10 进行排序，若前 3 趟排序结果如下。

第 1 趟：2，12，16，5，10，88

第 2 趟：2，12，5，10，16，88

第 3 趟：2，5，10，12，16，88

则采用的排序方法可能是（　　）。

    A. 冒泡排序   B. 希尔排序   C. 归并排序   D. 基数排序

2. 为实现快速排序算法，待排序序列宜采用的存储方式是（　　）。

    A. 顺序存储   B. 散列存储   C. 链式存储   D. 索引存储

3. 采用递归方式对顺序表进行快速排序，下列关于递归次数的叙述中，正确的是（　　）。

    A. 递归次数与初始数据的排列次序无关

    B. 每次划分后，先处理较长的分区可以减少递归次数

    C. 每次划分后，先处理较短的分区可以减少递归次数

D. 递归次数与每次划分后得到的分区的处理顺序无关

4. 下列选项中，不可能是快速排序第 2 趟排序结果的是（　　）。
   A. 2,3,5,4,6,7,9　　　　　　　　　　B. 2,7,5,6,4,3,9
   C. 3,2,5,4,7,6,9　　　　　　　　　　D. 4,2,3,5,7,6,9

5. 对一待排序序列分别进行折半插入排序和直接插入排序，两者之间可能的不同之处是（　　）。
   A. 排序的总趟数　　　　　　　　　　B. 元素的移动次数
   C. 使用辅助空间的数量　　　　　　　D. 元素之间的比较次数

6. 当对大部分元素已有序的数组进行排序时，直接插入排序比简单选择排序的效率更高，其原因是（　　）。
   Ⅰ. 直接插入排序过程中元素之间的比较次数更少
   Ⅱ. 直接插入排序过程中所需要的辅助空间更少
   Ⅲ. 直接插入排序过程中元素的移动次数更少
   　　A. 仅Ⅰ　　　　B. 仅Ⅲ　　　　C. 仅Ⅰ、Ⅱ　　　　D. Ⅰ、Ⅱ和Ⅲ

7. 用希尔排序方法对一个数据序列进行排序时，若第 1 趟的排序结果为 9,1,4,13,7,8,20,23,15，则该趟排序采用的增量（间隔）可能是（　　）。
   　　A. 2　　　　　B. 3　　　　　C. 4　　　　　　D. 5

8. 希尔排序的组内排序采用的是（　　）。
   　　A. 直接插入排序　　B. 折半插入排序　　C. 快速排序　　D. 归并排序

9. 对初始数据 8,3,9,11,2,1,4,7,5,10,6 进行希尔排序，若第 1 趟排序结果为 1,3,7,5,2,6,4,9,11,10,8，第 2 趟排序结果为 1,2,6,4,3,7,5,8,11,10,9，则两趟排序采用的增量（间隔）依次是（　　）。
   　　A. 3，1　　　　B. 3，2　　　　C. 5，2　　　　D. 5，3

10. 已知关键字序列 5,8,12,19,28,20,15,22 是小根堆，在序列尾部插入关键字 3，调整后得到的小根堆是（　　）。
    A. 3,5,12,8,28,20,15,22,19
    B. 3,5,12,19,20,15,22,8,28
    C. 3,8,12,5,20,15,22,28,19
    D. 3,12,5,8,28,20,15,22,19

11. 已知关键字序列 25,13,10,12,9 是大根堆，在序列尾部插入关键字 18，将其再调整为大根堆，调整过程中元素之间进行的比较次数是（　　）。
    　　A. 1　　　　　B. 2　　　　　C. 4　　　　　　D. 5

12. 已知小根堆为 (8,15,10,21,34,16,12)，删除关键字 8 之后需重建堆，在此过程中，关键字之间的比较次数是（　　）。
    　　A. 1　　　　　B. 2　　　　　C. 3　　　　　　D. 4

13. 下列关于大根堆（至少含 2 个元素）的叙述中正确的是（　　）。
    Ⅰ. 可以将堆看成一棵完全二叉树
    Ⅱ. 可以采用顺序存储方式保存堆
    Ⅲ. 可以将堆看成一棵二叉排序树
    Ⅳ. 堆中的次大值一定在根的下一层

A. 仅Ⅰ、Ⅱ　　　　B. 仅Ⅱ、Ⅲ　　　　C. Ⅰ、Ⅱ和Ⅳ　　　　D. Ⅰ、Ⅲ和Ⅳ

14. 将关键字 6,9,1,5,8,4,7 依次插入初始为空的大根堆 H 中，得到的 H 是（　　）。
    A. 9,8,7,6,5,4,1
    B. 9,8,7,5,6,1,4
    C. 9,8,7,5,6,4,1
    D. 9,6,7,5,8,4,1

15. 在将数据序列 6,1,5,9,8,4,7 建成大根堆时，正确的序列变化过程是（　　）。
    A. 6,1,7,9,8,4,5→6,9,7,1,8,4,5→9,6,7,1,8,4,5→9,8,7,1,6,4,5
    B. 6,9,5,1,8,4,7→6,9,7,1,8,4,5→9,6,7,1,8,4,5→9,8,7,1,6,4,5
    C. 6,9,5,1,8,4,7→9,6,5,1,8,4,7→9,6,7,1,8,4,5→9,8,7,1,6,4,5
    D. 6,1,7,9,8,4,5→7,1,6,9,8,4,5→7,9,6,1,8,4,5→9,7,6,1,8,4,5→9,8,6,1,7,4,5

16. 若数据序列 11,12,13,7,8,9,23,4,5 是采用下列排序方法之一得到的第二趟排序后的结果，则该排序算法只能是（　　）。
    A. 冒泡排序　　　B. 插入排序　　　C. 选择排序　　　D. 二路归并排序

17. 在排序过程中，对尚未确定最终位置的所有元素进行一遍处理称为一趟排序。下列排序方法中，每一趟排序结果都至少能够确定一个元素最终位置的方法是（　　）。
    Ⅰ. 简单选择排序　　Ⅱ. 希尔排序　　Ⅲ. 快速排序　　Ⅳ. 堆排序　　Ⅴ. 二路归并排序
    A. 仅Ⅰ、Ⅲ、Ⅳ　　B. 仅Ⅰ、Ⅲ、Ⅴ　　C. 仅Ⅱ、Ⅲ、Ⅳ　　D. 仅Ⅲ、Ⅳ、Ⅴ

18. 下列排序算法中，元素的移动次数和关键字的初始排列次序无关的是（　　）。
    A. 直接插入排序　　B. 起泡排序　　C. 基数排序　　D. 快速排序

19. 对 10 TB 的数据文件进行排序，应使用的方法是（　　）。
    A. 希尔排序　　　B. 堆排序　　　C. 快速排序　　　D. 归并排序

20. 在内部排序时，若选择了归并排序而没有选择插入排序，则可能的理由是（　　）。
    Ⅰ. 归并排序的程序代码更短
    Ⅱ. 归并排序的占用空间更少
    Ⅲ. 归并排序的运行效率更高
    A. 仅Ⅱ　　　　B. 仅Ⅲ　　　　C. 仅Ⅰ、Ⅱ　　　　D. 仅Ⅰ、Ⅲ

21. 下面关于归并排序的说法中正确的是（　　）。
    A. 归并排序是不稳定的排序
    B. 对于逆序排列的数组使用归并排序，对应的渐近时间复杂度为 $O(n\log_2 n)$
    C. 在实际中，归并排序要比快速排序快，因为它的比较次数比快速排序少
    D. 需要执行比较操作的排序算法有可能在最差时间复杂度 $O(n\log_2 n)$ 完成长度为 n 的任意数组的排序

22. 设外存上有 120 个初始归并段，在进行 12 路归并时，为实现最佳归并，需要补充的虚段个数是（　　）。
    A. 1　　　　B. 2　　　　C. 3　　　　D. 4

23. 对给定的关键字序列 110,119,007,911,114,120,122，采用最低位优先（LSD）基数排序，则第 2 趟分配收集后得到的关键字序列是（　　）。
    A. 007,110,119,114,911,120,122
    B. 007,110,119,114,911,122,120
    C. 007,110,911,114,119,120,122
    D. 110,120,911,122,114,007,119

24. 设数组 S[ ]={93,946,372,9,146,151,301,485,236,327,43,892}，采用最低位优先（LSD）基数排序将 S 排列成升序序列。第 1 趟分配、收集后，元素 372 之前、之后紧邻的元素分别是（   ）。

    A. 43,892   B. 236,301   C. 301,892   D. 485,301

25. 选择一个排序算法时，除了算法的时空效率，下列因素中还需要考虑的是（   ）。
Ⅰ. 数据的规模   Ⅱ. 数据的存储方式   Ⅲ. 算法的稳定性   Ⅳ. 数据的初始状态
    A. 仅Ⅲ   B. 仅Ⅰ、Ⅱ   C. Ⅱ、Ⅲ、Ⅳ   D. Ⅰ、Ⅱ、Ⅲ、Ⅳ

26. 下列排序方法中，若将顺序存储更换为链式存储，则算法的时间效率会降低的是（   ）。
Ⅰ. 插入排序   Ⅱ. 选择排序   Ⅲ. 冒泡排序   Ⅳ. 希尔排序   Ⅴ. 堆排序
    A. 仅Ⅰ、Ⅱ   B. 仅Ⅱ、Ⅲ   C. 仅Ⅲ、Ⅳ   D. 仅Ⅳ、Ⅴ

27. 将两个各有 n 个元素的有序表归并成一个有序表，其最少的比较次数是（   ），其最多的比较次数是（   ）。
    A. n B. $2n-1$ C. $2n$ D. $n-1$

二、填空题

1. 对一组初始关键字序列 40,50,95,20,15,70,60,45,10 进行冒泡排序，则第 1 趟需要进行相邻记录比较的次数为_____，在整个排序过程中最多需要进行_____趟排序才可以完成。

2. 快速排序的最坏时间复杂度为_____，平均时间复杂度为_____。

3. 设有一组初始关键字序列 24,35,12,27,18,26，则第 3 趟直接插入排序结束后的结果是_____；第 3 趟简单选择排序结束后的结果是_____。

4. 在快速排序、堆排序、归并排序中，_____排序是稳定的。

5. 在堆排序的过程中，对任一分支结点进行筛选的时间复杂度为_____，整个堆排序过程的时间复杂度为_____。

6. 设一组初始记录关键字序列为 20,18,22,16,30,19，则以 20 为枢轴的一趟快速排序结果为_____；根据这些初始关键字序列建成的小顶堆为_____。

7. 设初始记录关键字序列为 $k_1,k_2,\cdots,k_n$，则用筛选法思想建堆必须从第_____个元素开始进行筛选。

8. 设一组初始记录关键字序列 $k_1,k_2,\cdots,k_n$ 是小顶堆，则对 $i=1,2,\cdots,n/2$ 而言，关键字满足的条件为_____。

9. 设有一组初始记录关键字序列 50,16,23,68,94,70,73，则将它们调整成小顶堆只需把 16 与_____相互交换即可。

10. 在堆排序和快速排序中，从平均情况下排序的速度最快的角度来考虑最好选择_____排序，从节省存储空间的角度来考虑则最好选择_____排序。

11. 完善下列函数，使其实现冒泡排序算法的功能。

```
void bubble( int r[ ], int n)
{
    for( i=1; i<=n-1; i++)
    {
        for( exchange=0,j=0; j<_____; j++)
        if ( r[j]>r[j+1])
            { temp=r[j+1]; _____;  r[j]=temp; exchange=1; }
        if ( exchange==0) return;
    }
}
```

三、简答题

1. 什么是内部排序？什么是外部排序？评价排序方法的主要性能指标有哪些？
2. 排序方法主要有哪些？试比较它们各自的性能。
3. 平均时间复杂度为 $O(n\log_2 n)$ 的排序算法有哪些？试分析它们的稳定性。
4. 选择排序稳定吗？若不稳定，请举例说明。
5. 堆排序稳定吗？若不稳定，请举例说明。
6. 快速排序稳定吗？若不稳定，请举例说明。
7. 给定数据序列 12, 5, 9, 20, 6, 31, 26，对该序列进行排序，分别写出冒泡排序、选择排序、插入排序、希尔排序、快速排序、堆排序、归并排序、基数排序每趟的排序结果。
8. 已知某排序算法如下：

```
void CmpCountSort(int a[ ], int b[ ], int n)
{
    int i, j, * count;
    count = (int * )malloc(sizeof(int) * n);   //C++语言:count=new int[n];
    for (i = 0; i < n; i++)   count[i] = 0;
    for (i = 0; i < n - 1; i++)
        for (j = i + 1; j < n; j++)
            if (a[i] < a[j])    count[j]++;
            else    count[i]++;
    for (i = 0; i < n; i++)   b[count[i]] = a[i];
    free(count);       //C++语言:delete count;
}
```

请回答下列问题：

(1) 若有 "int a[ ] = {25, -10, 25, 10, 11, 19}, b[6];"，则调用 CmpCountSort(a,b,6) 后数组 b[ ] 中的内容是什么？

(2) 若 a[ ] 中包含 n 个元素，则算法执行过程中，元素之间的比较次数是多少？

(3) 该算法是稳定的吗？若是，阐述理由；否则，将其修改为稳定排序算法。

9. 设有 6 个有序表 A、B、C、D、E、F，分别含有 10、35、40、50、60 和 200 个数据元素，各表中元素按升序排列。要求通过 5 次两两合并，将 6 个表最终合并成一个升序表，并在最坏情况下比较的总次数达到最小。请回答下列问题。

(1) 请写出合并方案，并求出最坏情况下比较的总次数。

(2) 根据设计的合并过程，描述 N ($N \geq 2$) 个不等长升序表的合并策略，并说明理由。

四、算法设计题

1. 已知 $(k_1, k_2, \cdots, k_n)$ 是堆，试编写算法将 $(k_1, k_2, \cdots, k_n, k_{n+1})$ 调整为堆。

2. 设有整型数组 x，试编写算法：将负数集中在数组 x 的一端，正数集中在数组 x 的另一端。要求算法时间复杂度为 $O(n)$。

3. 给定有序序列 $A[m]$ 和有序序列 $B[n]$，试编写算法将它们归并为一个有序序列 $C[m+n]$。

4. 已知由 n ($n \geq 2$) 个正整数构成的集合 $A = \{a_k | 0 \leq k < n\}$，将其划分为两个不相交的子集 A_1 和 A_2，元素个数分别是 n_1 和 n_2，A_1 和 A_2 中元素之和分别为 S_1 和 S_2。设计一个尽可能高效的划分算法，满足 $|n_1 - n_2|$ 最小且 $|S_1 - S_2|$ 最大。要求：

(1) 给出算法的基本设计思想。
(2) 根据设计思想，采用 C 或 C++语言描述算法，关键之处给出注释。
(3) 说明算法的平均时间复杂度和空间复杂度。

应用实战

编写程序，分别利用插入排序、快速排序、堆排序、归并排序实现手机按销量排序、按上市时间排序和按价格排序。

基本要求：
(1) 利用随机函数产生 100 个手机的随机记录数据作为待排序序列。
(2) 要求程序模块化结构，一个函数实现一种排序算法，并用菜单命令进行选择调用。
(3) 记录各种算法的排序过程中数据的移动次数，并进行比较。

学习目标检验

请对照表 9-3 检验实现情况。

表 9-3 第 9 章学习目标列表

	学 习 目 标	达到情况
知识	了解排序的常用术语：内部排序、外部排序、排序的稳定性	
	了解排序算法的时间开销主要取决于关键字的比较次数和记录的移动次数，空间开销主要是执行算法所需要的辅助存储空间	
	了解常用的交换类排序算法：冒泡排序、快速排序	
	了解常用的插入类排序算法：直接插入排序、折半插入排序、希尔排序	
	了解常用的选择类排序算法：简单选择排序、堆排序	
	了解归并排序和基数排序算法	
能力	能够编程实现常用的交换类排序算法，并能对冒泡算法进行改进	
	能够编程实现常用的插入类排序算法	
	能够编程实现常用的选择类排序算法	
	能够编程实现归并排序算法	
	能够理解并掌握外部排序算法，包括多路平衡归并排序、置换-选择排序及最佳归并树	
	能够理解并掌握动态规划算法思想	
素养	为实际问题设计算法，给出算法伪代码，并利用编程语言实现算法	
	自主学习，通过查阅资料，获得解决问题的思路。通过网络搜索进一步了解面向大数据的外部排序算法	
	实验文档书写整洁、规范，技术要点总结全面	
	学习中乐于与他人交流分享，善于使用生成式人工智能工具	
思政	通过计算机软件中随处可见的排序功能深刻理解信息技术如何改变人们的学习、工作和生活，进而提升对计算机专业的认可度和职业的认同感	
	科学人物和科学精神：算法大师 Tony Hoare（托尼·霍尔）	

附　　录

附录 A　计算机学科专业基础考试大纲（数据结构部分）

【考查目标】

1. 掌握数据结构的基本概念、基本原理和基本方法。
2. 掌握数据的逻辑结构、存储结构及基本操作的实现，能够对算法进行基本的时间复杂度与空间复杂度的分析。
3. 能够运用数据结构的基本原理和方法进行问题的分析与求解，具备采用 C 或 C++语言设计与实现算法的能力。

【考查内容】

一、线性表

（一）线性表的基本概念

（二）线性表的实现

1. 顺序存储
2. 链式存储

（三）线性表的应用

二、栈、队列和数组

（一）栈和队列的基本概念

（二）栈和队列的顺序存储结构

（三）栈和队列的链式存储结构

（四）多维数组的存储

（五）特殊矩阵的压缩存储

（六）栈、队列和数组的应用

三、树和二叉树

（一）树的基本概念

（二）二叉树

1. 二叉树的定义及其主要特性
2. 二叉树的顺序存储结构和链式存储结构
3. 二叉树的遍历
4. 线索二叉树的基本概念和构造

（三）树、森林

1. 树的存储结构

2. 森林与二叉树的转换

3. 树和森林的遍历

（四）树和二叉树的应用

1. 哈夫曼（Huffman）树和哈夫曼编码

2. 并查集及其应用

四、图

（一）图的基本概念

（二）图的存储及基本操作

1. 邻接矩阵

2. 邻接表

3. 邻接多重表、十字链表

（三）图的遍历

1. 深度优先遍历

2. 广度优先遍历

（四）图的基本应用

1. 最小（代价）生成树

2. 最短路径

3. 拓扑排序

4. 关键路径

五、查找

（一）查找的基本概念

（二）顺序查找法

（三）分块查找法

（四）折半查找法

（五）树形查找

1. 二叉搜索树

2. 平衡二叉树

3. 红黑树

（六）B 树及其基本操作、B+树的基本概念

（七）散列（Hash）表

（八）字符串模式匹配

（九）查找算法的分析及应用

六、排序

（一）排序的基本概念

（二）直接插入排序

（三）折半插入排序

（四）起泡排序（Bubble Sort）

（五）简单选择排序

（六）希尔排序（Shell Sort）

（七）快速排序

（八）堆排序

（九）二路归并排序（Merge Sort）

（十）基数排序

（十一）外部排序

（十二）排序算法的分析与应用

附录 B　Visual Studio 2022 集成开发环境的安装与使用

"工欲善其事，必先利其器"，熟练搭建和使用一个良好的编程环境对于后续的学习非常重要。本附录将介绍 Visual Studio 2022 集成开发环境的有关内容，包括 C/C++编程环境搭建、创建并运行一个 C++程序，以及程序调试方法。

1. C/C++编程环境搭建

（1）Visual Studio 2022 软件简介

Visual Studio 2022（以下简称 VS 2022）软件一共有 Community（社区版）、Professional（专业版）与 Enterprise（企业版）3 个版本。其中，社区版是免费的，主要面向学生、开源软件开发者等个人；专业版与企业版则是收费的，更多面向高级开发者或企业用户。对于本课程算法实现的使用需求而言，下载免费的社区版即可。

VS 2022 的主要特点如下：

- 提供了丰富的项目模板。包括各种桌面应用程序开发、移动应用程序开发等。
- 提供了强大的智能提示功能。在编写代码的过程中，当开发者输入一些关键词时，编辑器会自动弹出与关键词相关的一些选择，开发者选择后即可快速完成相关代码的编写。此外，VS 2022 社区版还提供了自动完成、重构代码等功能，可以帮助开发者更加高效地编写代码。
- 提供了完善的调试工具。除了常规的断点调试，VS 2022 社区版还支持内存泄露、代码性能等方面的测试和调试，可以帮助开发者快速定位代码问题。
- 提供了强大的团队协作功能。开发者可以通过网站、Git、Team Foundation Server（TFS）等方式进行代码共享和项目管理，开发者可以快速协作编写、推送代码，并且可以轻松地管理代码版本。

（2）VS 2022 的安装与配置

访问 VS 2022 社区版微软官方网站 https://visualstudio.microsoft.com/zh-hans/vs/community，单击"免费下载"按钮即可自动下载安装包 VisualStudioSetup.exe。它大约在 3 MB 左右，这个可执行文件实际是个下载器。

运行该下载器，有提示下载和安装 Visual Studio 2022 社区版。这种安装方式属于在线下载和安装，整个过程可能会持续较长的时间，主要取决于网速和计算机的性能。

下载完成后就会自动弹出配置界面，一共有 4 个选项卡，如图 B-1 所示。

- 在"工作负荷"选项卡中选中"使用 C++的桌面开发"复选框，界面右侧会出现额外的安装详细信息，里面有很多选项，保持默认设置，不做进一步选择。请记住一个原则：只安装看上去和 C++ 开发有关的选项，即便错过了一些选项，以后可以重复这个步骤补充安装，但切不可图省事而完全安装，因为那可能会耗费数十甚至上百 GB 的磁盘空间，没有必要。

- 在"单个组件"选项卡中可不做选择。
- 在"语言包"选项卡中系统会自动选择"简体中文"。
- 在"安装位置"选项卡中根据自己的情况选择合适的位置。尽量把安装位置设置到非 C 盘（非系统盘）的位置，以尽量减少对系统盘空间的耗费。

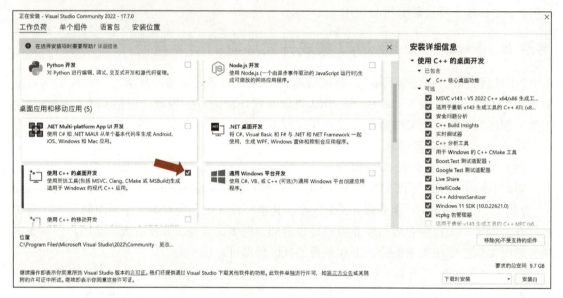

图 B-1　Visual Studio 2022 安装配置界面

单击图 B-1 右下角的"安装"按钮即可开始安装，由于文件有数 GB，需要花费一定的时间，时间长短取决于网速和机器性能。安装完成后，通常会在计算机桌面上看到 Visual Studio 2022 快捷启动图标。双击 Visual Studio 2022 快捷启动图标以运行 VS 2022，启动过程中可不创建账户。然后选择主题颜色，再单击"启动 Visual Studio"按钮，界面如图 B-2 所示。

图 B-2　Visual Studio 2022 的启动界面

单击图 B-2 右下角的"继续但无需代码"链接直接进入开发环境。因为这是集成开发环境，可以开发很多种计算机编程语言所编写的代码，所以第一步需要先设置开发环境为 C++语言。操作步骤如下。

1）选择菜单栏中的"工具"→"导入和导出设置"命令。

2）在弹出的对话框中，选择最下面的"重置所有设置"选项并单击"下一步"按钮。

3）选择"否，仅重置设置，从而覆盖当前设置"选项并单击"下一步"按钮。

4）选择"Visual C++"选项并单击"完成"按钮。

5）等待数秒，设置完成后单击"关闭"按钮并退出整个 VS 2022，就完成了将开发环境设置为 C++语言的操作。

VS 2022 会不定时更新，请根据提示及时更新。

2. 创建并运行一个 C++程序

在 VS 2022 中，创建一个基本的 C/C++程序的步骤如下。

1）启动 VS 2022。

2）创建新项目。在图 B-2 所示的启动界面，单击右侧的"创建新项目"选项，会弹出图 B-3 所示的窗口，选择"控制台应用"选项，并单击"下一步"按钮。

图 B-3　创建新项目窗口

建议任何一个可执行程序都通过新建一个项目的方式生成。在图 B-4 中，还需要填写一些项目的配置信息：项目名称、位置，以及解决方案名称。

- 项目名称：为创建的项目起的名字，如 Project1。
- 位置：可以选择事先创建好的文件夹。
- 解决方案名称：VS 2022 开发环境要求一个项目必须被包含在一个解决方案里。一个解决方案里可以包含多个项目，同时，一个项目最终可以生成一个可执行程序。所以，创建 Project1 项目时，VS 2022 会为其创建一个解决方案，将其包含在内。例如 Solution1。

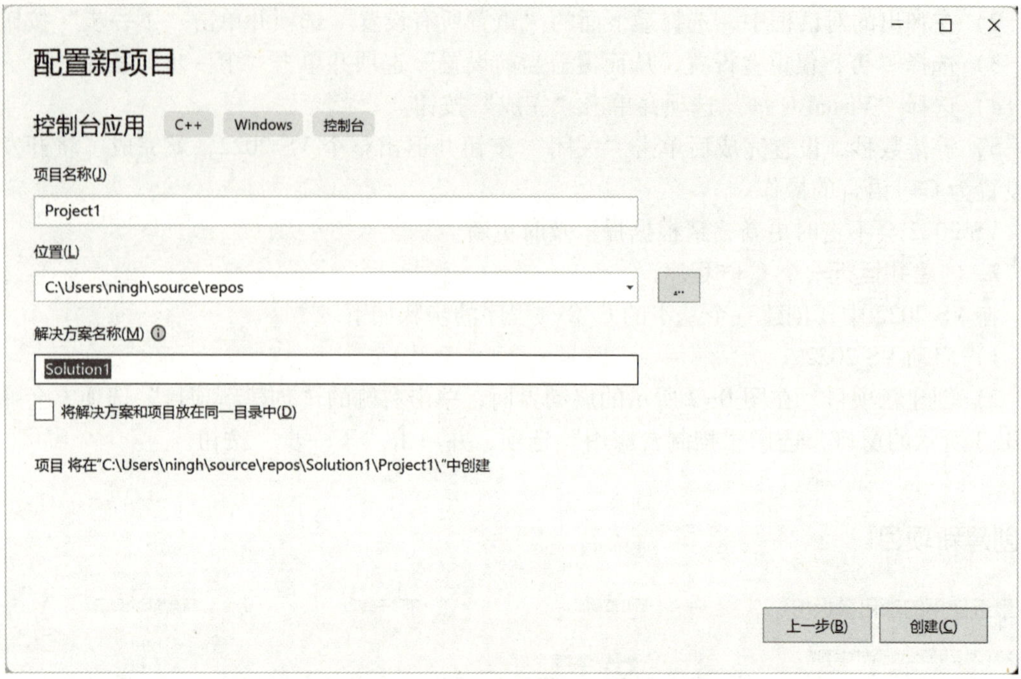

图 B-4 填写新建项目的一些配置信息

单击图 B-4 右下角的"创建"按钮，系统会在 Solution1 解决方案之下创建一个新项目 Project1，如图 B-5 所示。

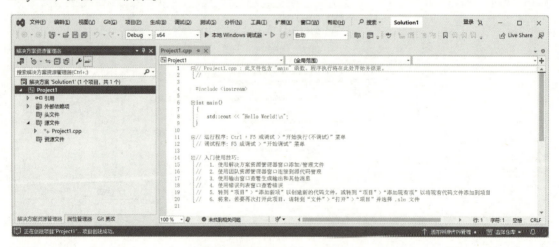

图 B-5 成功创建一个新项目

3）编写 C/C++程序。展开图 B-5 左侧的"源文件"文件夹的树状分支，会发现其中包含一个 Project1.cpp 文件。这是系统依据图 B-4 所起的项目名称生成的一个源码文件，里面已经包含了一些 C++源码，其实目前系统生成的该项目已经是一个完整的具有输出"Hello World"的样例程序了，并能够编译并运行。这时，也可以删除其中的代码换成自行编写的源代码，如图 B-6a 所示，编写完成的是 1.1.3 小节中的用欧几里得算法计算最大公约数的程序。

4）运行源程序。项目要经过编译、链接、生成可执行程序，最后运行。可以用快捷键

〈Ctrl+F5〉快速完成上述步骤。

5）查看运行结果。因为创建项目时选择的是"控制台应用"，这种"控制台应用"项目运行后显示的是一个黑色窗口，其中会显示程序运行的结果，如图 B-6b 所示。

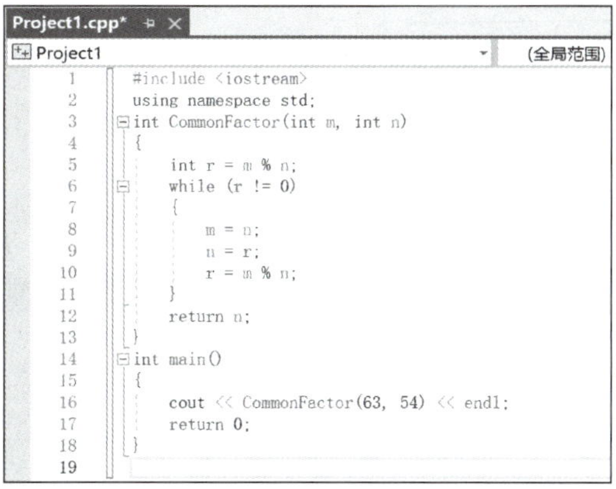

a）编写代码

b）程序运行结果

图 B-6 运行程序并查看结果

3. 程序调试方法

在编写程序的过程中经常会犯错误，例如，程序执行的效果并不是自己所期望的，甚至程序运行崩溃，或者在阅读他人代码时要厘清代码的执行流程等，都需要对程序进行调试。

（1）普通的断点调试（跟踪调试）

使用快捷键〈F9〉（对应菜单栏中的"调试"→"切换断点"命令），给光标所在的行增加断点（设置断点）或取消该行已有的断点。断点行最前面会有一个红色的小圆点表示该行有一个断点，如图 B-7 所示。也可以为多个行增加多个断点。

图 B-7 给某行增加断点

使用快捷键〈F5〉（对应菜单栏中的"调试"→"开始调试"命令），开始执行程序，遇到第一个断点行，程序就停下来（此刻这一行还没有被执行），这个红色圆球中间多了一个向右指向的黄色小箭头，如图 B-8 所示。

接下来，可以多次使用快捷键〈F10〉（对应菜单栏中的"调试"→"逐过程"命令），从当前断点行开始，一行一行地执行下去，通过逐行执行可以观察程序的执行走向，从而达到调试的目的。如果断点停在了一个自定义函数调用行，并且希望跟踪到这个函数里面的语句行中去，可以使用快捷键〈F11〉（对应菜单栏中的"调试"→"逐语句"命令），跳入函数中继续跟踪调试。如果想从当前所在的函数跳出去，可以使用快捷键〈Shift+F11〉（对应菜单栏中的"调试"→"跳出"命令），就能够跳回到该函数的调用处并继续往下跟踪调试。

311

图 B-8　程序执行到断点处停止，并显示内存中的内容

（2）查看内存中的内容

在程序调试的过程中，查看内存中的内容对于了解程序当前的运行情况非常有意义。

如图 B-8 所示，设置断点后，按〈F5〉键执行程序，使断点停在 cout 行上，此时已进入调试程序中。使用快捷键〈Alt+6〉或者选择菜单栏中的"调试"→"窗口"→"内存"→"内存 1"命令，则在整个 VS 2022 的下方打开了内存查看面板，如图 B-8 所示。

在内存查看面板中的"地址"编辑框中输入地址符 &，后面跟要查看的变量名，然后按〈Enter〉键即可查看该变量的地址所代表的内存中的内容了。如图 B-8 所示，输入地址信息"&string"就可以查看到变量 string 所在内存中的内容"Hello World!"及剩余空间。

图 B-8 所示的内存面板的地址栏中 0x00000017ECF1FB08（各计算机运行情况不一）是变量 string 所代表的内存地址。

左侧部分显示的内存地址是变量 string 的地址及附近的内存地址。

中间部分显示的是内存地址中保存的十六进制数字内容。

内存中保存的数据都是二进制数据，但是为了方便用户观察，VS 2022 把这些二进制数据以十六进制形式显示出来，4 位二进制数字显示为 1 位十六进制数字。

右侧部分显示的是内存中十六进制数字所代表的一些字符，有些可显示字符会显示出来，不可显示的字符就用"."来代替。

程序代码中的"Hello World!"在内存中存放的是各个字符的 ASCII 码，例如字符"H"显示的十六进制数字为 48，正好是十进制的 72。

（3）快速监视窗口

当运行着的程序停到断点处时，按快捷键〈Shift+F9〉（对应菜单栏中的"调试"→"快速监视"命令），并在弹出的窗口中输入要监视的变量内容，也可以看到变量中所保存的数据。

例如对于上面的程序例子，输入"&string"并按〈Enter〉键，就可以看到 string 的地址及其中的内容，如图 B-9 所示。

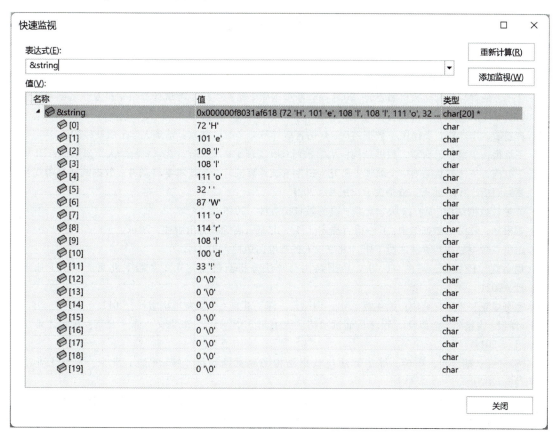

图 B-9　快速监视窗口

参 考 文 献

[1] 全国考研计算机配套教材编委会. 2024 高教版全国硕士研究生招生考试计算机学科专业基础考试大纲解析[M]. 北京：高等教育出版社，2022.

[2] 严蔚敏，李冬梅，吴伟民. 数据结构：C语言版[M]. 2版. 北京：清华大学出版社，2015.

[3] 王红梅，王慧，王新颖. 数据结构：从概念到C++实现[M]. 3版. 北京：清华大学出版社，2019.

[4] 王红梅，王涛，董亚则. 全国硕士研究生招生考试计算机科学与技术学科联考：数据结构复习指导与真题解析[M]. 北京：清华大学出版社，2021.

[5] 陈越. 数据结构[M]. 2版. 北京：高等教育出版社，2016.

[6] 吉根林，陈波. 数据结构：C++语言描述[M]. 北京：高等教育出版社，2014.

[7] 王争. 数据结构与算法之美[M]. 北京：人民邮电出版社，2021.

[8] 周幸妮，任智源，马彦卓，等. 数据结构与算法分析新视角[M]. 2版. 北京：电子工业出版社，2021.

[9] 塞奇威克，维尼. 算法：第4版[M]. 谢路云，译. 北京：人民邮电出版社，2012.

[10] 摩根，吉格尔，金德勒. 程序员面试攻略：原书第3版[M]. 李秉义，译. 北京：机械工业出版社，2014.

[11] 陈守孔，胡潇琨，李玲，等. 算法与数据结构考研试题精析[M]. 4版. 北京：机械工业出版社，2020.

[12] 计算机领域本科教育教学改革试点工作计划工作组. 高等学校计算机类专业人才培养战略研究报告暨核心课程体系[M]. 北京：高等教育出版社，2023.